LES LIMITES DE LA PLANÈTE

Du même auteur

Child and Family in developed countries, OCDE, 1979.

L'Invention de la France (en coll.), Hachette, 1981.

Population, Hachette, 1985.

Les Trois France, Odile Jacob, 1987.

Marianne et les lapins, Olivier Orban, 1991, Hachette-Coll. « Pluriel », 1993.

La Planète au village, Éditions de l'Aube, 1993.

HERVÉ LE BRAS

LES LIMITES DE LA PLANÈTE

MYTHES DE LA NATURE ET DE LA POPULATION

FLAMMARION

ISBN 2-08-066877-3
Imprimé en France

Introduction

La bombe qui explose un matin de juin 1945 dans le désert de l'Ouest américain consacre une défaite de la population. A partir de ce jour, les gros bataillons ne comptent plus face aux armes atomiques ; la population ne fait plus le poids face à la science. Un siècle et demi de puissance démographique inauguré par la fameuse exclamation de Goethe à Valmy est rayé des comptes : « De ce jour, de ce lieu, date une ère nouvelle dans l'histoire de l'humanité », s'écriait non sans inquiétude le grand poète. A Los Alamos, Einstein ou Oppenheimer, faisant écho à la même crainte, auraient pu annoncer la fin de l'ère des masses, remplacée par l'ère atomique.

Par une ironie de l'Histoire, au même moment, la population des pays pauvres entamait une croissance vigoureuse et, on le verra, imprévue. D'un milliard et demi d'habitants en 1945, les populations d'Asie, d'Afrique et d'Amérique latine sont passées à quatre milliards en 1990 et devraient friser les sept milliards en 2025. Dans le même temps, les pays développés d'Europe et d'Amérique du Nord, qui avec le Japon totalisaient plus du tiers de la population mondiale en 1945, n'en représentent plus que 20 % aujourd'hui et se dirigent vers les 15 % en 2025. Quel statut donner à cette nouvelle foule de pauvres ? Longtemps, on les a ignorés. Ce n'étaient que « quelques milliards d'insectes » pour reprendre le titre d'un ouvrage à succès d'A. Fabre-Luce [1]. On les a confinés dans un tiers-monde, séquelle de la colonisation, tandis que l'affrontement majeur se déroulait entre les deux blocs, à l'ombre de la menace nucléaire. La menace démographique passait après la menace atomique. Elle constituait un « *second-best* », ou plutôt un « *second-worst* ». Mais avec l'effondrement du monde communiste et la fin de la guerre froide, la question démographique reprend la première place. Non que le péril atomique soit conjuré, mais il est repoussé vers la monstruosité, celle de régimes pathologiques comme en Corée du Nord, ou de tyrans mégalomanes comme en Irak. La croissance démographique peut au contraire occuper une place centrale.

Les signes de ce retour de la population se multiplient : inquiétude devant la croissance rapide de l'Afrique, de loin le continent le plus pauvre, inquiétude devant l'éventualité de migrations de masse à partir du Sud (J. Lesourne, prospectiviste connu et ancien directeur du quotidien *Le Monde*, a avancé que, d'ici à 2025, « 20 à 50 millions de musulmans issus du croissant méditerranéen, de Marrakech à Istanbul[2] » pourraient s'ajouter aux habitants actuels de la Communauté européenne) ; inquiétude face aux dépenses croissantes d'énergie et à la pollution croissante des pays en développement, tandis que la consommation d'énergie plafonne et que les rejets polluants diminuent dans les pays développés ; inquiétude devant tout changement des paramètres physiques de la planète – climat, température, couche protectrice d'ozone, concentration de gaz carbonique, niveau des mers – dont la croissance démographique est invariablement rendue responsable. Le démon démographique a remplacé le démon atomique, démon au sens de Maxwell ou des informaticiens, c'est-à-dire main invisible organisant et orientant tous les processus.

Réinvesties dans le champ économique et écologique après avoir été exclues du plan militaire, les peurs démographiques ont modernisé leur vocabulaire. Les compétitions économiques ont remplacé les aventures militaires. Les invasions migratoires ont succédé aux grandes invasions guerrières. L'arrière-plan idéologique ne diminue pas la portée du problème démographique, mais il incite à le scruter avec une attention critique. Dans une atmosphère aussi chaude, les dérapages ne sont pas exclus. A la ligne naturelle, et même souvent biologique, adoptée par ceux qui redoutent les effets de la surpopulation, se superpose une ligne politique qui craint l'émergence des nations d'Asie, d'Amérique du Sud et d'Afrique. Le seul moyen de séparer les deux lignes est de mener une enquête aussi serrée que possible sur les responsabilités actuelles de la surpopulation et sur les risques futurs qu'elle fait courir à la planète. Tel est l'objet du présent ouvrage : est-ce le nombre trop élevé des hommes qui entraîne le rétrécissement de la couche d'ozone et le réchauffement du climat ? Est-ce lui qui épuise les ressources naturelles et affame les plus pauvres ? En passant ces accusations au crible des faits démographiques et des données techniques, nous jetterons un doute sérieux sur la réalité des menaces et des périls annoncés. Mais alors, comment expliquer que nombre d'organisations internationales influentes, de savants et de spécialistes reconnus apportent leur caution aux craintes que suscite la croissance de la population mondiale ? La conférence internationale de Rio sur le changement climatique global en 1992, l'accord de Montréal sur les chlorofluorocarbones (CFC), les conférences mondiales sur la population de Mexico et du Caire seraient-elles des comédies ? Cousteau, Ehrlich et les soixante-huit prix Nobel qui ont signé l'appel d'Heidelberg seraient-ils des plaisantins ? S'il existe un désaccord entre les faits et les conclusions qu'on en tire, force est d'admettre qu'une idéologie déforme la perception de la réalité. Et une idéologie écologiste mondiale est effectivement en train de se constituer.

Nous ferons l'hypothèse suivante : l'emploi de termes comme « population », « ressources », « subsistances », et surtout de notions comme « population limite » (« capacité de charge ») et « développement durable » révèle la mise en place d'un discours biologique cohérent qui naturalise la politique et la société. Affirmer le primat du problème de la population, c'est, après le primat des armes, puis celui de l'économie, réduire une fois de plus la société à des facteurs physiques, c'est une fois encore prôner la domination des marchandises et des nombres sur les hommes et les idées.

Pour permettre à la population d'accéder à ce premier rôle, tout un dispositif théorique s'est édifié, dont il faut analyser et comprendre le fonctionnement car il assure sa cohésion idéologique : il s'appuie sur l'écologie des populations animales, dont un petit nombre d'expériences cruciales fonde les concepts de limite des subsistances, de renouvellement des ressources, et surtout de population limite. En réexaminant en détail ces expériences, nous nous apercevrons qu'elles ont été abusivement transposées du laboratoire à l'ensemble de la planète, et que d'autres observations conduisent à des résultats opposés.

Puisqu'elle ne repose sur aucun fondement empirique et n'est bâtie sur aucune base théorique solide, comment se fait-il que la théorie écologiste de la surpopulation mondiale se maintienne ? L'hypothèse d'une idéologie en gestation sortira renforcée par un constat sans appel : depuis plus de trois siècles, les prévisions à long terme de la population mondiale ou de celle des grands ensembles nationaux ont toujours joué un rôle rhétorique dans les changements idéologiques. Qui dit idéologie suppose un décalage entre la réalité et la signification qu'on lui attribue. Puisse ce livre servir à montrer comment cette idéologie naissante constitue une tentative de formalisation des grands enjeux politiques mondiaux, et donc à dévoiler la tension politique que dissimule le recours à la nature.

Première partie

SURPOPULATION

Chapitre 1

Le monde peut-il supporter sa population ?

Lorsque la population s'accroît au-delà des ressources disponibles, elle est condamnée à émigrer vers d'autres sources de nourriture ou à mourir sur place. Malthus [1], le célèbre économiste fondateur de la théorie des populations qui porte son nom, a rendu cette évidence célèbre au début du XIXe siècle, en la présentant sous une forme pédagogique : il supposa que les subsistances s'accroissaient en proportion arithmétique, c'est-à-dire comme la série 1, 2, 3, 4, etc., et la population en proportion géométrique, c'est-à-dire comme 2, 4, 8, 16, etc. Quel que soit le niveau initial des subsistances et de la population, la seconde série finit toujours par rattraper la première à un niveau qui définit la « limite des subsistances ». Une crise se produit, purgeant la population de son excédent, et le même mouvement reprend jusqu'à la crise suivante. Ce raisonnement simple et logiquement imparable peut être retourné comme un gant : tant que la crise ne s'est pas produite, c'est que l'on n'a pas atteint la limite. Pour éviter cette interprétation rassurante, on a récemment ajouté au schéma malthusien une idée plus subtile : celle de « population limite » (en termes techniques, « capacité de charge », en anglais *« carrying capacity »*). Cette quantité représente « le nombre d'hommes qui peuvent être entretenus sans réduire irréversiblement la capacité à les entretenir dans le futur », selon la définition qu'en donne la plus importante agence des Nations unies pour les affaires de population, le Fonds pour les activités de population ou FNUAP [2]. La nuance est de taille. Si l'on consomme plus que l'on ne produit en vivant sur son capital, celui-ci se réduit et produit de moins en moins, accélérant ainsi le prélèvement jusqu'à l'issue fatale, lorsque capital et revenus ont disparu. L'absence d'une catastrophe mondiale de l'alimentation ici et maintenant masque donc la menace que la surexploitation des sols fait peser sur les subsistances futures. Le surpâturage dans des zones fragiles fournit un bon exemple de cette notion de population limite : dans un pré, tant que les animaux sont peu nombreux, l'herbe repousse après leur passage, mais s'ils dépassent une certaine densité, ils piétinent le sol, empêchant les plantes annuelles de germer, et s'attaquent aux racines des plantes vivaces, ce qui interdit leur repousse. Le pâturage se désertifie et ne peut plus nourrir son monde. Le même scénario attendrait notre planète à courte échéance. Bientôt, non seulement la terre ne pourrait plus faire face à l'accroissement de la population, mais elle ne pourrait même plus nourrir le nombre actuel de ses habitants. Alors que pour Malthus, la crise revêtait un caractère évident et observable, pour l'écologie globale contemporaine, elle avance masquée. Elle risque donc d'être plus violente et plus imprévue que dans le schéma malthusien, ce qui autorise les autorités morales et les organismes internationaux à tirer dès maintenant la sonnette d'alarme. Ils n'ont pas manqué de le faire au cours des dernières années.

Inquiétantes perspectives

De multiples voix se sont élevées pour attirer l'attention sur cette menace. D'abord, le FNUAP : « Au moment où le XXe siècle s'achève, le monde doit faire face à un terrible défi : équilibrer le nombre croissant des humains et de leurs besoins avec les ressources naturelles nécessaires à leur développement. Les choix des dix prochaines années détermineront en grande mesure les possibilités futures d'habiter la planète. La collision entre le nombre des humains et les ressources dont ils ont besoin deviendra encore plus aiguë dans les dernières années du siècle et au-delà [3]. » Le célèbre écologiste de Stanford, Paul Ehrlich, animateur du puissant groupe *Friends of the World* et de *World Resources Institute*, a multiplié les ouvrages à grand tirage, de *La Bombe P* [4] à *L'Explosion démographique* [5] jusqu'au tout récent *Soigner la planète* [6]. Dans ce dernier livre, il souligne que « depuis la parution de *La bombe P* en 1968, au moins deux cents millions de personnes, surtout des enfants, sont mortes de faim ou de maladies dues à la faim ». Ce qui était inévitable, puisqu'il estime que les hommes n'ont plus de quoi se nourrir convenablement : « Si la nourriture était distribuée également à tous, si chacun dans le monde mangeait comme l'Américain moyen, même avec les récoltes record de 1985 et 1986, la moitié seulement de la population actuelle de la terre pourrait être nourrie... Et si chacun acceptait une alimentation essentiellement végétarienne, ce que l'on économiserait ainsi permettrait peut-être de nourrir un milliard de plus. Cela changerait-il le problème mondial des vivres ? Seulement à très court terme. » Car avec le réchauffement global, la pollution, l'érosion des terres cultivables, la remontée des sels dans les régions irriguées, la désertification, la vulnérabilité aux parasites et aux maladies par perte de biodiversité et le manque d'eau, la production agricole se détériore tandis que la population augmente.

Pour mieux souligner l'urgence de la situation, P. Ehrlich indique que les signes annonciateurs de la catastrophe se multiplient : la récolte de céréales aux États-Unis a diminué d'un tiers en 1988 à cause d'une grave sécheresse, ce qui constituerait une des premières conséquences manifestes du réchauffement de la planète. Les choses risquent de s'aggraver au point que « un milliard ou plus d'humains pourraient mourir de faim dans les premières décennies du prochain siècle tandis qu'apparaîtront des millions de réfugiés environnementaux [7] ». Plus récemment, le même auteur a relevé la barre du nombre de ces réfugiés à 300 millions [8]. Pour mieux faire passer le message, Ehrlich a simulé sur ordinateur les effets du réchauffement climatique sur la population, modèle que le FNUAP a repris pour décrire la catastrophe imminente : dans le meilleur cas de figure, avec des fluctuations de la production alimentaire mondiale de 5 % seulement quelques années de suite, les décès par famine pourraient être multipliés par deux (donc, 400 millions pour les vingt prochaines années). Selon une autre simulation, dont Ehrlich estime les hypothèses plus réalistes et que le FNUAP reprend dans son rapport, le milliard de morts serait atteint en deux décennies.

L'homme le plus populaire de France, le commandant Cousteau, partage ces inquiétudes. Il l'a récemment expliqué dans une discussion avec Jean Daniel dans *Le Nouvel Observateur* [9] : « Tous les écologistes aujourd'hui sont convaincus que la surpopulation est à l'origine de tous les problèmes. Dans les quarante années qui viennent, la population va doubler. En l'an 2030, on est sûr d'avoir dix milliards d'individus. 2030, c'est demain, et avec dix milliards d'individus, on ne sait pas comment faire. Dans un monde où un tiers de la population devient de plus en plus riche sans augmenter, tandis que les deux tiers de la population deviennent de plus en plus pauvres en augmentant, cette situation ne peut pas durer. Elle crée une haine réciproque des pauvres contre les riches qui se terminera dans le sang. » Comme Jean Daniel lui demande s'il pense à des flux migratoires incontrôlables, le commandant poursuit : « Il y a de plus en plus de gens qui n'hésiteraient pas à utiliser la bombe atomique si un milliard d'individus se précipitaient vers l'Occident. Alors, que ce soit à coups de bâton pour une invasion de deux ou trois milliards d'individus en Occident, ou que ce soit par la bombe atomique, nous courons vers le plus fantastique génocide qu'on ait jamais connu. » Et quand Jean Daniel lui demande de terminer « sur une petite note optimiste », Cousteau imagine qu'on réduise le nombre d'humains à « 600 ou 700 millions d'un coup de baguette magique ». Cette limite de la population, il a l'obtenue par calcul : « Quand j'étais aux États-Unis, en 1968-1969, j'avais lancé un modèle mathématique pour essayer de calculer combien la terre pouvait supporter d'Américains consommant ce qu'ils consommaient à l'époque. J'ai été très étonné du résultat de ma démarche : 700 millions au maximum. »

La crainte de la surpopulation n'est pas l'apanage des écologistes et des démographes. Les milieux et les savants les plus divers s'en font l'écho : l'anthropologue Claude Lévi-Strauss déclarait au moment de la chute du mur de Berlin que la disparition du communisme était « ridicule à côté du problème numéro un qui me tourmente : la démographie. Depuis que l'homme est sur cette terre, nous n'avons jamais atteint ce degré de folie [10] ». G. Bouthoul, le fondateur de la polémologie, écrit : « Il ne semble pas que, malgré tous les efforts, la multiplication des aliments soit parvenue à suivre, même de très loin, la multiplication des bouches à nourrir... La production des aliments reste aussi lente, les terres s'épuisent aussi vite, l'érosion effectue des ravages grandissants [11]. » Pugwash, le mouvement mondial des scientifiques pour la paix, a condamné, lors de son congrès mondial de Dagomy en 1988 [12], la croissance démographique comme représentant la plus grave menace après la guerre atomique. Même les soixante-huit prix Nobel signataires de l'appel d'Heidelberg destiné à défendre les sciences contre les limitations que la conférence de Rio aurait pu imposer au développement technologique, citent la surpopulation, avec l'obscurantisme et les grandes endémies, parmi les maux à soigner d'urgence [13]. Entre les considérations plus anciennes, simplement malthusiennes, comme celles de Bouthoul, et les plus récentes comme celles de Cousteau, une inflexion se dessine tant au sujet des migrations qu'à celui de la population limite, c'est-à-dire du mécanisme complexe qui assure la production vivrière. Un dernier exemple, tiré d'un ouvrage de Jean Dorst, naturaliste connu et ancien directeur du Muséum d'Histoire naturelle, illustre bien le nouvel angle d'attaque du problème de la surpopulation.

Pour Dorst, « l'accroissement actuel des populations humaines dépasse largement les incidences sociales et économiques autour desquelles discutent philosophes et économistes. Il met en jeu l'existence même de notre espèce placée dans son contexte biologique. Pour le naturaliste, ce phénomène a les caractères d'une véritable pullulation, comme certains animaux en présentent des exemples... Quant aux perspectives futures, il y a lieu de penser que la cadence actuelle d'accroissement de la population, accélérée depuis une centaine d'années à peine, va se poursuivre dans l'avenir, sauf dans le cas d'une catastrophe, ou sauf si l'homme prend vraiment conscience du péril qui le menace. Êtres humains doués de raison, proportionnant leur expansion aux moyens de subsistance, ou créatures proliférantes, dégradant leur propre habitat, il nous appartient de choisir ce que nous voulons être. Nous ne craignons pas d'affirmer en liminaire que le problème de la surpopulation est le plus angoissant de ceux auxquels nous avons à faire face dans les temps modernes [14] ».

Du mécanisme au biologique

L'opinion de J. Dorst contraste avec la célèbre étude du club de Rome sur *Les limites de la croissance* [15], parue en 1973, dont l'impact a été si grand qu'on l'a même accusée d'avoir été à l'origine de la première crise du pétrole à cause de son insistance sur l'épuisement rapide des ressources minérales et énergétiques de la planète. Le club de Rome utilisait encore un raisonnement malthusien, mécaniste et économiste, dans lequel un système organisé par l'homme ajustait l'offre et la demande de nourriture et de matières premières. Étant donné la croissance autonome de la demande, c'est-à-dire du nombre de bouches à nourrir, donc de la population, et le caractère fini de l'offre, c'est-à-dire de la production alimentaire et minérale, un équilibre devait s'établir autour d'une population « limite ». Le club de Rome ne faisait qu'introduire des paramètres supplémentaires dans le raisonnement de Malthus, à la manière des économètres qui établissent un budget ou planifient la croissance : la pollution restreignait la demande en tuant une partie de la population, et l'offre en diminuant les rendements. La raréfaction de l'énergie réduisait la mécanisation de l'agriculture et la production d'engrais, ce qui entraînait une chute des rendements, etc. D'ailleurs, l'auteur principal du modèle du club de Rome, J. Forrester, avait commencé sa carrière en créant des puces électroniques par la méthode mathématique de l'analyse des systèmes, qu'il avait ensuite appliquée à l'étude de la croissance urbaine [16]. La société était ainsi quantifiée et assujettie à des lois de type physique.

La notion de population limite, ainsi que les notions de développement durable et de ressources renouvelables qui lui sont associées, font au contraire référence à la biologie. Désormais, ce ne sont plus des systèmes d'équations semblables à ceux de la mécanique qui gouvernent l'évolution, mais une analogie avec les organismes naturels. Comme le dit J. Dorst : « L'écologie – science qui étudie les rapports des êtres vivants entre eux et avec le milieu physique dans lequel ils évoluent – nous apprend que les communautés biologiques ont une vie propre et qu'elles fonctionnent comme des entités définies, régies par des lois qui déterminent leur évolution. C'est en leur sein qu'est fixée l'énergie venue du soleil et que s'opère sa conversion en passant par une série de paliers, le long de chaînes aux maillons multiples. L'unité fonctionnelle du monde vivant ne peut être mise en doute à l'heure actuelle. Ces vastes communautés, formant une mince pellicule à la surface de la terre, sont régies par des lois strictes, aussi rigoureuses que les lois physiologiques réglant le jeu des divers organes dont se compose un individu [17]. » Il n'est plus question de lois physiques comme celles de la mécanique rationnelle, entièrement quantifiées et assignant aux objets une trajectoire parfaitement définie dès que l'on connaît les conditions initiales et les champs de forces, mais de lois « physiologiques » qui ne sont que des régularités globales du type : le sang circule dans l'organisme, il se charge d'oxygène dans les alvéoles pulmonaires et le perd en traversant les muscles et les tissus divers. Des lois où les métaphores et les analogies jouent un grand rôle, des lois qui ne sont donc utiles que si leur champ est nettement défini (les vertébrés à sang chaud pour l'exemple précédent).

En une vingtaine d'années, mine de rien, la conception de la planète a donc considérablement évolué. D'un modèle mécanique dans lequel l'homme pouvait jouer à l'ingénieur, on est passé à un modèle organique, où « Gaïa », nom donné à la composante organique de la planète dans le célèbre livre de James Lovelock [18], se conduit comme un être vivant d'échelle supérieure. Dans le cadre mécanique des équations du club de Rome, l'humanité restait libre de fixer les paramètres de son action. Le club suivait une ligne wébérienne, c'est-à-dire qu'il se contentait de décrire les conséquences de tel ou tel choix de production et de consommation sur le nombre des hommes et sur leur niveau de consommation. Les environnementalistes actuels n'adoptent pas cette optique mécaniste, analytique et rationnelle. Ils assimilent la planète à un être vivant complexe dont il faut préserver le métabolisme. Là où leurs devanciers se conduisaient en économistes de la matière vivante, ils raisonnent en termes d'équilibre, de circuits, d'harmonie, de stabilité. Pour les nouveaux malthusiens, la croissance d'une composante du système terrestre ne peut durer longtemps. Elle est signe de déséquilibre, donc à terme de mort du système. Pour le club de Rome, c'était au contraire le manque de combustible – les matières premières – et l'encrassage de la machine – la pollution – qui empêchaient le développement indéfini de la planète.

Ce passage radical d'une optique de progrès avec des contraintes à une vision stable du monde vivant explique le succès des nouvelles notions de population limite et de ressources renouvelables. La biologie, qui a remplacé la mécanique, ne peut que repousser comme pathologique la croissance démographique de l'espèce humaine, à l'instar de toute autre espèce vivante. Simultanément, et nécessairement, la référence à la nature et aux autres espèces devient essentielle, comme on le voit chez J. Dorst : l'homme, ce vermisseau, ne doit pas oublier qu'il n'est qu'une espèce parmi les autres, « émergeant d'un obscur phylum de petits mammifères sans prétention ». Il ne peut donc avoir la prétention de régner sur le monde vivant. Sans vouloir galvauder le terme de copernicien, disons qu'il s'agit d'un décentrement supplémentaire : la terre n'est plus le centre du monde depuis la Renaissance, la naissance du Christ n'est plus la date pivot de l'humanité depuis Darwin, et maintenant l'espèce humaine n'est même plus le centre et la reine de cette création terrestre. Elle doit rentrer dans le rang que fixent à toutes les espèces les « lois physiologiques », et s'y soumettre comme elles. La référence aux autres espèces animales se situe donc au cœur même de cette nouvelle vision du monde. Le concept central de population limite en dépend directement, mais son histoire va montrer que la nature est d'abord dans le regard des hommes avant de s'inscrire dans les choses.

Population limite

Le terme de population limite (« *carrying capacity* » en anglais, « capacité de charge ») est apparu en écologie savante dans les années trente pour décrire la population maximale d'une espèce dans des conditions précises. Le grand traité d'écologie d'Odum [19] définit cette notion comme la limite de croissance d'une population particulière dans un milieu donné : une population d'organismes vivants s'accroît d'abord vite dans un lieu défini, puis de plus en plus lentement jusqu'à atteindre une limite. L'allure de cette croissance est qualifiée de « courbe en S » et est bien décrite par une loi mathématique simple appelée « loi logistique ». « L'asymptote supérieure de la courbe sigmoïde (en S) a été fort justement nommée population limite », écrit Odum. On peut aussi rencontrer des formes de croissance « en J », au cours desquelles la croissance s'arrête brusquement à une valeur N et fluctue ensuite au voisinage de N. N est dans ce cas l'équivalent de la limite précédente, et est aussi considérée comme la population limite. Odum discute assez longuement la nature de ces courbes de croissance de population. Il estime que « la validité générale de la croissance de forme sigmoïde [c'est-à-dire en S et en J] est soulignée par le fait que le taux de croissance est d'ordinaire une fonction décroissante de la densité pour les populations de dimension " normale " vivant dans des écosystèmes stables. En 1966, Tanner a trouvé une corrélation négative significative entre taux de croissance et densité dans les deux tiers des populations d'insectes ou de vertébrés pour lesquelles des observations de laboratoire ou naturelles étaient disponibles. *Il est assez intéressant de noter que le seul cas de corrélation positive concernait l'espèce humaine* » (souligné par Odum).

La notion de population limite est donc issue de l'expérience concrète du développement de populations dans un milieu contrôlé, soit naturel sur une courte durée (pour que les observations aient pu être faites), soit le plus souvent en laboratoire avec des conditions de vie constantes. *A priori*, cela rend difficile l'extrapolation, d'une part de l'animal à l'homme, étant donné le résultat négatif de Tanner et, d'autre part, d'un milieu réduit et stable à la terre entière. La population limite suppose qu'une relation régulière entre densité et croissance ait au moins été observée, au mieux vérifiée. Son extrapolation à telle ou telle société humaine puis à l'humanité suppose donc une procédure analogue au cours de laquelle la stabilité et les limitations dans l'espace et le temps seront réalisées. Comme il devient de plus en plus difficile de postuler cette stabilité quand on élargit le cadre spatial et la durée, on use d'allégories : la « mince pellicule vivante » pour décrire l'ensemble du vivant sur terre est l'une de ces formules destinées à rapetisser notre biosphère et à permettre de l'assimiler à un petit milieu clos sur une courte période. La fusion des diverses populations humaines en une seule entité, la population mondiale, est un autre moyen rhétorique : si des groupes distincts luttent entre eux pour la subsistance, la définition technique de la population limite n'est plus valable. Or c'est ce qui se produit chez les humains, à la différence des animaux. Hobbes, au début du *Léviathan*, en avait déjà fait une particularité « naturelle » de l'espèce humaine, qui justifiait son organisation politique : l'homme étant la seule espèce qui pratique « la guerre de tous contre tous », il doit se doter d'institutions politiques pour éviter ce regrettable et détestable état de nature [20].

Autrement dit, il faut forcer la comparaison pour passer d'un milieu limité à l'ensemble de la planète. L'argument d'interdépendance employé par Dorst dans sa comparaison avec les organes d'un organisme vivant devient crucial. Interdépendance signifie ici unité. C'est la raison pour laquelle des thèmes comme la destruction de la couche d'ozone ou le changement climatique rencontrent un si grand écho : ils prouvent l'interdépendance, elle-même condition pour considérer l'humanité comme un seul système biologique. Le trou d'ozone, l'augmentation de la concentration de CO_2 et peut-être la hausse de température moyenne de la planète fournissent la preuve de l'unité du genre humain et par là de l'existence d'une limite numérique à son extension – la population limite.

Les scientifiques butent en fait sur une triple difficulté : 1) Peut-on parler de conditions constantes pour l'humanité ? 2) Peut-on calculer une population limite directement à partir des constituants de la biosphère, sans faire appel à l'observation d'un plafond réel de la population (car la croissance actuelle et « explosive » de la population mondiale ne s'apparente aucunement aux courbes en S ou en J) ? 3) Dans le cas où une définition opérationnelle serait possible, doit-on se limiter aux seules ressources alimentaires pour caractériser les besoins humains essentiels ? Les débats autour de ces trois questions n'ont pas cessé depuis que le concept de population limite est devenu central dans la conception du monde vivant.

Le progrès technique ou les trois Malthus

Peut-on faire abstraction des techniques de production agricoles et industrielles pour définir une population limite indépendamment de l'histoire humaine ? Depuis l'apparition d'*Homo sapiens* jusqu'à nos jours, les conditions de production alimentaire ont considérablement changé. Contrairement au cas des animaux (mais même ce point est discutable, comme on le verra en examinant la vie sociale de certains d'entre eux), les possibilités de nourriture ont beaucoup varié. Malthus lui-même l'admettait en postulant une croissance linéaire (« arithmétique ») des ressources alimentaires à côté d'une croissance exponentielle (« géométrique ») de la population. Certes, la seconde l'emporte toujours, entraînant une crise de subsistance, mais la première n'en existe pas moins, autorisant une croissance de la population à long terme, d'une crise à l'autre, par un mouvement « de progression et de récession », comme Malthus le dit lui-même. La limite se déplacerait donc en permanence, ce qui complique encore sa détermination.

Il y a près d'un siècle, P. Leroy-Beaulieu [21] avait déjà illustré ce problème dans sa parabole des trois Malthus : à l'âge de pierre, Malthus aurait estimé la limite des subsistances à environ une personne pour 10 km^2. Une plus forte densité aurait entraîné l'épuisement du gibier, des baies et des racines sauvages qui constituaient l'ordinaire des chasseurs-cueilleurs. Si Malthus était tombé quelques millénaires plus tard chez des pasteurs, il aurait donné une densité limite de deux à cinq habitants par km^2. Au-delà, les troupeaux deviendraient trop nombreux pour trouver une pâture et produire du lait ou de la viande. Enfin, pour un village actuel d'Europe, Malthus aurait fixé la densité limite autour de cent personnes par km^2. Dans aucun de ces trois cas il n'aurait tort, mais dans les trois il se serait trompé en posant une règle qui ne tiendrait pas compte de l'état de la société. A ceci, les tenants d'une définition écologique comme P. Ehrlich répondent avec une certaine brutalité : il ne sert à rien de savoir si avec un autre mode de vie l'Afrique ou l'Amérique ne seraient pas surpeuplées avec leurs effectifs actuels, il s'agit de tenir compte du mode de vie réel : « La surpopulation est définie par les animaux qui vivent sur le pré (" *on the turf* "), se comportant comme ils se comportent, et non par un groupe hypothétique qui pourrait leur être substitué [22]. » Donc abolition totale de l'Histoire : la population limite ne peut être définie qu'à un instant donné en un lieu donné. Mais alors comment l'utiliser dans des prédictions à long terme ? Pour reprendre la formule précédente, on ne sait pas de quelle manière les animaux vivront sur le « *turf* » en 2025 ou en 2050. Pour tourner la difficulté, il vaut alors mieux, comme l'ont fait les auteurs d'une grande étude organisée par la FAO (Organisation mondiale de l'agriculture et de l'alimentation), le FNUAP et l'IIASA (Institut international d'études des systèmes, basé à Vienne et composé à parité de savants de l'Est et de l'Ouest) [23], calculer la population limite selon plusieurs hypothèses de technologie agricole, trois en l'occurrence, peut-être en souvenir de l'apologue des trois Malthus.

Comment calculer la population limite ?

Deux moyens ont été proposés : soit déterminer quand les capacités de l'environnement sont dépassées, soit partir d'un calcul de production minutieux divisant le territoire, voire la terre entière, en zones homogènes de production. La première méthode a les faveurs d'Ehrlich, qui la définit ainsi : « Techniquement, en écologie, quand une population commence à vivre sur ses ressources, on dit qu'elle dépasse la capacité de l'environnement et l'on suppose un déclin ultérieur. Les populations naturelles sont en général limitées par la disponibilité des ressources renouvelables et polluent rarement leur environnement [24] », tandis que les populations humaines d'aujourd'hui « ne peuvent se maintenir sans épuiser leurs ressources non renouvelables [25] ». La population limite renvoie alors à la distinction entre ressources renouvelables et non renouvelables. Tant que l'on vit sur le revenu de la nature, on se trouve en deçà de la population limite ; au-delà, c'est la surpopulation. L'idée est simple, mais repousse la difficulté d'un cran : comment définir les ressources renouvelables ? Prenons par exemple un champ de céréales. Au bout du cycle annuel de culture, il se retrouve comme au départ, en ayant fourni une récolte qui constitue donc une ressource renouvelable. Si l'on ampute le champ pour faire passer une route ou construire une habitation, on consomme une ressource non renouvelable, en l'occurrence, de la terre arable. Dans cet exemple limité, les concepts sont clairs, mais dans le cas plus réel où les surfaces occupées par les différentes cultures changent, ainsi que les modes de culture, comment effectuer le calcul ? Et dans le cas où des forêts sont défrichées ? Il faudrait prévoir, pour chaque arbre abattu, la plantation d'un autre arbre : mais alors le renouvellement prend des dizaines, voire des centaines d'années. Et où ranger la consommation d'hydrocarbures fossiles ? Il faudra des millions d'années pour que les tourbières reconstituent les gisements que l'on exploite aujourd'hui. Cette méthode d'évaluation n'est donc pas opérationnelle.

Reste la solution « physique », qui consiste à découper l'ensemble du globe en zones homogènes pour chacune desquelles on évalue la production agricole selon un niveau technologique donné. C'est la méthode retenue conjointement par la FAO, le FNUAP et l'IIASA : le globe est divisé en carrés d'environ 100 km de côté. En fonction du climat, de l'hygrométrie et de la nature des sols, le rendement agricole est calculé pour trois niveaux de technologie dans chaque carré, puis transformé en calories, ce qui permet de chiffrer le nombre d'hommes pouvant vivre sur chaque carré. Cet exercice a été vivement critiqué, tout comme des exercices analogues effectués par l'économiste C. Clark dans les années soixante [26] et l'agronome R. Revelle dans les années soixante-dix. Non parce que, dans la meilleure des hypothèses, l'étude de l'IIASA aboutisse à une limite supérieure à 30 milliards d'humains, mais à cause de son principe même : en définissant la population limite au niveau de chaque carré, on traite ceux-ci comme s'ils étaient indépendants, niant la continuité et l'interdépendance du vivant à l'échelle de toute la planète, et donc le modèle biologique sous-jacent à la vision écologique du monde. En effet, calculer une production maximale de vivres sans dégradation de l'environnement permet bien de connaître le nombre maximum d'humains qui pourront se nourrir sur le carré étudié, donc sa population limite, mais, généralement, les hommes échangent des produits et des aliments, donc vivent sur l'agriculture d'autres carrés. C'est ce que l'on appelle parfois la « tromperie hollandaise ». Ehrlich, toujours lui, s'était vivement ému d'une remarque de l'éditeur de *Forbes*, la revue des managers américains : celui-ci avait déclaré que même si tous les Chinois et tous les Indiens s'installaient sur le territoire américain, la densité ne dépasserait pas celle de la Hollande. Ridicule, répondit Ehrlich, car la Hollande importe 4 millions de tonnes de céréales par an, 130 000 tonnes d'huile, 480 000 tonnes de légumineuses sèches, tandis qu'elle exporte 300 000 tonnes de lait et 1 200 000 tonnes de viande. Elle pêche aussi un demi-million de tonnes de poisson et son eau douce est importée puisqu'elle la puise dans le Rhin : « Dire que la Hollande prospère avec 400 habitants par km^2, c'est ignorer tout simplement que ces 400 personnes excèdent de beaucoup la population limite de leurs kilomètres carrés [27]. » Dès lors, comment calculer une population limite locale dans un monde ouvert ?

On doit reprocher à ces modèles et aux nombreuses tentatives physiques pour calculer la population limite à un endroit donné, de ne pas tenir compte des échanges entre individus et entre groupes structurés. Les hommes, pas plus que les animaux, ne vivent isolés dans des carrés de 100 km de côté. Les carrés communiquent entre eux par des flux d'individus et de richesses. Le commerce mondial met en relation toutes les sociétés humaines : certaines produisent des vivres, d'autres des objets manufacturés, d'autres encore des cultures industrielles comme le cacao ou les arachides. Impossible de les isoler pour calculer la population limite de chacune.

La seule solution consiste alors à réserver le terme de population limite à l'ensemble de la planète. Ehrlich n'est pas loin de partager cette idée quand il écrit : « Avec le critère de population limite, la planète entière, et virtuellement toute nation, est déjà largement surpeuplée [28]. » Par exemple, « l'Europe, le Japon, et les autres nations riches sont surpeuplés à cause de leurs émissions massives de gaz carbonique dans l'atmosphère ». Cette solution joue cependant un peu sur les mots car les relations entre les humains des diverses portions de la planète ne sont ni organiques ni biologiques, mais économiques et migratoires.

Le pain seulement

Reste une dernière critique, celle dite du pain seulement, le « *bread alone* » comme l'a nommée le démographe de Berkeley, Kingsley Davis [29] : les limitations que rencontrent les sociétés humaines et l'humanité en général ne se réduisent pas à la seule nourriture, privilégiée dans le schéma malthusien, mais englobent aussi des modes de vie, des croyances, des attitudes culturelles, etc. Comme le dit K. Davis : « En quoi les aspects socioculturels de la vie intéressent-ils le spécialiste de la population limite ? Au mieux, il les ignore pour se plonger dans des calculs de production de vivres sous telle ou telle condition. » Tout le monde conviendra que la population limite ne résume pas l'humanité.

Vouloir étendre ce concept déjà difficile à des secteurs de l'activité humaine autres que l'alimentation est néanmoins périlleux. Cela suppose que l'on puisse définir des comportements communs à tous les humains, ce qui paraît difficilement pensable. L'intention de K. Davis est claire : il voudrait réduire le plafond de population calculé à partir de la production alimentaire maximale, afin de laisser de la place au développement de nombreux goûts humains, pour tel type de cuisine, pour tel genre d'environnement, pour telle production artistique. Il ne se résout pas à voir la planète transformée en une immense usine agricole quand elle aura atteint sa population limite. Si louables que soient ses intentions, ses critiques ne sont toutefois pas recevables : il serait impossible de se mettre d'accord sur les besoins fondamentaux de l'humanité, et encore moins de les combler en l'état actuel des choses. L'égalité devant la nourriture, ou du moins un accès pour tous à une nourriture suffisante, est envisageable à l'échelle mondiale. Un accès de tous à toutes les commodités de la vie est pour l'instant utopique. En rangeant les biens culturels, par exemple, à égalité avec les vivres, on donnera raison à celui qui, en choisissant de tels biens, privera d'autres hommes de nourriture. L'argument est moins abstrait qu'il ne paraît : en partant du principe d'une ration alimentaire égale à celle de l'Américain moyen pour tous les habitants de la planète, Cousteau ou Ehrlich mettent sur le même pied la fourniture de céréales au bétail américain et sa livraison aux affamés d'Afrique et d'Asie.

Il est habituel chez les nouveaux malthusiens de se féliciter des imperfections de la notion de population limite : c'est la preuve, disent-ils, de la vitalité du concept et de son intérêt. Nous n'en sommes pas aussi sûrs. Que le concept soit central à leur théorie, qu'il transpose le fonctionnement de communautés biologiques à l'ensemble de la société humaine, cela ne fait aucun doute. Mais le reste baigne dans l'incertitude : la population limite ne peut être déterminée que pour des milieux clos ; elle change quand l'organisation technique – et sans doute aussi sociale – se modifie ; elle doit être restreinte à la question de l'alimentation. C'est peu, mais c'est assez pour tenter dans les prochains chapitres quelques vérifications de l'efficacité du concept et donc de la réalité des menaces qu'il permet de déceler pour l'avenir de la population humaine.

Robinsonnades

Ces difficultés expliquent pourquoi des paraboles ou des apologues remplacent souvent le raisonnement dès qu'il s'agit de la population limite. Nous y avons nous-mêmes cédé avec l'exemple du surpâturage ou du champ de céréales. C'est un moyen de changer d'échelle en gardant le bon sens de son côté. Ainsi, ce que l'écologiste étudie dans une flaque d'eau, une haie ou un bosquet d'arbres peut être transposé au globe dans son ensemble. Malheureusement, ces allégories sont contestables dès que l'on élargit leur cadre. L'apologue du banquet de la nature est sans doute la plus célèbre de ces saynètes et la plus fréquemment citée dans les textes français sur le principe de population. Cédons la parole à Malthus : « Un homme qui est né dans un monde déjà occupé, s'il ne lui est pas possible d'obtenir de ses parents les subsistances qu'il peut justement leur demander, et si la société n'a nul besoin de son travail, n'a aucun droit de réclamer la moindre part de nourriture et, en réalité, il est de trop. Au grand banquet de la nature, il n'y a point de couvert disponible pour lui ; elle lui ordonne de s'en aller, et elle ne tardera pas à mettre son ordre à exécution, s'il ne peut recourir à la compassion de quelques convives du banquet. Si ceux-ci se serrent pour lui faire place, d'autres intrus se présentent aussitôt, réclamant les mêmes faveurs [30]. » Le célèbre philosophe anglais J. Stuart Mill reprit à peu près la même parabole cinquante ans plus tard en écrivant : « Il faut se garder d'inviter au banquet de la vie plus de convives qu'il n'est possible d'en servir [31]. »

Le FNUAP utilise l'image d'une forêt : « Beaucoup de personnes dans les pays en développement tirent leur énergie du bois de chauffage. Tant que les ramasseurs ne prélèvent pas plus de bois qu'il n'en repousse, la communauté locale peut exploiter cette ressource indéfiniment. Cela peut durer des décennies et même des siècles pourvu que l'on ne dépasse pas un niveau critique d'exploitation. Mais quand le nombre des ramasseurs excède la capacité de renouvellement des arbres, même de peu, un point est soudainement atteint où la forêt commence à régresser. Saison après saison, la capacité de renouvellement s'épuise car l'exploitation reste au même niveau tandis que la ressource fond. De plus en plus, un cercle vicieux s'installe et se renforce [32]. »

P. Ehrlich préfère la fable des deux frères qui ont fait un bel héritage. L'aîné travaille à entretenir son capital et ne vit que des intérêts, le cadet mange son capital de plus en plus vite, car les intérêts diminuent au même rythme : « Le jeune frère a mangé sa fortune bien avant sa mort et n'a rien laissé de côté pour ses vieux jours ou pour ses enfants, qui pour tout héritage doivent supporter la charge de leur père prodigue [33]. »

Ces historiettes auraient été qualifiées de « robinsonnades » par Marx lorsqu'il critiquait l'économie classique. Elles reposent en effet sur l'idée qu'il est possible d'isoler une partie de l'humanité (un banquet, deux frères) ou de la terre (une forêt). Pour fonctionner, ce que l'on nomme le « piège malthusien » a besoin de cette clôture. Il devient ainsi une nasse, une fosse ou une trappe, un monde limité et artificiel, dans lequel on identifie facilement une ressource constante ou qui se renouvelle à taux constant, et un acteur qui prélève une part croissante de la ressource, sans aucun échange avec ce qui se trouve à l'extérieur du dispositif.

De tels apologues perdent toute crédibilité dès qu'on les plonge dans un monde ouvert. Par exemple, on pourrait imaginer que le cuisinier du banquet prenne des provisions dans une réserve pour le nouveau convive, ou que chacun lui donne un peu de sa part, car, dans un banquet, on reçoit plus de nourriture que l'appétit n'en demande. De même, on peut imaginer que les ramasseurs de bois soient soumis à des règlements très précis comme c'était effectivement le cas en France sous l'Ancien Régime. Quant au frère prodigue, l'argent qu'il dépensera fera tourner l'économie et se retrouvera dans la poche d'autres qui le feront peut-être fructifier pour le bien de la communauté. Immergée dans un monde plus vaste, chacune de ces fables perd sa force dramatique.

On est donc en face d'un « *double-bind* » : la population limite, donc la surpopulation, ne peut être définie qu'à l'échelle mondiale si l'on tient compte des échanges internationaux de vivres et de produits industriels. Mais, d'autre part, le schéma malthusien ne peut fonctionner qu'à de petites échelles. D'un côté des raisonnements simples et imparables dans leur logique, de l'autre des données d'observation. Assez curieusement, le rapprochement est rarement opéré. On puise dans les données celles qui confirment la théorie en négligeant un test plus global : depuis des siècles, la croissance démographique a-t-elle été contrebalancée par les limites de l'environnement ? Est-il possible de mettre en rapport le développement et la population de certains pays fermés ou peu intégrés au commerce mondial des vivres ? Inversement, le lien planétaire de type « physiologique » est-il prouvé par les observations sur le climat, la concentration de CO_2 ou de CFC ? Une véritable enquête est nécessaire, que nous allons entreprendre dès le chapitre suivant. Au lieu de sélectionner les données favorables à la thèse économique globale, nous chercherons à confronter toutes les données simples existant sur le sujet considéré : la croissance démographique, agricole, économique et sociale, les changements de l'environnement et leurs conséquences sur la vie humaine.

Chapitre 2

Densité et progrès humain

Si la population exerce une influence néfaste sur l'environnement, on doit pouvoir le constater empiriquement. Si, par exemple, au cours des vingt dernières années, deux cents millions de personnes sont mortes de faim, soit à peu près 20 % des décès dans l'ensemble du monde, on doit pouvoir constater en certains lieux le maintien ou l'accroissement de la mortalité générale. Puisque la surpopulation et la croissance démographique sont censées en être la cause, ces lieux de mortalité accrue doivent se trouver là où la pression de la population est maximale. Il ne doit pas être difficile de le vérifier. D'autre part, même si les techniques actuelles de production ont un impact plus grand qu'au cours des siècles précédents, la pollution sévit depuis longtemps, le surpâturage érode les sols depuis des millénaires et l'irrigation est censée être la cause de la désertification de riches plaines agricoles depuis l'aube de la civilisation agricole en Mésopotamie et dans l'Inde du Nord-Ouest [1]. On devrait donc aussi pouvoir observer l'impact de la malédiction démographique sur l'évolution de la population des grands ensembles géographiques au cours des derniers siècles. Commençons par ce dernier point.

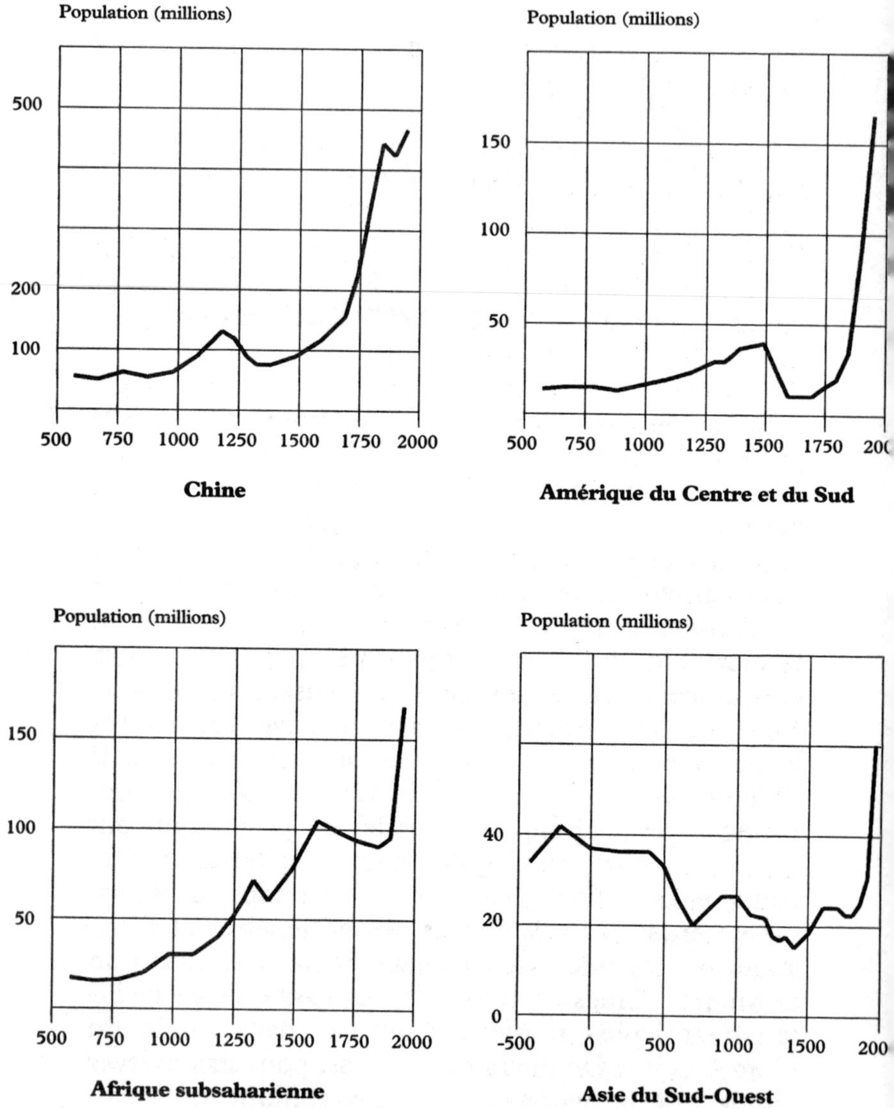

Évolution de la population des grands ensembles continentaux sur la longue durée

Ruptures politiques et économiques depuis deux millénaires

La répartition de la population entre les grandes régions du monde montre une remarquable stabilité sur la très longue durée. Selon J.N. Biraben et John Durand [2], l'Asie comprenait 67 % de la population mondiale à l'époque du Christ. Elle en contenait près de 60 % encore en l'an 1000 et 59 % aujourd'hui. Le déclin de l'Europe aussi est relatif. La population européenne représentait 12 % du total mondial il y a deux mille ans, 14,5 % à la Renaissance, avant de revenir aux alentours de 8,5 % en 2000. Il ne faut pas prendre les chiffres anciens trop au sérieux, car les statistiques fiables ne remontent pas à plus de deux siècles. La constance de ces ordres de grandeur tient peut-être au conservatisme des observateurs : confrontés à des estimations hasardeuses, ils choisissent celle qui leur paraît la moins bizarre, c'est-à-dire qui ressemble le plus aux proportions actuelles. Dans certains cas, comme l'Afrique et l'Amérique précolombienne, on a mis au point des procédures d'estimation au moyen de multiplicateurs divers pour suppléer aux statistiques défaillantes. Ces méthodes ont soulevé d'âpres débats car, en filigrane, elles permettaient de juger les conséquences du contact avec les Blancs, qu'il s'agisse de la conquête des Amériques ou de la traite des esclaves en Afrique [3].

Puisque le conservatisme des chiffres et des proportions constitue le principal danger de ces statistiques fragiles, les variations et les écarts n'en prennent que plus de sens. De ce point de vue, l'évolution de chaque continent est remarquable : l'Asie, l'Amérique et l'Afrique ont chacune subi un très grand choc au cours des 1 500 dernières années. Elles ont mis chacune plusieurs centaines d'années à s'en remettre. La population chinoise fut la première à s'effondrer au cours du XIIIe siècle. Entre 1200 et 1350, la Chine perdit 45 % de ses effectifs et ne retrouva son niveau du Moyen Age qu'au XVIIe siècle, sous les Ming. Ce fut ensuite au tour de l'Amérique de décrocher spectaculairement : l'Amérique centrale et du Sud tomba d'environ 40 millions d'habitants en 1500 à moins de 10 millions un siècle plus tard. Elle ne retrouva le niveau antérieur à la conquête qu'au cours du XIXe siècle. La troisième interruption se produisit en Afrique subsaharienne. Là, il n'y eut pas de déclin brusque de la population, mais une interminable langueur : à la veille de la première guerre mondiale, l'Afrique était vraisemblablement moins peuplée que trois siècles plus tôt. En remontant plus loin, on constate qu'une large fluctuation a aussi touché le dernier continent, l'Europe, et le bassin méditerranéen à partir de 300 après J.-C. La récupération fut encore plus lente qu'ailleurs, puisque l'Europe de l'Ouest ne retrouva une population supérieure à celle de l'Empire romain qu'au Moyen Age, vers 1200. En Afrique du Nord et en Asie de l'Ouest, il fallut attendre les Temps modernes, et même le XXe siècle, pour combler le vide créé au cours des premiers siècles de notre ère.

Ces quatre oscillations, particulièrement frappantes lorsqu'on dessine les évolutions sur un graphique (voir p. 36), l'emportent sur d'autres fluctuations plus bénignes qui ne retardent pas longtemps la tendance à la croissance de la population, comme par exemple la fluctuation causée par la Grande Peste de 1347. Aucune des quatre grandes récessions continentales ne peut être mise en rapport avec un état de surpopulation ou d'épuisement des ressources. Mais chacune est liée de près à des événements politiques majeurs. L'effondrement de la population autour de la Méditerranée suivit la disparition de l'Empire romain et surtout de la *pax romana* [4]. La crise chinoise du XIIIe siècle fut la conséquence des coups de boutoir portés par les hordes de Gengis Khan, qui aboutirent à d'intenses désordres, précédant la domination éphémère des Mongols avec Koubilaï [5]. Quant à l'Amérique centrale et du Sud et à l'Afrique, le coup a été porté par les Européens, avec la conquête espagnole et son cortège de troubles dans le premier cas, avec le développement à grande échelle de la traite des esclaves dans le second.

Autrement dit, les grandes cicatrices historiques ont été laissées par de grands événements politiques. Même si les guerres et les conquêtes ne prélèvent pas directement beaucoup de vies humaines, la désorganisation qu'elles entraînent crée un cycle de famines et d'épidémies qui s'entretient de lui-même et s'étend. Le dépassement de la population limite ou la diminution des rendements agraires des sociétés amérindiennes ne sont pas responsables des épidémies de variole et de grippe en Amérique du Sud. C'est sous le choc militaire et politique de la conquête que la société amérindienne se décompose, que son agriculture et son commerce se désorganisent, entraînant finalement des crises de subsistances. De même, la traite des Noirs n'est pas due à une surpopulation dans le golfe de Guinée. De proche en proche, par l'action de rabatteurs locaux s'enfonçant toujours plus profondément dans le continent noir à la recherche du bois d'ébène, elle apporte elle aussi la guerre et la désorganisation et, pour finir, la famine. Ceux qui doutent de tels enchaînements peuvent regarder aujourd'hui la famine se propager dans cet immense pays qu'est l'Angola, presque vide d'hommes (moins de 10 habitants au km^2), aux riches terres, aux forêts et aux savanes qui s'étendent à perte de vue. La guerre civile, comme en tous temps et en tous lieux, y entraîne la désolation, comme ce fut le cas il y a deux décennies au Cambodge.

A plus petite échelle, on retrouve en Europe des séquences analogues à celles qu'ont connues les continents. Par exemple, la guerre de Trente Ans a ruiné l'Europe centrale au XVIIe siècle. Les destructions accumulées par les soudards de Tilly et Wallenstein, comme par les armées suédoises, autrichiennes ou françaises (au Palatinat) ont largement conditionné l'histoire européenne ultérieure. La population de l'Europe centrale ne retrouva son importance passée et son influence politique qu'au XXe siècle. Sans cet effondrement, il est peu probable que des États fortement structurés auraient pu se développer en France et en Angleterre, dominant pour deux siècles une scène politique et économique qui était jusque-là entre des mains flamandes, hanséatiques, tchèques, silésiennes ou rhénanes.

On pourrait soutenir que les grands chocs continentaux, comme la chevauchée de Gengis Khan, et les chocs nationaux plus modestes, comme la guerre de Trente Ans, trouvaient leur origine dans la surpopulation des pays agresseurs. Or, même si Gengis Khan s'est mis en branle parce que les pâturages du Haut-Orkhon à la frontière mongole étaient pelés, ce qui reste à démontrer, les effets sont disproportionnés par rapport à la cause : même si la tribu n'avait plus à manger, il n'y avait pas de quoi entraîner pillage et désorganisation de Varsovie à Pékin, et de Delhi à Suse. La variole qui dormait dans le sang des conquistadores n'était pas due à la surpopulation de l'Espagne. Les conflits religieux et politiques dans l'Empire romain germanique tenaient plus à la menace ottomane, aux conséquences de la défaite des paysans durant la guerre des Frères et aux guerres de religion du XVIe siècle qu'à un trop-plein humain. On doit donc admettre que la régulation malthusienne n'a pas exercé d'influence à grande échelle au cours de l'histoire mondiale. Même une catastrophe comme la Grande Peste de 1347 laisse à l'échelle des siècles et des ruptures qui viennent d'être citées une entaille bien modeste. Il faut donc pousser d'un cran la conclusion en affirmant que seules des causes politiques ont entraîné des fluctuations de population à grande échelle.

La menace environnementale d'aujourd'hui serait ainsi radicalement nouvelle. Elle ne pourrait pas être discutée à l'aide d'équivalents historiques. Pourrait-elle survenir sans prévenir, ou a-t-elle déjà commencé à faire sentir ses effets ? Les 200 millions de décès d'enfants comptabilisés par l'UNICEF le laisseraient penser. Ils formeraient l'avant-garde du milliard de décès qu'annoncent le FNUAP et P. Ehrlich. Dans ce cas, il devrait être facile de mettre en évidence les premières conséquences de la dégradation de l'environnement là où elles sont les plus vives.

La surpopulation reste sans effets

Si l'on désire montrer l'effet de la surpopulation sur la qualité de la vie, il faut mesurer ces deux termes et comparer leur évolution récente. Pour cela on dispose de nombreuses statistiques nationales. Ce n'est pas idéal, car on trouve une grande hétérogénéité à l'intérieur de chaque pays, mais c'est un premier moyen de défricher empiriquement la question. Si la surpopulation a des effets, par définition, ils concernent un assez grand nombre de personnes. Si, d'autre part, on se limitait à la population d'une grande ville, on négligerait la pression qu'exerce une population rurale dense ; inversement, un pays presque désert ne doit pas dissimuler la charge qu'impose une grande métropole. Le cadre national, qui mélange ces aspects, n'est donc pas trop mauvais, sauf lorsqu'il englobe des différences régionales très marquées, comme par exemple en Égypte, entre le delta, la vallée du Nil et le désert.

Comment mesurer la qualité de la vie dans chacune des nations en gardant à l'esprit ces réserves ? Cela paraît impossible d'un point de vue individuel, où les éléments psychologiques et les relations sociales jouent un rôle primordial. Mais du point de vue plus lointain d'un pays entier, on peut considérer un ensemble de critères complémentaires. Quatre d'entre eux peuvent être avancés :

– Le revenu moyen par habitant. C'est le chiffre le plus banal mais aussi le plus critiqué. Toutefois, la différence entre pays riches et pauvres n'est pas encore passée d'actualité [6].

– L'espérance de vie (à la naissance), qui est l'indicateur le plus utilisé pour mesurer l'impact de la mortalité : c'est, on le sait, le nombre moyen d'années que vivrait un nouveau-né si les conditions actuelles de mortalité se maintenaient tout au long de son existence [7].

– L'indicateur de développement humain du PNUD (Programme des Nations unies pour le développement). A quoi bon vivre très vieux dans de misérables conditions ? A quoi bon un revenu national moyen très élevé s'il est accaparé par les riches ? Afin de mieux cerner les conditions ordinaires de vie, le PNUD a combiné aux deux indices précédents le taux d'alphabétisation pour obtenir un « indice du développement humain » ou « IDH » [8].

– L'indicateur des libertés humaines de C. Humana. L'IDH est encore trop matérialiste. Il ne dit rien sur la situation des droits de l'homme dans chaque pays, donc sur les libertés élémentaires. Pour y remédier, on a ajouté aux trois indices précédents l'indicateur construit en 1985 par C. Humana, en évaluant dans chaque pays la présence ou l'absence de quarante items allant de la liberté de circulation aux droits de la défense, en passant par la liberté de la presse, du culte, l'égalité des sexes, la torture, la peine de mort et même le droit de choisir sa descendance sans pression ni interdiction de la part de l'État [9].

Si la croissance démographique nuit à la qualité de la vie humaine, il suffit de comparer ces indices de qualité à un indice de pression de la population. La croissance démographique actuelle est le plus souvent utilisée à cet effet, mais ce n'est pas le meilleur indicateur : elle suppose que l'environnement réagit immédiatement aux effets du dynamisme démographique. Or la dégradation des sols et la pollution sont plutôt le résultat d'une longue exposition à la croissance démographique, qui se mesure alors par l'accumulation ou plus exactement par la densité de population. La surexploitation des sols, les problèmes de limites des subsistances dépendent aussi, *a priori*, de la densité des usagers plutôt que de l'augmentation annuelle de leur nombre. Autrement dit, dans un pays où la population est très dense, la pression sur l'environnement se fait constamment sentir, que la croissance de population ait été forte ou faible dans les années précédentes.

Dernier argument, le calcul de la population limite, sous forme d'évaluation des productions vivrières, est directement lié à la densité observée : une augmentation de la population dans un pays très peu peuplé ne devrait pas avoir d'effet sur la production alimentaire tandis que dans un pays très dense, donc proche de sa population limite, une faible augmentation peut suffire à le faire basculer dans la surpopulation, c'est-à-dire dépasser la population limite. Si les économistes accordent plus d'attention aux augmentations de population qu'au stock total, c'est parce qu'ils scrutent les progrès de la production et se demandent quels seront les effets de la raréfaction relative des inputs, des économies d'échelle et du progrès technique induit ; autrement dit ils postulent que les changements de population se traduisent par des changements d'organisation de la production, alors que la notion de population limite écarte, on l'a vu, toute évolution technique.

Pour ces raisons, on a d'abord retenu comme indices de surpopulation éventuelle ou prochaine la densité globale et la densité par rapport aux terres utilisables (arables, prairies, bois et forêts dans la terminologie de la FAO [10]). Comme les résultats sont équivalents, on ne présentera ici que ceux obtenus avec la densité globale, plus facile à mesurer et à comprendre.

Une fois fixés les instruments de mesure, il reste à mettre à l'épreuve la théorie de la surpopulation. Selon sa logique, lorsque la densité est élevée, on peut s'attendre à :

– une diminution de la quantité physique de vie,
– une diminution de la qualité de la vie,

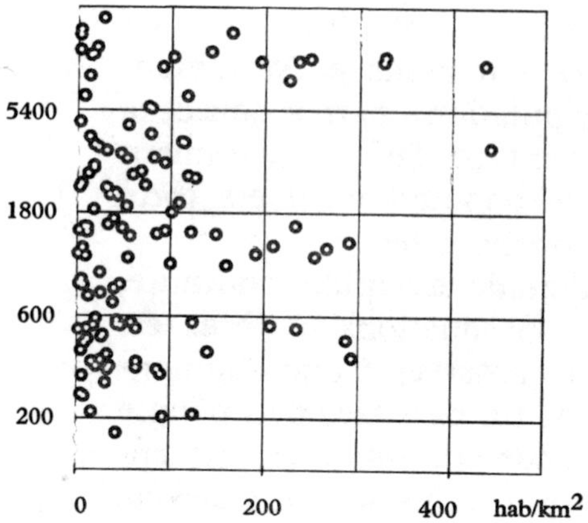

Revenu par tête (1990)

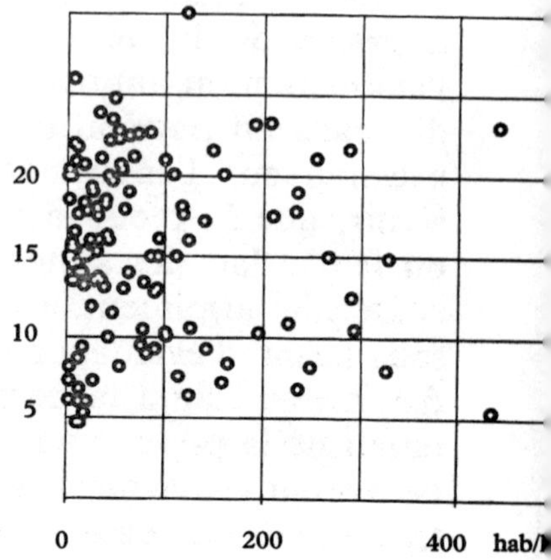

Augmentation de l'espérance de vie entre 1950 et 1990

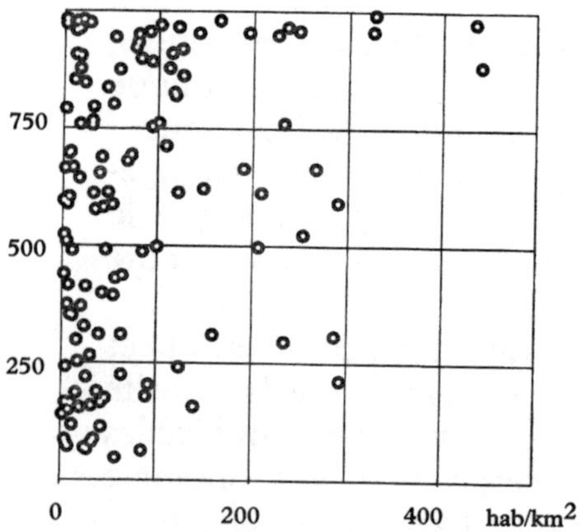

Indice du développement humain (1990)

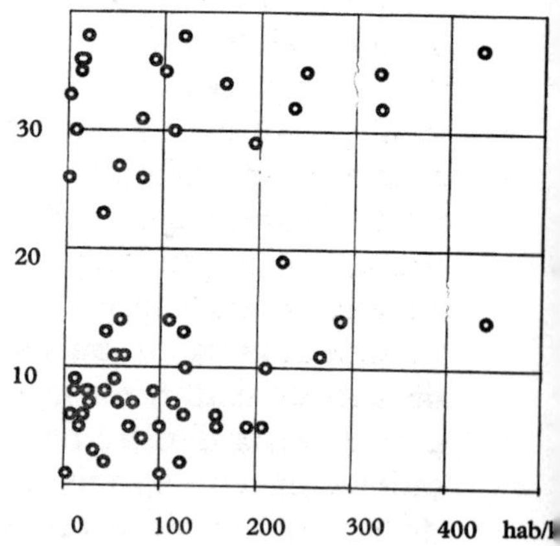

Libertés (1985)

Variation de différents indicateurs de la qualité de la vie, selon la densité en 1990 (chaque point représente un pays du monde)

– un ralentissement, voire une inversion de la croissance économique et donc une aggravation de la pauvreté.

Vérifions ou infirmons en comparant ces prédictions, pour l'ensemble des pays du monde, la densité aux indicateurs de qualité de vie retenus (voir p. 44). Commençons par mettre en regard le revenu moyen en 1990 et la densité (on a pris pour le revenu une échelle multiplicative car il varie de 80 dollars par tête au Mozambique à 33 000 dollars en Suisse). Aucune relation n'apparaît entre ces deux caractères nationaux : il y a des pays riches et denses, des pays pauvres et clairsemés, mais aussi, à l'inverse, des pays riches et peu peuplés, auxquels s'opposent des pays pauvres et denses dont les noms sont sur toutes les lèvres, du Bangladesh au Rwanda et au Burundi. Même quand on distingue pays développés et pays en développement, les deux distributions correspondantes demeurent informes.

Faut-il alors penser que les pays les plus denses ont acheté leur progrès économique et leur aisance au détriment de la santé de leurs habitants ? Pour le savoir, nous avons comparé l'élévation de l'espérance de vie entre 1950 et 1990 à la densité au milieu de cette période (donc en 1970, mais prendre 1990 ne change guère le résultat). A nouveau, c'est la bouteille d'encre, ou plutôt la tache d'encre : le nuage où chaque pays figure par un point ayant pour coordonnées sa densité (en abscisse) et son gain d'espérance de vie (en ordonnée) est aussi informe que le précédent. Si on se limite aux pays du Sud, on voit même apparaître une légère relation positive, ce qui va à l'encontre du raisonnement malthusien. Comme on peut le constater sur un petit tableau classant en deux groupes les progrès de l'espérance de vie et les densités, les pays denses ont effectué plus de progrès dans la lutte contre la mortalité que les pays peu denses :

Densité	Gain d'espérance de vie	
	moins de 15 ans	plus de 15 ans
moins de 30h/km^2	33	16
plus de 30h/km^2	27	31

Ce résultat n'est pas étonnant si l'on pense à d'autres facteurs que l'environnement naturel : dans les pays très peu denses comme ceux du Sahel, il est difficile d'installer des systèmes modernes de santé car leur coût est prohibitif, faute, si l'on peut dire, de clients proches. La faiblesse des infrastructures de transport s'y ajoute (par exemple la faible proportion des personnes vivant à moins d'une journée d'un centre donné), ainsi que celle plus générale de l'État central. Ce désavantage disparaît dès que l'on dépasse 15 ou 20 habitants au km^2. La distribution montre même que les régions où l'on compte plus de 150 habitants au km^2 en 1970 ont connu une plus forte progression de l'espérance de vie que les autres au cours des quarante dernières années. Pour chacun des quatorze États dans cette situation, la progression dépasse dix années, tandis que pour sept États dont la densité se situe entre 30 et 150 habitants par km^2, elle est inférieure. On pourrait multiplier les découpages, classer les pays par continent, par climat, par régime politique, cela ne modifierait pas beaucoup ce constat massif. Ajoutons, en passant, que malgré le pessimisme actuel, l'importance des progrès globaux accomplis dans l'allongement de la durée de vie partout dans le monde force l'admiration. Si globalement la population mondiale a dépassé la population limite de la planète, on comprend mal que la mortalité continue à diminuer à un rythme rarement observé dans le passé.

L'utilisation de l'indice du développement humain

conduit aux mêmes constatations, ne serait-ce que parce qu'il tient compte du revenu moyen et de l'espérance de vie. Nous ne le commenterons donc pas. Reste l'indicateur des libertés humaines. Comme il date d'une époque où le communisme dominait dans de nombreux pays, cet indicateur suit des clivages politiques indépendants de la densité (on n'a jamais démontré que les régimes totalitaires s'installaient de préférence dans des régions moins denses ou plus denses que les autres, même si Montesquieu l'a suggéré dans *L'Esprit des lois*). Le nuage qui matérialise le croisement de la densité (en 1985) et de l'indice des libertés à la même date est donc, une fois de plus, informe. Si par curiosité on avait dessiné un nuage croisant le revenu par tête à l'indice des libertés, on aurait obtenu deux paquets ou deux groupes de pays, celui des pays développés de l'Ouest, à haut indice de libertés quelle que soit la densité, et celui des autres pays, où l'indice est plus faible, mais tout aussi peu lié à la densité.

En conclusion de ce premier examen empirique, la croissance démographique n'a fait apparaître aucun obstacle supplémentaire à la qualité de vie telle qu'on peut la mesurer avec les méthodes existantes. Certes, tout un chacun a en tête les foules grouillantes du tiers-monde, mais les Africains qui arrivent à Paris sont tout aussi surpris du nombre de mendiants et de sans-logis miséreux qu'ils rencontrent dans les rues. La croissance actuelle de la population décale les distributions précédentes vers la zone des plus fortes densités. Mais modérément. Même un doublement général des densités nationales laisserait inchangée la place de la plupart des pays dans le nuage de points. Pour ceux-là, on ne voit donc pas ce qui pourrait remettre en cause l'absence actuelle de relations entre densité et qualité de vie, à moins que chacun d'entre eux soit déjà proche de sa population limite. Pour cela, il faudrait que cette limite diffère largement d'un pays à l'autre, puisque les densités actuelles vont de 10 habitants par km^2 en Angola, à plus de 300 au Rwanda, et à près de 800 au Bangladesh. Une coïncidence aussi admirable entre les densités actuelles et la population limite mériterait explication.

Densité et croissance économique

La croissance démographique n'a pas les effets attendus sur la qualité de la vie, mais ne risque-t-elle pas de compromettre le développement économique ? Pour le long terme, la réponse a été fournie par le premier croisement montrant que la densité n'avait aucune influence sur le revenu par habitant. On peut cependant se demander si les conditions du développement économique n'ont pas récemment changé dans le monde, entraînant de nouveaux handicaps pour les régions pauvres et denses du fait de la pollution, de l'encombrement des réseaux de transport et des normes internationales de plus en plus contraignantes (interdiction du DDT, remplacement des CFC, pots catalytiques, etc.). Le mieux est à nouveau de consulter les chiffres. Nous avons mesuré la croissance récente par la variation du revenu moyen entre 1980 et 1988 et, comme précédemment, nous nous sommes demandé si elle dépendait de la densité. Au lieu de la relation négative promise par la théorie de la population limite, on trouve ici encore une association positive : les taux de croissance économique ont été en moyenne plus élevés dans les pays de densité supérieure à 100 h par km^2 que dans les pays moins denses. Un tableau simple le montre :

Répartition des pays du Sud selon leur densité et leur croissance économique entre 1980 et 1988

	Densité inférieure à 100h/km²	Densité supérieure à 100h/km²
Croissance positive	28	20
Croissance négative	43	8

Un tiers des pays peu denses a connu une croissance positive du revenu par tête, contre plus de 70 % des pays plus denses. Les cas extrêmes sont les plus frappants. La Chine, par exemple, a le plus fort taux de croissance économique dans le monde, malgré une densité de plus de 100 h par km² et de plus de 200 pour la terre utilisable, et la Corée du Sud une densité de plus de 440 h au km² pour un taux de croissance annuel de plus de 6 % en moyenne. A l'inverse, des pays vides mais riches en ressources comme le Mozambique décroissent au taux de 5 % par an. On ne peut donc pas affirmer que la densité soit un obstacle au progrès économique. Même si une légère tendance supplémentaire à la croissance se dégage pour les pays les plus denses, il serait tout aussi prématuré d'affirmer l'inverse, car la diversité des situations reste énorme. La densité est tout simplement sans effet direct sur le développement ; « *irrelevant* » comme disent les Anglais. En revanche, si l'on cherche une explication aux écarts de croissance, la géographie rend mieux compte de la dynamique des croissances (voir page 50).

Si l'on isole en effet quelques grands sous-ensembles continentaux, comme l'Europe, l'Afrique de l'Est, du centre et du Sud, et l'Asie du Sud et de l'Est, chaque groupe occupe une position distincte et forme un sous-nuage à lui seul. Tous les pays africains considérés accusent une baisse du PNB par tête depuis 1980, à l'exception du très dense Burundi. Inversement, tous les pays de l'Asie du Sud et de l'Est, à

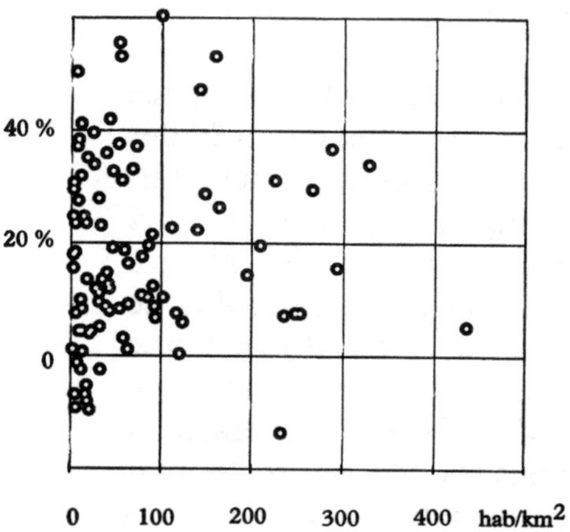

Croissance économique et densité

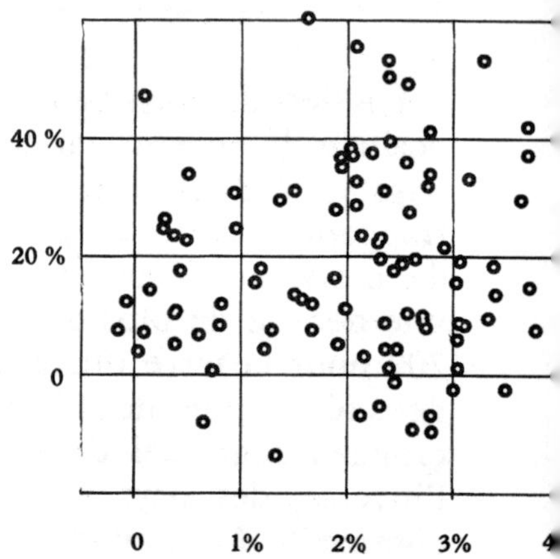

Croissance démographique et croissance économique

Démographie et croissance économique entre 1980 et 1990 (chaque point représente un pays)

part les Philippines, sont en nette croissance. C'est vrai bien sûr pour la Chine, l'Inde, le Sri Lanka, l'Indonésie, la Malaisie, la Corée et la Thaïlande, mais aussi pour le Bangladesh, le Pakistan ou le Népal. De même, dans le troisième groupe, à part la Yougoslavie et le Danemark, les croissances sont positives. Le reste du monde est plus hésitant. Égypte et Maghreb, sous l'influence croisée de l'Europe et de l'Asie, accroissent leur PNB par tête, tandis qu'une partie de l'Afrique de l'Ouest bascule dans la décroissance avec le reste du continent.

Il est tentant, dans ces conditions, de reprendre l'analyse braudélienne du centre et de la périphérie en l'appliquant au monde actuel [11]. Un immense centre, une « économie-monde » au sens d'I. Wallerstein, se développe en Asie, tandis qu'un autre se maintient à l'ouest de l'Europe dans la zone atlantique. Les périphéries proches en tirent avantage, tandis que les marges plus éloignées s'enfoncent dans le sous-développement et la pauvreté. Les États ne sont plus définis alors par leurs caractères propres, tels que la population, la densité, les ressources, mais par leur position géographique par rapport aux deux centres du monde. Il se peut que la densité favorise l'émergence de centres du monde, bien que la relation inverse soit plus probable ; il se peut aussi que la sous-densité entraîne le maintien à la périphérie, mais cela reste à prouver : l'histoire des économies-monde successives nous ramène sur le terrain des analyses de longue période, dont nous venons de voir qu'elles n'indiquent aucun rôle de la densité.

La relation faiblement positive entre la baisse de la mortalité, la croissance économique et la densité relève ainsi probablement d'un artefact dû au groupement spatial des pays. Pas plus qu'il n'existe de Robinson dans la société des hommes, on n'en trouve dans celle des nations. Toutes s'ajustent et communiquent avec leurs voisines. Du fait que l'Asie est peuplée et se développe tandis que l'Afrique est moins peuplée et stagne, une relation apparaît sur le nuage de points. Elle ne concerne pas les propriétés étudiées (croissance économique et densité) mais les positions relatives des pays, invisibles quand on trace seulement le nuage statistique.

Croissance économique et croissance démographique

Il est habituel de souligner l'absence de corrélation entre les taux de croissance de la population et de l'économie. Leur comparaison directe a cependant soulevé de nombreuses critiques : l'économie réagirait avec retard à la croissance démographique, qui devrait alors porter sur des périodes décalées dans le temps. Même en procédant ainsi, la situation ne s'éclaircit pas. Quand on croise sur un graphique les valeurs des deux taux entre 1980 et 1988 pour l'ensemble des pays du monde, une légère relation négative se dégage ($r = -0{,}135$). On pourrait penser que la croissance démographique freine la croissance économique, mais c'est l'inverse, ce qui entraîne une sélection à terme. Dans le monde actuel, la croissance économique conduit assez vite à une baisse de fécondité pour un faisceau de raisons qui commencent à être comprises : avec la scolarité obligatoire et prolongée que des États bien portants peuvent installer et financer, les enfants deviennent un coût pour leurs parents, alors qu'auparavant ils représentaient très vite une force de travail docile. Simultanément, l'accès à l'enseignement et le développement de classes moyennes encouragent l'ascension sociale. C'est la capillarité sociale découverte par A. Dumont [12], c'est-à-dire la limitation du nombre des enfants pour dégager les ressources nécessaires à l'ascension sociale des parents ou des enfants. Au contraire, dans les sociétés archaïques, non régulées par l'éducation et le salariat, l'enfant constitue une force de travail dont bénéficiera sa famille. Aussi, les fortes croissances démographiques, aujourd'hui presque uniquement situées en Afrique, accompagnent-elles l'absence de développement économique de ce continent. Partout ailleurs, la fécondité a baissé rapidement au cours du dernier quart de siècle : de 6 à 2,6 enfants par femme en Chine, de 5,7 à 3,5 au Brésil, de 5,8 à 4,3 en Inde, de 5,4 à 4,3 en Indonésie, alors qu'inversement au Kenya, entre 1965 et 1990, le nombre moyen d'enfants par femme augmentait de 7,8 à 8,1 et au Nigeria, de 6,8 à 7 [13].

A mesure donc que les États se développent économiquement, ils réduisent leur croissance démographique, donnant raison à la célèbre déclaration des délégués algériens lors de la Conférence mondiale de la population de Bucarest en 1974 : « Le meilleur contraceptif, c'est le développement. » Seuls finiront donc par rester dans le peloton des pays à forte fécondité ceux qui ne seront pas parvenus à stimuler leur économie. A ce moment-là seulement la coïncidence entre une faible croissance économique et une forte croissance démographique pourra être constatée, mais elle aura la signification inverse de celle qu'on voudrait lui prêter en termes d'environnement, et elle ne donnera aucune indication sur la proximité ou le dépassement de la population limite : l'absence de développement sera la fièvre et la croissance démographique le thermomètre. En le cassant, c'est-à-dire en réduisant la fécondité, on ne guérira pas la fièvre, c'est-à-dire l'apathie économique.

A la fin de cet examen des paramètres globaux, on constate que, ni au cours des deux derniers millénaires, ni à l'échelle des pays de la planète actuelle, l'influence de la population sur le niveau de vie, la croissance économique et le bien-être n'est perceptible. Les données qui ont été passées en revue sont certes assez grossières, mais aussi assez complètes. On a examiné la plupart des pays ainsi que l'évolution séculaire des continents, au lieu d'en extraire des cas favorables à la thèse malthusienne et environnementaliste. Si la population limite fait sentir son effet, ce ne peut être qu'au niveau de la planète elle-même, en atteignant le système biologique de l'ensemble de la nature vivante. Au fond, les défenseurs de cette thèse le savent bien, car ils axent leur argumentation sur des phénomènes globaux comme le trou dans la couche d'ozone et le changement climatique, parlant d'ailleurs de « changement global ». C'est donc à ce niveau qu'il faudrait rechercher les indices sinon les preuves d'un dépassement de la population limite : en gros, le déséquilibre serait récent et il se manifesterait par une désorganisation de la « physiologie » de la planète. Cette atteinte à la biosphère entrerait bien dans le cadre de la définition d'Ehrlich, puisqu'elle témoignerait d'une désorganisation des ressources non renouvelables due à une consommation supérieure à la production de ressources renouvelables. Les recherches de ce chapitre ne font que confirmer l'impossibilité de mesurer une population limite pour une partie de la terre seulement. La logique du raisonnement impose donc un examen des troubles globaux affectant ou censés affecter la planète. Dans l'ordre, nous passerons en revue la question de l'ozone, puis celle du changement climatique et celle, liée, des dépenses d'énergie, pour aboutir au bilan de la production alimentaire sur la terre. Il ne s'agira pas d'exposer chacun de ces problèmes mais de les jauger à l'échelle démographique : le rétrécissement de la couche d'ozone va-t-il entraîner des centaines de milliers de décès, comme l'annoncent plusieurs grandes institutions ? Le réchauffement climatique est-il une conséquence de l'accumulation des gaz à effet de serre dégagés par la combustion des hydrocarbures utilisés en trop grande quantité par une population trop nombreuse ? La répartition des productions agricoles va-t-elle être bouleversée, et le niveau de la mer en s'élevant va-t-il noyer des centaines de millions de personnes ou au moins les chasser des deltas les plus populeux et les plus productifs de la planète ? Est-il enfin vrai que la production alimentaire stagne à cause de la destruction progressive des terres arables et que les rations caloriques par habitant diminuent ? Répétons-le : l'affaire est assez sérieuse pour qu'on se livre à une enquête précise au lieu d'accepter l'argument d'autorité.

Deuxième partie

CHANGEMENT GLOBAL

Chapitre 3

Le piège de l'ozone

« Le changement global de l'environnement est sans doute le plus urgent des problèmes internationaux du prochain siècle. » L'Académie des sciences américaine, associée à celle des sciences de l'ingénieur et à celle de médecine, conclut ainsi l'introduction de leur rapport commun *One earth, one future.* Depuis la conférence de Rio, on range sous la rubrique du changement global trois éléments qui affectent l'ensemble de la planète : le réchauffement dû à l'effet de serre (*global warming*), la biodiversité, c'est-à-dire le risque de disparition d'espèces animales et végétales, et le trou dans la couche d'ozone. Ce dernier a pris une dimension emblématique, car son existence et son mécanisme de production paraissent fournir le premier exemple d'un changement à l'échelle planétaire dont l'homme serait responsable.

Un article de J. Farman [1] dans la revue scientifique *Nature* en 1985 a révélé que la couche d'ozone au-dessus de l'Antarctique avait perdu 40 % de son épaisseur entre 1977 et 1984. L'annonce suscita aussitôt des réactions passionnées, les uns estimant qu'il s'agissait d'une fluctuation naturelle ayant déjà existé dans le passé, mais qui n'avait jamais été mesurée, les autres pensant tenir la première preuve de l'action de l'homme sur la biosphère. Pour trancher, on multiplia les observations et on réexploita des données plus anciennes, notamment celles du satellite Nimbus 7 que la NASA avait mis en orbite en 1978. Les résultats confirmèrent ceux de l'article de Farman, et même les amplifièrent. Si l'on regarde par exemple les mesures d'ozone faites au-dessus de la base de Halley, non loin de la terre Adélie, à chaque début de mois d'octobre depuis 1955, on constate que l'épaisseur moyenne de 300 unités avant 1975 descend ensuite très vite pour atteindre 180 unités en 1985.

Comment expliquer cette tendance qui s'est confirmée en 1987 et 1989 ? Très vite on a soupçonné que les atomes libres de chlore et de brome qui flottaient à l'altitude de l'ozone étaient en partie responsables de la raréfaction constatée. Le mécanisme semble maintenant bien compris : la couche d'ozone se trouve dans la stratosphère. N'imaginons pas qu'elle forme une coquille dense. Dans l'atmosphère raréfiée des grandes altitudes, elle ne représente que quelques molécules sur un million, dix au plus à 35 km d'altitude, où elle est la plus dense. Cependant, la superposition de particules rares sur une profondeur de 50 km finit par constituer un bouclier qui intercepte la plupart des ondes ultraviolettes émises par le soleil, qui sont dangereuses pour la vie.

Avant 1975, l'ozone suivait un cycle à peu près équilibré : il se formait en haute atmosphère lorsque des molécules habituelles d'oxygène (O_2) étaient brisées par le rayonnement solaire en leurs deux atomes constituants qui ensuite se recombinaient à une molécule intacte pour former l'ozone ($O_2 + O = O_3$). Cette nouvelle molécule assez fragile est ensuite détruite tôt ou tard par divers corps chimiques, dont les atomes libres de chlore et de brome sont les plus virulents. Cela se passe à peu près ainsi : le chlore Cl casse l'ozone en une molécule habituelle d'oxygène O_2 et un atome d'oxygène avec lequel il forme de l'oxyde de chlore (ClO). Instable, ce dernier se dissocie rapidement, libérant l'atome de chlore pour une nouvelle attaque de l'ozone. En un jour, un seul atome de chlore peut détruire ainsi plusieurs milliers de molécules d'ozone.

Pour que ce mécanisme de destruction fonctionne, certaines conditions précises doivent cependant être réunies, sans quoi il n'y aurait plus d'ozone depuis belle lurette. D'abord, du chlore doit monter dans la stratosphère. Il provient des océans pour une petite part, mais il est surtout véhiculé par les composants bromés et chlorés de l'industrie, les célèbres CFC, ou halocarbones, utilisés pour leur stabilité chimique et thermique comme refroidissants dans les réfrigérateurs, comme produits de lutte contre l'incendie et dans de multiples procédés de pulvérisation sous pression. On se demandait où les CFC disparaissaient après usage, puisqu'ils ne pouvaient pas être détruits dans les conditions ambiantes à la surface terrestre. En fait, entraînés par la circulation atmosphérique, ils s'éparpillent dans toute la stratosphère. Certaines molécules d'halogène finissent par s'échapper de la terre en altitude, mais d'autres participent à un cycle chimique au-dessus du pôle Sud.

En effet, une partie de l'atmosphère qui surplombe l'Antarctique est prise au piège pendant plusieurs mois. Elle tourne en rond dans ce que l'on nomme le « vortex polaire sud » et se refroidit de plus en plus. Quand elle descend au-dessous de −80°C, des cristaux de glace apparaissent en légers nuages. Ils offrent une surface de contact aux CFC, qui viennent s'y décomposer, et libèrent après réaction avec de l'acide chlorhydrique des molécules de chlore (Cl_2) rapidement dissociées par le rayonnement solaire. C'est alors que la chasse à l'ozone par les atomes libres de chlore commence. Si j'insiste un peu sur le mécanisme chimique, c'est qu'il est assez facile à comprendre et pourrait être enseigné au lycée après un ou deux ans de chimie avec ses classiques HCl, O_2 ou ClO. Mais surtout, il permet d'apprécier les concours de circonstances qui entraînent la réaction globale, et donc mieux jauger son développement futur.

Des conditions très différentes doivent, comme on le voit, être réunies simultanément pour que l'ozone soit attaqué par le chlore et le brome :

– Des CFC doivent être émis par l'industrie.

– L'atmosphère doit être refroidie en dessous de −80°C, ce qui n'est possible que dans un vortex où l'air stagne au voisinage du pôle jusqu'à créer des nuages de cristaux.

– Le rayonnement solaire doit dissocier les molécules de chlore (Cl_2).

Ces conditions ne se rencontrent pratiquement qu'au pôle Sud pendant une courte période, en octobre : le vortex est créé au pôle Sud par l'hiver austral qui a refroidi au-dessous de −80°C l'atmosphère en altitude. Le soleil réapparaît avec le printemps austral. Il brise les molécules de chlore qui étaient restées stables dans la nuit polaire, mais, en même temps, il élève la température, fait fondre les nuages de cristaux et interrompt la décomposition des CFC. Peu après, le vortex se défait à cause du réchauffement qui dilate l'air, et les atomes qui ont vécu cette aventure sont dispersés tout autour du globe par le rétablissement de la circulation atmosphérique. Que l'une de ces conditions manque, et le mécanisme s'arrête. Ainsi, à la suite d'un hiver plus chaud en 1988, le trou d'ozone ne put se former car le soleil était revenu avant que le froid stratosphérique ne soit devenu suffisamment intense. C'est aussi en raison de ces conditions que le trou est moins important au pôle Nord : l'absence d'un continent très froid comme l'Antarctique limite le vortex et le refroidissement. L'ampleur du trou dépend alors étroitement de la sévérité de l'hiver (durant l'hiver très froid de 1989, le trou d'ozone a été de 10 à 20 % au nord de la Suède).

Comme l'ozone se reforme au cours de l'année, cet incident a moins de conséquences qu'il n'y paraît au premier abord. Une fois la circulation atmosphérique rétablie, le manque d'ozone se dilue et l'amincissement de la couche d'ozone ne dépasse pas 3 % en moyenne sur toute la planète. Même si le trou devenait total, avec disparition complète de l'ozone dans le vortex polaire sud à cause d'une grande concentration de CFC, la perte moyenne dans toute l'atmosphère se stabiliserait autour de 6 %. Certes, sous le trou, les UV pleuvraient dru pendant quelques mois par an, mais heureusement, l'Antarctique n'est pas encore très peuplé, même si un livre récent a montré que la population d'*homo scientiae* s'y accroît à un rythme soutenu. Comme ceux-ci ne prennent pas de bains de soleil en petite tenue, l'impact du rayonnement sur leur organisme sera limité.

Les dangers encourus par l'humanité dépendent donc de cette contraction de 6 % de la quantité globale d'ozone. 15 % du rayonnement ultraviolet atteindra alors la terre, au lieu de 13,5 % actuellement, soit une augmentation de 12 %. 1,5 % seulement du rayonnement UV entrant dans l'atmosphère franchira en plus la barrière de l'ozone. Le bouclier ne disparaîtra donc pas, il s'entrouvrira. Quelles en seront les conséquences directes sur la santé humaine, et indirectes sur les plantes et animaux dont nous nous nourrissons ? C'est là le véritable enjeu. Si l'homme ne se porte pas plus mal, si les plantes continuent de pousser et de donner un grain aussi épais, on peut oublier le trou d'ozone ; sinon, on doit s'inquiéter.

Pour ce qui concerne les plantes, aucun résultat net ne se dégage des expériences. Certaines espèces comme le soja et le riz, sensibles à l'ultraviolet, perdent de leur productivité ; d'autres n'y réagissent pas. La sélection de plants résistants ne paraît pas trop difficile et ne ferait que répéter l'histoire de la matière vivante bombardée d'ultraviolets il y a des millions d'années, quand il n'y avait pas d'oxygène, donc pas d'ozone, et que 100 % des UV atteignaient la terre. En outre, les expériences de laboratoire soumettent les végétaux à des doses plus fortes que l'augmentation maximum possible de 12 %, et négligent l'importance du filtrage par les nuages, autre piège à UV, et du rayonnement transmis par la réverbération des végétaux, elle aussi dépourvue d'UV : le maximum n'est observé que dans des conditions de luminosité pure, dans le désert, et non sous les nuages dans les plantations de riz aux Philippines ou en Thaïlande.

Pour les hommes, les dangers paraissent plus grands, si l'on se fie aux commentaires des grandes institutions. Il faut cependant rester attentif, car le lien entre le constat physique qui vient d'être fait et ses conséquences humaines ne paraît pas toujours fermement établi.

L'Académie des sciences américaine écrit dans son rapport : « Les chercheurs savent que l'exposition directe aux radiations ultraviolettes peut endommager le système immunitaire, entraîner des cataractes et augmenter l'incidence des cancers de la peau. L'Agence fédérale pour la protection de l'environnement estimait en 1986 que l'incidence des cancers de la peau monterait de 2 % pour chaque diminution de 1 % de l'épaisseur de la couche d'ozone. (Aujourd'hui, principalement à cause de modes de vie qui encouragent l'exposition de la peau à la lumière brute du soleil, on compte 300 000 à 400 000 nouveaux cas de cancer de la peau chaque année aux États-Unis [2]). » De son côté, le *World Resource Institute*, écrit dans son dernier rapport : « Un panel international de scientifiques a affirmé en octobre 1991 qu'au-dessus des États-Unis et des autres pays tempérés, environ 3 % de la couche protectrice d'ozone stratosphérique a été perdue. Cette perte d'ozone pourrait permettre une augmentation de 6 % du rayonnement ultraviolet sur terre, ce qui pourrait accroître de manière significative l'incidence des cancers de la peau – peut-être 12 millions de cas supplémentaires aux États-

Unis au cours des cinquante prochaines années –, et affecter la production agricole [3]. » Enfin, dans l'édition 1993 de leur *State of the World* [4], Lester Brown et le *World Watch Institute* écrivent que « les épidémiologues de l'Agence fédérale pour la protection de l'environnement estiment que la révision à la hausse du taux de diminution de l'ozone pourrait signifier 200 000 décès supplémentaires par cancer de la peau aux États-Unis pour les cinquante ans à venir. A l'échelle du monde entier, cela se traduirait en millions de décès. »

Ces citations montrent la confusion qui règne aussi bien du côté des chiffres que de celui des concepts mesurés. Essayons de clarifier : il faut d'abord distinguer l'incidence et la mortalité. L'incidence, ou nombre de nouveaux cas, compte ceux qui ont été atteints par la maladie au cours de l'année, et le décès ceux qui en sont morts. L'Académie des sciences et le *World Resources Institute* donnent des chiffres d'incidence, le *Worldwatch Institute*, les chiffres de décès. Si on adopte l'hypothèse haute d'une diminution de 6 % de l'épaisseur de la couche d'ozone, donc d'une augmentation de 12 % du rayonnement, et si l'on admet aussi que l'augmentation des cas de cancer suit le même rythme, on devrait compter entre 36 000 et 48 000 cas supplémentaires aux États-Unis chaque année, pour l'Académie, à comparer aux 240 000 du *World Resources Institute.*

Quelle proportion des personnes atteintes en mourra [5] ? On ne le sait pas. Seul parmi tous, le *Worldwatch Institute* avance le chiffre de 4 000 décès supplémentaires aux États-Unis chaque année au cours du prochain demi-siècle. En réalité, l'ambiguïté commence en amont avec le terme de cancer : la classification internationale des causes de décès distingue en effet des tumeurs malignes de la peau, les mélanomes, des tumeurs bénignes de la peau (n° 216), des lipomes (autres tumeurs du tissu conjonctif n° 214-215), et des tumeurs de la peau à évolution imprévisible (n° 238.1). Les chances de survie sont très variables selon le type de cancer : moyennes en cas de mélanome, qui donne rapidement des métastases, mais quasiment totales pour les lipomes et surtout pour les tumeurs bénignes de la peau. A titre d'exemple, au cours de la dernière année publiée (1988) [6], on a compté vingt décès pour tumeur bénigne sur tout le territoire américain à comparer aux 2 100 000 décès toutes causes confondues enregistrés cette année-là. En France, deux décès sur 520 000 observés en 1988 ont été imputés à ces tumeurs, et un aux tumeurs à évolution imprévisible [7]. Le chiffre des lipomes est un peu plus élevé (trente-trois décès), mais il comprend surtout des cancers des tissus conjonctifs internes. On ne doit donc pas compter comme un risque sérieux ces tumeurs bénignes, qui se résument le plus souvent à de petites boules dures sous la peau ou à des sortes de verrues que l'on fait extraire pour des raisons esthétiques. Si le péril qui menace l'humanité est de cette taille, on peut être rassuré.

Restent donc seulement en cause les mélanomes dont l'issue est souvent fatale. Eux seuls sont d'ailleurs pris en compte dans les données internationales que rassemble l'IARC, l'agence de l'OMS spécialisée dans l'épidémiologie du cancer. Chaque année [8], cette agence publie les comptages effectués par des observatoires régionaux de santé, à partir de fichiers de consultations médicales et d'hôpitaux. Ces observatoires couvrent souvent une région limitée et non le pays entier. Les résultats sont cependant très intéressants, comme on le constate sur le tableau suivant :

Incidence du mélanome
(nouveaux cas pour 100 000 personnes)

Los Angeles (Blancs)	11,6
Los Angeles (Noirs)	1,5
Los Angeles (Chinois)	1,3
Los Angeles (Japonais)	0,6
Norvège	9,7
Suisse (Genève)	9,2
Connecticut (Blancs)	8,0
Connecticut (Noirs)	0,7
Canada	5,6
France (Bas-Rhin)	3,8
Italie (Varèse)	3,6
Angleterre et pays de Galles	3,0
Hongrie (Szabolcs-Szatmar)	1,9
Roumanie (Cluj)	1,3
Porto Rico	1,2
Singapour (Chinois)	0,6
Japon (Miyagi)	0,4
Chine (Shanghai)	0,3
Inde (Bombay)	0,2

Une extrême diversité apparaît, guidée par deux causes, le niveau de vie et le patrimoine génétique. Entre la Roumanie et la Suisse ou la Norvège, le patrimoine génétique ne change pas beaucoup, mais l'incidence est multipliée par 7. On peut raisonnablement supposer que le bronzage est l'une des causes de cet écart, mais aussi des différences dans l'alimentation. Inversement, lorsqu'on effectue des mesures au même lieu, comme à Los Angeles pour différentes populations, l'échelle des risques varie de 1 à 20, entre les personnes d'origine européenne et celles d'origine asiatique. Avant de discuter plus à fond ces différences, revenons à l'incidence pour les États-Unis qui cause tant de soucis aux institutions que nous avons citées plus haut.

Si l'on admet que l'incidence du mélanome aux États-Unis (inconnue) est la même qu'au Canada (5,6 pour 100 000 habitants), le nombre de cas annuels serait de 14 000. Si l'on retenait les chiffres extrêmes des Blancs de Los Angeles et de Porto Rico, la fourchette irait de 3 000 à 29 000. Dans tous les cas on est très en deçà du chiffre avancé par l'Académie des sciences (300 000 à 400 000), entre 10 et 100 fois moins. Peut-être y a-t-il eu confusion entre le nombre total des décès par cancer aux États-Unis (485 000 en 1988) et le nombre de personnes atteintes ou décédées du mélanome (entre 1 et 3 % du total des cancers) ? Ce sont d'ailleurs les chiffres de décès qui constituent la seule base solide en ce domaine. En l'absence de progrès dans le traitement du mélanome (supposition « naturelle », mais désespérante, de toutes les institutions quand elles projettent leurs résultats pour les cinquante prochaines années), la mortalité resterait proportionnelle à l'incidence. La connaître permet aussi de contrôler les chiffres d'incidence. Or, il meurt du mélanome environ 6 000 personnes par an aux États-Unis, et 1 000 en France ; ces chiffres n'évoluent guère au cours des dix dernières années (très exactement, 834 décès en France en 1988, et 5 979 aux États-Unis la même année). Si l'on rapproche ces décès des incidences calculées auparavant, on trouve dans les deux pays un rapport de 1 à 2,5, soit une survie de 60 %, ce qui correspond aux estimations courantes.

Toute la question est maintenant de savoir quelle

augmentation du nombre de morts provoquera l'amincissement de la couche d'ozone. Pour cela, il faut d'abord évaluer l'augmentation de rayonnement sur la terre, puis l'effet cancérigène du rayonnement supplémentaire. Sur le premier point, qui est de nature largement physique, la littérature scientifique avance d'habitude une croissance du rayonnement égale au double du rétrécissement : pour chaque pour-cent en moins de la couche d'ozone, le rayonnement augmente de 2 %. Donc, avec une diminution maximale de 6 % de la couche, on aurait un supplément maximal de rayonnement de 12 %. Conservons ce chiffre, le plus important qui soit avancé.

Quelle est maintenant l'augmentation corrélative des mélanomes ? Une particularité de la courbe d'évolution du mélanome selon l'âge permet d'envisager une réponse : avec le cancer du sein, la leucémie, le cancer du cerveau et la maladie de Hodgkin, c'est le cancer dont le risque s'accroît le moins avec l'âge. A l'opposé, les risques de cancer de l'estomac, du côlon, du poumon, du foie et du tube digestif augmentent très vite avec l'âge. Ces cancers liés au style de vie (alcoolisme, tabagie, thé brûlant, etc.) résultent pour une bonne part d'un effet de « dose », c'est-à-dire du cumul des pratiques, tandis que les autres cancers tiennent plus à des hasards de l'environnement et à des susceptibilités génétiques. A la limite, un cancer purement environnemental, sans accumulation des effets de l'exposition, aurait une incidence constante avec l'âge. Pour donner un exemple de ces différences, au Danemark, les taux de mortalité par mélanome passent de 1 pour 10 000 à 30 ans, à 9 pour 10 000 à 70 ans, tandis que pour l'ensemble des tumeurs, les taux passent de 15 pour 10 000 à 30 ans à 970 pour 10 000 à 70 ans. Multiplication par 10 dans un cas, par 60 dans l'autre. Il paraît alors raisonnable de supposer que l'augmentation de l'incidence du mélanome sera égale à l'augmentation du rayonnement. 12 % d'augmentation des UV entraînerait 12 % d'augmentation du risque de mutation défavorable d'une cellule de la peau. D'ailleurs, l'Académie des sciences américaine et l'Agence pour l'environnement ont fait implicitement cette supposition en admettant que l'incidence du cancer de la peau suivrait un rythme deux fois plus rapide que celui de l'amincissement de la couche d'ozone, donc le même rythme d'augmentation que le rayonnement. Le raisonnement précédent ne fait que joindre des attendus à cette estimation, sans doute les mêmes. Il faut cependant ajouter une réserve : on sous-entend que tous les mélanomes sont déclenchés par une seule substance cancérigène, les ultraviolets, ce qui est loin d'être vrai. Admettons-le toutefois comme un facteur aggravant supplémentaire du risque entraîné par l'amincissement de la couche d'ozone.

Nous voici maintenant à pied d'œuvre pour établir une estimation des décès supplémentaires occasionnés par le trou d'ozone : 12 % de 6 000 = 720 aux États-Unis. En France, le tribut à payer serait de 824 × 12 % = 100 décès de plus par an. Aux Indes et en Chine, si l'on extrapole les chiffres d'incidence constatés à Bombay et Shanghai avec un taux de rémission de 50 %, il y aurait aujourd'hui environ 2 000 décès par mélanome, donc, avec les hypothèses précédentes, 240 décès supplémentaires par an à cause du trou d'ozone. On est loin des millions de décès qu'annoncent Lester Brown et le (mal nommé) *World-watch Institute*. N'oublions pas non plus que ces 720 décès américains, ces 100 décès français, ces 240 décès asiatiques sont des valeurs maximales établies sous la supposition d'une diminution maximale (6 %) de la couche d'ozone, d'une imputation de tous les cancers de la peau à l'action du rayonnement ultraviolet et d'une absence de progrès des traitements curatifs au cours des cinquante prochaines années. Si l'on disposait de mesures plus précises, on tomberait peut-être à la moitié, voire au cinquième de ces chiffres, soit respectivement une centaine de décès supplémentaires aux États-Unis et une dizaine en France.

Il est frappant que la surestimation du risque ait

été à ce point importante et générale, car la plupart des auteurs reprennent les trois sources qui ont été citées : pourquoi l'Académie des sciences américaine (et l'Académie de médecine !) avance-t-elle une incidence de 300 à 400 000 cancers de la peau chaque année quand le chiffre tourne autour de 14 000, soit vingt-cinq fois moins ? Pourquoi le *World Ressources Institute* parle-t-il de 240 000 cancers supplémentaires par an en Amérique alors que 12 % des 14 000 cas actuels donne 1 680 cas, soit cent cinquante fois moins ? Pourquoi le *Worldwatch Institute* fixe-t-il le devis à 4 000 décès par an quand le calcul qu'il préconise aboutit à 720 décès ? Pourquoi le même institut parle-t-il de millions pour l'ensemble du monde dans les cinquante ans à venir, quand une estimation fondée sur l'incidence actuelle et l'augmentation maximale du rayonnement d'UV donne moins de cent mille ? Ce n'est sans doute pas par hasard que l'on confond décès et incidence, que l'on ne parle pas de mélanome, mais de cancers qui peuvent aussi bien être de simples tumeurs bénignes sans risque de décès, que l'on donne les chiffres pour les cinquante ans à venir au lieu de chiffres annuels (qui seraient donc cinquante fois plus faibles) comme si rien ne devait changer dans les méthodes de soin du cancer et de protection des UV. Chacun de ses procédés tend à accroître l'inquiétude en présentant de gros chiffres. S'alarmerait-on si l'on écrivait qu'au grand maximum, le trou de l'ozone peut faire mourir cent Français, deux cents Chinois et sept cents Américains par an ? Si l'on disait que le trou d'ozone peut au maximum augmenter la mortalité de trois dix millièmes aux États-Unis, de deux dix millièmes en France et de trois cent millièmes en Chine, effraierait-on les populations ? Quand on compare ces risques de décès supplémentaires aux ravages de la malaria, de la tuberculose, des dysenteries, quand on sait qu'au moins cent mille morts par an peuvent être imputées au tabac et à l'alcoolisme en France, quand on compte presque à chaque week-end près de cent morts sur les routes françaises, le nombre annuel maximum imputable au trou d'ozone est ramené à sa juste proportion.

Il faut ajouter que si le rayonnement ultraviolet est vraiment la cause du mélanome, on peut gagner plus de vies humaines et plus rapidement en recommandant aux plagistes de porter une petite laine qu'en réduisant le chlore dans le vortex polaire sud. Les écarts selon les lieux et les races laissent en effet deviner que le bronzage n'est sans doute pas innocent dans cette affaire. Les différences de race jouent un rôle, et c'est normal puisqu'on les distingue par leur couleur de peau. Les peaux n'ont pas toutes la même résistance à l'exposition aux UV, les blanches sont les plus fragiles, ensuite les noires puis les jaunes. Mais les différences d'exposition au soleil ont sans doute encore un plus grand rôle que le patrimoine génétique : l'incidence est six fois plus forte chez les Chinois de Los Angeles que chez ceux de Shanghai, elle est huit fois plus forte chez les Blancs de Californie que chez les Roumains de Cluj. Si l'on veut vraiment lutter contre le mélanome, la recette est donc simple : moins s'exposer au soleil. Par exemple, si les Américains retrouvaient le taux d'incidence des Roumains, ils éviteraient chaque année 4 600 des 5 900 cas mortels de mélanome, ce qui est mieux que de supputer sur 720 décès supplémentaires. Ce serait aussi moins coûteux à réaliser que la reconversion des industries du CFC et que les énormes moyens scientifiques mis en œuvre pour guetter toute anomalie de l'ozone. S'il s'agit de sauver des vies humaines ou même précisément de réduire le nombre de cas de mélanomes, il y a certainement mieux à faire que de surveiller le trou d'ozone.

Toute l'affaire illustre une dramatique incapacité à passer des faits naturels et physiques à leurs conséquences humaines. Il n'y a rien à redire sur les mesures du trou d'ozone, sur le calcul des réactions chimiques en jeu, sur les quantités de matière et d'énergie concernées. En revanche, le passage à l'homme est effectué de manière mécanique sans se soucier des flexibilités et des différences sociales et culturelles. Le domaine humain est annexé comme une simple conséquence des faits naturels qui se déroulent sur la planète. Il subit passivement un accident que l'on se propose de soigner par une recette d'ingénieur : un changement du liquide utilisé dans les aérosols, dans les frigidaires et dans les produits de lutte contre les incendies. Du simple point de vue scientifique, on affiche un mépris total pour les données et les méthodes de base des sciences sociales. Le trou d'ozone a tétanisé ceux qui l'étudient ou l'utilisent. Ils ne peuvent pas imaginer autre chose qu'une catastrophe mondiale dont ils seront les sauveurs. Ils collent dessus les premiers chiffres venus, pourvu qu'ils soient gros et menaçants. Dans leurs évaluations des décès ou de l'incidence, ils font preuve d'une légèreté qu'ils ne manqueraient pas de reprocher au moindre opérateur de leur moindre capteur de molécules d'ozone, s'il se conduisait de la sorte. Ce n'est pas volontaire, bien sûr, mais c'est un indice sûr de leur conception mécanique de l'humanité. Ils font comme si la continuité entre la matière physique et l'homme était absolue, comme si elle n'était pas médiatisée par l'environnement physique des humains et leur organisation sociale, comme si, au sein de cet environnement et de cette société, les priorités étaient les mêmes que les leurs.

L'enjeu du trou d'ozone explique peut-être cette étonnante précipitation. Avec lui on a cru tenir une preuve de l'action globale de l'homme sur la planète, et un exemple de son traitement. Spectaculairement, d'ailleurs, les pays développés ont signé à Montréal en 1989 un protocole de réduction de la production des CFC donné comme un exemple aux futures opérations de sauvetage de la planète. Le trou d'ozone a été un immense panneau publicitaire pour montrer les dangers de ce « changement global » et les moyens d'y faire face, car ni le réchauffement supposé d'une planète dont on ne comprend pas encore le fonctionnement climatique, ni la disparition d'espèces dont on ne sait pas si elles sont deux millions ou dix, n'avaient la même matérialité, la même évidence démonstrative. Cela est d'autant plus curieux qu'à part le trou lui-même, l'évidence ne résistait pas à l'analyse.

Tout d'abord, l'affaire est locale, dans les vortex polaires, et non globale. En ces endroits, elle est spectaculaire, mais elle ne change pas grand-chose à la vie des sociétés. L'Antarctique est sans doute le désert le plus inhospitalier du monde, glacial, balayé de vents violents, sec, montagneux et complètement aride. Il peut y atterrir tous les rayonnements UV du ciel, cela ne gênera personne. Ensuite, les preuves formelles des conséquences de ce trou pour la végétation, les animaux et l'homme dans les autres parties du monde font complètement défaut. Quelques expériences de laboratoire dont le protocole ne reproduit pas les conditions réelles, quelques supputations statistiques bâclées, ne remplacent pas le manque complet de preuves. On a certes observé en détail le trou d'ozone, mais on n'a nullement observé ses conséquences. Notamment, rien ne dit qu'en dehors des zones polaires, l'effet des grandes éruptions volcaniques, comme celle d'El Chichon, ou plus récemment celle du Pinatubo, qui ont envoyé dans la stratosphère l'équivalent de la production annuelle d'acide sulfurique américain n'ont pas eu plus d'influence dans les régions tempérées que la dissipation des vortex polaires [9]. Enfin, du point de vue de la population, l'existence du trou ne prouve rien. Il ne fournit pas un indice d'une activité « globale » de l'homme. Au moment où le trou apparaît en 1975, il ne se passe par exemple rien de particulier du point de vue démographique. Il vaudrait mieux chercher du côté de la production de CFC : une statistique confectionnée par le *World Resources Institute* [10] montre par exemple que, sur 580 000 tonnes de CFC produites dans le monde en 1989, 460 000, soit 80 %, l'ont été dans les pays développés (CEE,

Amérique du Nord, URSS et Japon), à destination des habitants des mêmes pays, soit un cinquième de la planète. Un habitant moyen des pays développés contribue donc seize fois plus à l'accumulation du CFC qu'un habitant du tiers-monde. La responsabilité « globale » de l'humanité permet aussi de dissimuler des responsabilités locales.

Chapitre 4

Changement climatique et populations

En 1958, R. Revelle, intéressé par les cycles des éléments naturels, suggéra à C. Keeling [1] de la fondation Scripps d'effectuer des mesures régulières de la concentration de CO_2 pour voir si le système terrestre absorbait le surplus de gaz carbonique dégagé par la combustion des charbons et pétroles. Il en a résulté l'une des plus célèbres séries de mesures, presque toujours reproduite dans les ouvrages consacrés au climat ou à l'énergie. La hausse de concentration est en effet extraordinairement régulière. De 315 parts par million (ppm) de CO_2 en 1958, on est passé continûment à 355 en 1990. Cette évolution comme celle du trou d'ozone a soulevé des inquiétudes au sujet de l'avenir terrestre. On y retrouve le même élément global, unifiant la conduite de l'ensemble des hommes, quelle que soit leur contribution, en un phénomène mondial. Une grande incertitude pèse aussi sur ses effets. On a rapidement parlé d'effet de serre, source d'un réchauffement de la planète que les températures plus chaudes des années 80 auraient prouvé. Mais la démonstration en est encore moins sûre que celle des effets nocifs de l'ozone. Quant aux conséquences pour l'homme et les populations, elles couvrent un registre bien plus vaste que l'incidence du mélanome : relèvement du niveau des mers, désertification de zones actuellement cultivées, déplacement de la mousson, fonte des calottes polaires, etc.

Plus encore que pour l'ozone, il faut sérier les faits et les raisonnements pour y voir clair et évaluer la responsabilité de la population et ses lointaines conséquences.

Commençons par détailler le cycle du carbone. L'atmosphère contenait environ 600 milliards de tonnes (on dit 600 gigatonnes) de CO_2 au début des années 50. Ce gaz participe à des cycles ultra-rapides, comme la photosynthèse journalière des plantes, au cours de laquelle 130 gigatonnes de CO_2 sont brassées chaque année, et à des cycles beaucoup plus lents avec l'océan. Environ 90 gigatonnes de CO_2 sont absorbées par le plancton, principalement dans les mers froides [2]. Une vaste circulation océanique engloutit en profondeur les eaux de surface de la mer de Norvège, les entraîne jusqu'au pôle Sud, avant de les faire remonter dans l'océan Pacifique. Durant ce voyage qui peut durer plus d'un siècle, les eaux se chargent de CO_2 au contact des dépôts des grands fonds et des réactions qui s'y déroulent. A l'issue de ce périple, 90 gigatonnes de CO_2 sont libérées chaque année dans l'atmosphère. De ce fait, l'eau de mer constitue un gigantesque volant régulateur estimé à 40 000 gigatonnes de CO_2, bien plus que le carbone emmagasiné dans les plantes et l'humus (2 000 gigatonnes). Enfin, les gisements calcaires qui échangent leur carbone avec l'océan représentent, au bas mot, 20 millions de gigatonnes de CO_2 solidifié. Comme souvent dans la nature, chaque cycle s'accroche à un cycle d'un ordre de grandeur supérieur : le cycle diurne de la photosynthèse au cycle des végétaux sur une ou plusieurs années, le cycle rapide du plancton à la circulation océanique qui dure des dizaines d'années, et la circulation océanique au cycle du calcaire qui se compte en centaines de milliers d'années.

Désormais, s'ajoute à ces cycles le carbone fossile brûlé par l'homme, 2 gigatonnes par an en 1950 et 5,5 gigatonnes aujourd'hui. Depuis la guerre, ce sont donc 160 gigatonnes qui ont été ajoutées à l'atmosphère. Comme l'augmentation de la proportion de CO_2 mesurée n'est que de 12,5 % (355 par rapport à 315 ppm), soit 75 gigatonnes, 85 gigatonnes ont été reprises par l'océan. L'augmentation de CO_2 a en effet entraîné une augmentation du métabolisme du plancton. On estime aujourd'hui que l'absorption par l'océan est passée de 90 gigatonnes à 93 gigatonnes. Comme la restitution par l'océan profond concerne des eaux qui datent de plus d'un siècle, elle ne répercute pas encore la hausse de concentration de CO_2 et reste fixée à 90 gigatonnes. En simplifiant, ceci revient à dire que, sur 5,5 gigatonnes ajoutées par l'homme chaque année, seules 2,5, soit 45 % demeurent dans l'atmosphère. En supposant que chaque année la proportion est la même, on retrouve bien la part subsistant dans l'atmosphère des 160 gigatonnes introduites par l'homme depuis 1950, puisque 45 % de 160 = 72, soit à peu près les 75 estimés par la courbe de Keeling. Un calcul plus précis arriverait au même résultat. Si j'insiste sur ces chiffres et sur quelques règles de trois, c'est pour toucher du doigt un résultat essentiel : en combinant différentes sources d'information, on obtient une vision cohérente, montrant que l'action de l'homme, et elle seule, est bien responsable de l'augmentation du CO_2 atmosphérique. Ce fait étant établi, il faut s'intéresser à ses conséquences, donc comprendre comment les échanges thermiques de la terre avec l'espace réagissent à cette modification de l'atmosphère. C'est là que l'affaire se corse car le « moteur » terrestre est plutôt compliqué, et ses réactions souvent mal connues.

Les principaux éléments du bilan donnent la mesure des difficultés et de l'ampleur des interactions. Dès le départ, rien n'est simple. Le rayonnement solaire qui arrive sur terre est véritablement débité en tranches variables : sur 340 watts par jour qui doivent atteindre un mètre carré terrestre, 50 sont réfléchis par les nuages et repartent dans l'espace, 70 réchauffent les nuages et 50 sont réfléchis par la terre. Les 50 % d'énergie solaire subsistante se transforment en chaleur, donc à terme en rayonnement infrarouge de longueur d'onde bien plus élevée que la lumière visible ou les ultraviolets. L'infrarouge repart vers l'espace au rythme de 400 watts par mètre carré par jour [3]. 80 % de ces infrarouges sont à leur tour réfléchis par l'atmosphère et les obstacles terrestres. Les 20 % restants ainsi que la chaleur montant en altitude représentent 170 watts. Au total, l'atmosphère en moyenne altitude rayonne dans l'espace 240 watts/jour/m^2 sous forme d'ultraviolets. La différence entre ces 240 watts et les 400 émis par le sol entraîne l'effet de serre : s'il n'y avait aucune absorption du rayonnement infrarouge par l'atmosphère ni aucune réverbération par les nuages, les échanges s'équilibreraient dès que le sol atteindrait une température correspondant à une émission de 240 watts. La différence entre la température nécessaire à l'émission des 240 watts et celle nécessaire aux 400 watts observés représente environ 30°C. C'est l'effet de serre au sens exact du terme [4]. Les 160 watts qui sont restés piégés dans l'atmosphère ne s'accumulent pas indéfiniment, sinon la planète exploserait comme une vulgaire Cocotte-Minute. Ils sont réabsorbés par le sol, dont ils augmentent la température, donc le rayonnement, jusqu'à ce que l'équilibre se réalise. Le fonctionnement de ce moteur thermique dépend de tous les éléments qui viennent d'être passés en revue et de leurs interactions dans la circulation atmosphérique. Sans être exhaustif, voici une liste de ces influences réciproques :

– L'abondance des nuages augmente avec la température terrestre par suite d'une évaporation plus intense, mais leur capacité à réfléchir dépend de la circulation atmosphérique qui fixe leur altitude : bas comme les cumulus, ils réfléchissent la lumière solaire et diminuent l'apport thermique, hauts comme les cirrus, ils la laissent passer en la diffusant.

– L'absorption de la lumière par les nuages dépend de la composition de l'atmosphère. Par exemple, les gouttelettes d'acide sulfurique et les poussières qui planent dans la stratosphère après les éruptions volcaniques interceptent la lumière qui fournit l'énergie de leurs réactions chimiques, ce qui diminue le flux parvenant au sol.

– La surface terrestre réfléchit plus ou moins la lumière selon sa texture. Lisse comme un miroir, sur les glaciers ou sur la mer étale, elle renvoie presque tous les rayons. Foncée à cause de la végétation ou de montagnes granuleuses, elle absorbe presque toute la lumière. L'albédo, nom donné au spectre de réflexion de la planète, peut varier ainsi en fonction de circonstances minimes, vent de surface sur les océans, type de végétation et glaciations.

– Le rayonnement infrarouge de la surface terrestre est absorbé dans l'atmosphère par l'eau et par des gaz comme les CFC, le méthane et le gaz carbonique, qui s'échauffent, ce qui accroît l'effet de serre.

Ajoutons à cette première liste que le rayonnement n'est pas séparé en trois espèces distinctes qui s'appelleraient lumière visible, ultraviolets et infrarouges, mais constitue un spectre continu, le long duquel varient les proportions que nous venons d'indiquer.

La combinaison deux à deux des effets précédents conduit aux raisonnements habituellement tenus sur le climat : ainsi, l'augmentation de la température augmente l'humidité, donc l'effet de serre, qui à son tour augmente la température ; ou, en sens inverse, la diminution de la température entraîne une extension des régions glacées, donc une plus forte réflexion de la lumière incidente, ce qui renforce la baisse des températures. Les mécanismes sont en réalité plus complexes car des cycles de plus longue durée s'emboîtent, comme dans le cas du gaz carbonique.

Ainsi, le cycle annuel des saisons, responsable, par exemple, de la formation des vortex polaires, et source d'importantes redistributions de chaleur et d'humidité (comme la mousson), est pris dans des cycles décennaux, d'origine plus variable, qui à leur tour influencent le cycle séculaire de la circulation océane. Par exemple, un réchauffement rapide de l'atmosphère met plus d'un siècle à se répandre dans l'océan profond, qui joue le rôle de régulateur. A grande échelle, des cycles de plusieurs milliers d'années sont déclenchés par les fluctuations astronomiques des paramètres terrestres. Cette cause très importante de variation climatique, découverte par Milankovitch [5], rend compte avec précision des dernières glaciations. L'explication, assez simple, illustre la nature des effets à cette échelle : la terre ne décrit pas une ellipse constante autour du soleil, comme le prescrit la théorie simple de la gravitation de deux corps sphériques, car elle n'est pas parfaitement ronde. L'attraction des autres planètes variant selon leur position intervient aussi, même si de façon minime. Toutes ces causes entraînent une variation de l'inclinaison de l'axe de la terre par rapport au plan de son ellipse (précession des équinoxes) et une variation de la rondeur de l'orbite elliptique, le tout selon des périodicités de 19 000, 23 000, 41 000 et 53 000 ans [6]. Ces mouvements entraînent des différences d'ensoleillement aux pôles de l'ordre de 15 % au maximum, suffisantes cependant pour accentuer ou réduire les contrastes de climat et déclencher ou mettre fin à une glaciation. De même, la variation du contraste entre hiver et été influe sur l'évolution de la glaciation.

A un rythme encore plus lent, de l'ordre du million d'années, la circulation des plaques continentales entraîne des modifications importantes de climat. Pour qu'un refroidissement se produise, il faut qu'au moins un continent occupe la place de l'un des pôles, car sinon la glace ne peut pas s'accumuler, rongée du dessous par la mer (au pôle Nord, la banquise se mesure en mètres, tandis qu'au Groenland ou dans l'Antarctique, elle atteint plusieurs kilomètres). Durant l'ère secondaire, par exemple, comme aucun continent ne se trouvait au voisinage des pôles, le climat était plus chaud et plus égal sur l'ensemble du globe, et plaisait à ses habitants, les grands sauriens.

Chaque évolution à une échelle temporelle donnée (dérive des continents, précession des équinoxes, circulation océane, activité solaire, saisons) se répercute sur ses voisines, en une cascade qui rappelle la mécanique des tourbillons : par exemple, quand une glaciation se déclenche, la formation de la banquise empêche l'eau de gagner les grandes profondeurs en mer de Norvège, gelée. Une circulation plus rapide et moins profonde s'installe entre les zones tempérées bloquant le recyclage dans l'atmosphère du carbone des grands fonds. L'air s'appauvrit en gaz carbonique, l'effet de serre diminue, le froid s'accroît encore plus. C'est la raison de l'évolution parallèle de la concentration de CO_2 et de la température que trouve C. Lorius [7] en analysant les bulles d'air piégées dans les glaces anciennes.

La complexité du système d'ensemble interdit de tirer des conclusions d'une corrélation comme la précédente : ce n'est pas parce que le CO_2 augmente aujourd'hui que la température va monter comme au cours des derniers trois cent mille ans, puisque la circulation des eaux océaniques n'est plus bloquée par une glaciation comme à l'époque. La seule ressource pour évaluer l'impact du CO_2 injecté dans l'atmosphère est alors la construction de vastes modèles de simulation du climat dans lesquels la température, les vents, les courants et la concentration de différents produits sont calculés de proche en proche, jour après jour, pendant des milliers d'années. C'est à leurs résultats que nous devons toutes les appréhensions sur l'effet de serre. La plupart d'entre eux donnent une élévation moyenne de température de 4 à 5°C au cours des cent prochaines années. La similitude des résultats ne doit pas faire illusion. Elle tient à la similitude des méthodes et des hypothèses : elles ne font pas intervenir l'inertie des océans, ni les fluctuations astronomiques. Elles sont en outre statiques, c'est-à-dire qu'on calcule des états d'équilibre successifs au lieu de suivre dynamiquement l'évolution. Enfin, à cause des temps de calcul que cela exigerait, tous ces modèles utilisent un maillage très grossier du globe, avec un point tous les 500 km. De ce fait, ils négligent des détails aussi importants que la hauteur des chaînes montagneuses, la profondeur des fosses océanes, l'altitude des nuages (dont on a souligné le rôle), ou la surface de contact des océans, au centre de débats présents [8].

Pour donner une idée de la valeur des approximations obtenues, signalons qu'en remplaçant les équations standard de radiation atmosphérique par un modèle qui tient compte de la distribution exacte des longueurs d'onde, le *Meteorological office* de Londres réduit de moitié le réchauffement attendu (2°C en cent ans au lieu de 4°C). Que se passerait-il si l'on remplaçait les nuages « moyens » par des cirrus ou des cumulus aux propriétés très différentes ? Pour leur part, Jean-Claude Duplessy et Pierre Morel, en ajoutant seulement l'inertie des océans, repoussent de quelques dizaines d'années le réchauffement : presque pas de changement jusqu'en 2000 et, ensuite, croissance au rythme d'un degré tous les trente ans. « Telle est la nature du piège vers lequel nous entraîne l'expansion enthousiaste mais aveugle des activités humaines, interagissant avec un système physico-chimique de dimensions proprement surhumaines », concluent-ils cependant [9].

Nous voici ramenés à peu près au même schéma que pour l'ozone. A la précision des premières mises en évidence, comme l'accroissement de concentration du carbone, fait place une large incertitude. Encore n'a-t-on pas parlé des conséquences pour l'humanité. A demi-mot, elles sont en général présentées sous des formes dramatiques : l'Académie des sciences américaine [10] les classe en plusieurs groupes selon leur probabilité :

– Conséquences très probables (plus de 90 % de chances) : réchauffement de la surface du sol de 1,5 à 5°C au cours du prochain siècle. Accroissement des précipitations globales. Réchauffement trois fois supérieur à la moyenne dans les latitudes élevées. Diminution de la banquise nord.

– Conséquences probables (2 chances sur 3) : augmentation des précipitations aux latitudes élevées. Dessèchement des sols en été dans les régions tempérées. Montée du niveau de la mer.

– Conséquences incertaines (inchiffrables) : changements de végétation. Augmentation des tempêtes tropicales.

Ce qui n'empêche pas P. Ehrlich de faire grimper l'inquiétude dans son style flamboyant : il n'exclut pas pour 2100 une hausse du niveau de la mer supérieure à un mètre, ce qui « entraînerait une catastrophe côtière dans l'ensemble du monde : des millions de morts causées par des tempêtes, des villes abandonnées, de la bonne terre agricole inondée, des canaux salinisés, et des millions de réfugiés écologiques [11] ». Il y ajoute l'intensification des cyclones tropicaux, la remontée vers le nord de moustiques vecteurs de malaria, de fièvre jaune et de méningite et « la déformation des rails de chemins de fer et la fusion de l'asphalte des routes ». On se croirait chez Tintin, au moment où l'étoile mystérieuse passe tout près de la terre.

Si on laisse de côté les supputations d'Ehrlich et les causes inchiffrables, il ne reste en fait que deux changements susceptibles d'affecter la population : la montée des océans et une nouvelle répartition des climats. Il y a quelques années des chiffres fantaisistes circulaient sur l'élévation du niveau des océans, car ils prenaient pour référence les glaciations et les périodes interglaciaires. En effet, au cours du dernier million d'années, la mer s'est abaissée de 150 mètres au plus fort des glaciations, et elle se trouvait 6 mètres plus haut que maintenant à l'apogée des périodes interglaciaires. Aujourd'hui, on sait mieux cerner le problème et expliquer les mouvements du niveau des mers au cours du dernier million d'années. La plupart des modèles annoncent maintenant pour l'an 2050 une hausse des eaux comprise entre 30 et 50 cm (pour un réchauffement de 2°C, lui-même généreusement estimé). Duplessy et Morel [12] décomposent ainsi le changement : la fonte des glaciers de montagne y participerait pour 10 cm, celle de la calotte du Groenland pour 25 cm, la dilatation de l'eau de mer réchauffée pour 20 cm. Inversement, un climat plus clément augmenterait les chutes de neige actuellement presque nulles sur l'Antarctique, d'où un épaississement de la calotte polaire sud et, par voie de conséquence, une baisse de 25 cm du niveau des océans. Au total, on trouve bien les 30 cm annoncés. En déduire que tout va bien madame la marquise serait exagéré : les deltas comme celui du Gange et du Nil peuvent en souffrir. Il faudra surélever les quais dans de nombreux ports. Cependant, cette hausse de 30 cm, est du même ordre de grandeur que les mouvements de l'écorce terrestre : la Bretagne et l'Irlande s'enfoncent dans la mer au même rythme, et la péninsule scandinave, allégée de ses glaciers, s'élèvera même plus vite que l'océan réchauffé.

Dans ces conditions, comment a-t-on pu parler de hausses de 6 mètres entre les glaciations ? Elles se sont produites autrefois à cause d'une fonte assez rapide des glaces antarctiques, non pas celles de la partie est du continent, qui reposent sur des montagnes, mais celles de l'ouest qui sont posées sur des fonds continentaux peu profonds. Là, les glaciers directement en contact avec la mer pourraient être victimes d'un *surge*, c'est-à-dire d'un glissement dans l'océan libre où ils fondraient rapidement. On a déjà observé ce phénomène spectaculaire pour des glaciers de l'Alaska. Le déroulement des opérations à plus grande échelle dans l'ouest de l'Antarctique pose de nombreux problèmes discutés avec passion depuis que Mercer a proposé ce scénario catastrophe [13] : la température de l'eau selon la profondeur, l'obstacle que représentent les barrières d'îlots au large de l'Antarctique, la modification de la circulation océanique influençant le rythme de fonte, etc. Mais surtout, le *surge* durerait un bon millier d'années, ce qui correspond à une hausse du niveau des mers de 60 cm seulement par siècle. Nous ne sommes donc pas menacés d'un soudain raz de marée, d'autant plus qu'aucun signe avant-coureur n'est actuellement perceptible.

Les changements climatiques sont à la fois plus probables et plus préoccupants. Si les riches terres des zones tempérées viennent à subir la sécheresse, il ne sera pas facile de les remplacer par les sols plus pauvres et plus légers des régions boréales. Cependant, les aspects sociaux risquent de prédominer. On connaît déjà des exemples à petite échelle qui prouvent la rapidité des adaptations et les nouveaux problèmes qu'elles soulèvent. Glantz [14] a par exemple analysé les changements dans la culture des citronniers en Californie. Au début des années 80, les plus importantes plantations du monde étaient concentrées au pied des Rocheuses. Elles étaient florissantes quand un premier gel se produisit en 1982. Étant donné son ampleur inégalée, on le qualifia de « gel du siècle », et l'on commença à replanter de jeunes citronniers sur les plantations détruites. Mais lorsqu'un nouveau gel arriva l'année suivante, les jeunes plantations fragiles furent détruites. Deux gels sévères eurent encore lieu en 1986 et 1988, qui découragèrent ou ruinèrent un grand nombre de producteurs. Comme la demande de jus de citron se maintenait, sans se soucier des gels californiens, les acheteurs prospectèrent le Mexique et l'Amérique centrale. En l'espace d'une dizaine d'années, ces pays mirent sur pied une véritable industrie du citron, aussi performante que la californienne, et sans risque de gels. Même si les gels cessent, les citronniers californiens ne reconquerront pas leur position dominante. La production s'est maintenant déplacée et avec elle une importante main-d'œuvre saisonnière, des capitaux et des usines.

Un autre exemple de transformation de la production de vivres résulte de la perturbation de circulation atmosphérique appelée El Niño. On sait que dans la ceinture tropicale il existe un cycle particulier de l'eau, les cellules de Hadley (du nom de son découvreur au XVIIIe siècle). Le principe en est simple : l'eau s'évapore au-dessus des océans, gagne de l'altitude, circule avec les alizés en nuages parallèlement à l'équateur, pour retomber quelques milliers de kilomètres plus loin. La position versatile des cellules de Hadley peut avoir de graves conséquences. Ainsi, en 1987, elles fusionnèrent, décalant les pluies d'un bon millier de kilomètres. En conséquence, la sécheresse régna en Indonésie et en Afrique du Sud, tandis que les pluies abondantes tombèrent en plein océan et sur la côte péruvienne, d'habitude aride. La cause en était une surchauffe des eaux du Pacifique, qui bloquait en partie la remontée de la circulation océanique. Il en résulta une chute des prises de poissons et plus particulièrement des anchois, destinés à la nourriture du bétail américain, le long des côtes péruviennes où d'habitude s'opère l'*upwelling* ou remontée des eaux profondes et froides, riches en minéraux. La hausse du prix des anchois pour bétail entraîna la production de protéines de substitution fournies par le soja. Des plantations se développèrent au Brésil dès cette année-là, et les pousses de soja prirent la place des farines de poisson sur le marché américain, place qu'elles ont renforcée au cours des années suivantes, gagnant une grande importance dans l'agriculture brésilienne.

Ces deux exemples limités illustrent des mécanismes de type darwinien : toute faiblesse d'une organisation donnée offre l'opportunité à une autre de prendre la relève et de s'installer fermement. Dans les deux cas, le marché américain et sans doute des capitaux contrôlés par les États-Unis assurent la relocalisation ou le changement de production. Mais, quels qu'en soient les ressorts, le transfert s'effectue à vaste échelle, celle du continent américain, ici, et plus généralement celle du monde.

On peut trouver des variations plus localisées, mais dont le principe est voisin. Les changements survenus à la lisière sud du Sahara en offrent un bon exemple [15] : les années 50 et 60 furent particulièrement pluvieuses dans le Sahel. Les gouvernements encouragèrent la mise en culture de steppes d'habitude broutées par des troupeaux, qui furent repoussés plus au nord. Lorsque, après 1970, les pluies redevinrent plus rares, les éleveurs ne trouvèrent plus d'herbe au nord et revinrent à leurs anciens pacages, menaçant leurs nouveaux occupants, les cultivateurs, eux-mêmes aux prises avec la sécheresse. Les conflits entre les droits traditionnels des éleveurs et les programmes politiques gouvernementaux furent attisés par la rivalité entre Touareg et Noirs. On ne prêta attention qu'à la seconde phase des événements. On l'interpréta comme la conséquence politique d'une dégradation de l'environnement. Si l'on avait pris en compte la première phase, on y aurait simplement vu la conséquence d'une colonisation aventureuse dans un écosystème sujet à de fortes variations.

Dans les trois exemples précédents, la flexibilité spatiale répond aux variations des conditions locales. En cas de changement climatique, les moyens de subsistance se redéploient et ceux qui en tirent leur subsistance les suivent sans tarder. Cependant, le problème, qui n'en serait pas un pour des animaux, risque de le devenir pour les hommes à cause des frontières nationales. Supposons que, comme les modèles de simulation du changement climatique le prédisent, la Scandinavie se réchauffe de plusieurs degrés et devienne très humide tandis que le sud de l'Espagne et l'Afrique du Nord se désertifient complètement. En Scandinavie, des millions d'hectares pourront être mis en culture, tandis que la production vivrière disparaîtra au sud des Pyrénées et de Gibraltar, à l'exception de quelques oasis. Si l'humanité se comportait comme les sauterelles, la génération suivante d'Espagnols, d'Algériens et de Marocains irait s'établir en Scandinavie. Le déplacement des terres agricoles entraînerait un déplacement des populations. Il est peu probable que les Suédois et les Norvégiens, déjà chatouilleux sur une immigration qui ne dépasse pas 3 % de leur population, se prêtent à ce transfert. Il est d'ailleurs peu probable que les habitants du Sud souhaitent eux-mêmes cette migration. Ils préféreront sans doute se lancer dans d'autres productions qu'ils échangeront contre les céréales produites en Scandinavie ou ailleurs. La mondialisation de la production et des échanges ôte tout sens à une analyse isolée du destin de tel ou tel pays selon l'évolution climatique. Certes, il serait plus simple que tout demeure immuable, que les climats scandinave et espagnol ne changent pas, que les agricultures demeurent les mêmes, et que les gens continuent à faire les mêmes gestes et à occuper les mêmes emplois. Mais ce n'est pas une description réaliste du monde actuel. Le changement de climat s'ajoutera à des changements plus importants encore de l'éducation, des productions, de la consommation, des modes de vie, de l'organisation sociale et de la répartition interne de chaque population nationale. Sans prononcer le mot de progrès, disons que la société change partout et sans arrêt. Le changement climatique ne sera ni le plus grand ni le plus rapide des chamboulements actuels et futurs. On ne voit pas pourquoi l'espèce humaine n'y ferait pas face. On ne voit pas pourquoi il serait plus dur de reconvertir l'agriculture que les industries extractives. Les idées d'équilibre de la nature, d'homéostasie, de *climax*, de retour à l'équilibre, empruntées à une écologie savante des petits milieux bien délimités et transposées à l'échelle planétaire, servent à justifier des idées analogues dans le domaine social. Une représentation de la nature stable sert d'argument rhétorique, de miroir à la revendication d'une société immobile où les différences seraient pérennisées.

Chapitre 5

Énergie : ressources et gaspillage

Recommander la circulation des hommes et des marchandises n'est que justice, si le changement de climat est dû à l'effet de serre. Les responsables, gaz carbonique, méthane et CFC, n'ont en effet besoin d'aucun passeport pour franchir les frontières. La désertification qui risque de frapper les plaines marocaines aura été entraînée par des bombes de rasage américaines, des dépenses de chauffage françaises, allemandes ou suédoises, des gaz d'échappement d'automobiles japonaises ou australiennes. Les Marocains y seront pour peu de chose.

Or les émissions de gaz à effet de serre sont très variables selon les pays. Elles ne tiennent pas seulement à des différences de développement, mais à un double laisser-aller : celui des agriculteurs, pressés ou orientés par des règlements inadaptés à brûler leurs forêts pour planter les récoltes, et celui des consommateurs des pays très développés qui ne prêtent aucune attention à leurs dépenses. Si l'on réduisait ces deux tendances sans même toucher aux grandes différences de consommation selon le revenu, l'effet de serre serait divisé par deux. Il ne s'agirait pas d'empêcher les agriculteurs pauvres de cultiver la terre, ni les riches dans les pays développés de consommer, mais seulement d'éviter ce qu'il faut bien appeler du gaspillage. A ceux qui proposent plutôt de réduire la population mondiale de moitié pour abaisser l'effet de serre, cette autre voie semblera d'autant plus surprenante que les plus gros gaspillages ont lieu dans les pays de faible densité démographique et non dans les régions surpeuplées, comme si la pression démographique entraînait plus de sagesse et de circonspection vis-à-vis des dépenses d'énergie.

On s'en rend mieux compte en reportant sur un graphique tous les pays du monde selon le niveau d'émission de gaz à effet de serre (indice IPPC [1]) par habitant et le revenu moyen (voir figure 5.1, p. 93). Un Américain du nord ou un Australien est à l'indice 8,8, tandis qu'un Bangladais est à 0,4, soit 20 fois moins, ce qui signifie que les 120 millions de Bangladais entraînent moins d'effet de serre que 6 millions d'Américains. L'échelle n'est cependant pas régulière. La Suisse ou la France ne sont qu'à l'indice 3, dépassées par la Colombie (5,3), la Malaisie (5,2) ou même la Roumanie (3,7), dont le niveau de vie est pourtant très inférieur. Certes, l'inégalité des rejets de gaz est importante, 20 % des habitants de la planète sont responsables de 50 % des émissions et, à l'autre extrémité, 20 % n'en produisent pas 5 %. Mais trois facteurs au moins croisent leurs effets avec ceux du développement : la combustion de végétaux dans les pays pauvres et peu peuplés, le caractère centralisé ou non de l'économie, et enfin la politique nationale des coûts d'énergie.

Déforestation, brûlis, bois de chauffage

Dans les régions peu peuplées, les agriculteurs pratiquent souvent, pour des raisons de facilité ou parce que la propriété du terrain n'est pas fixée, une culture sur brûlis. Soit ils mettent chaque année le feu à une parcelle de forêt ou de brousse sur laquelle ils planteront leur prochaine récolte (« *slash and burn agriculture* »), soit ils défrichent en vue d'une occupation permanente. Ainsi, sur les 22 millions d'hectares de forêts qui disparaissent chaque année dans le monde, 13,4 millions deviennent des champs ou

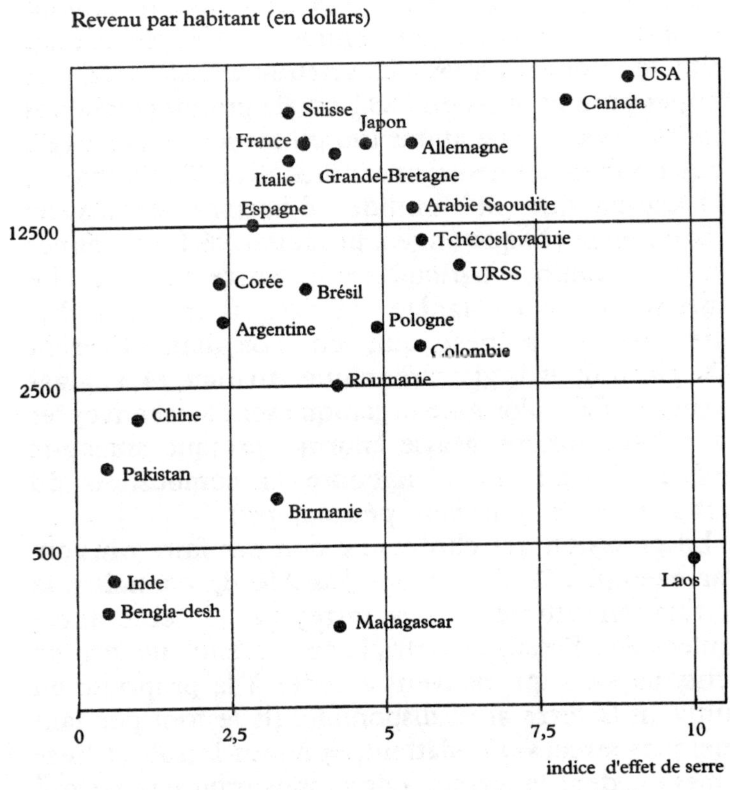

Position de quelques pays selon leur indice d'effet de serre et leur revenu par habitant (en 1990)

des prés permanents, 4 millions d'hectares de la broussaille sur des jachères courtes, et sur les 4,6 millions restants, on laisse la forêt repousser [2]. L'ensemble de ces feux expédie dans l'atmosphère 2,54 gigatonnes de CO_2. A cela s'ajoutent les effets de la combustion du bois et de la bouse ramassés pour assurer le chauffage et la cuisson des aliments dans les pays pauvres. Ils sont estimés à 2,36 gigatonnes pour le monde entier. L'agriculture extensive des steppes produit aussi du CO_2, car de grandes étendues sont brûlées chaque année (ou plutôt sont incendiées) pour permettre une repousse plus drue des herbages. On estime que 740 millions d'hectares de savane grillent ainsi chaque année, produisant 6,1 gigatonnes de CO_2. Enfin, l'agriculture intensive produit elle aussi sur toute la planète des déchets (paille sèche, bale, plantes sèches) qui, en s'oxydant, libèrent 3,33 gigatonnes de gaz carbonique. Au total, 14,33 gigatonnes de CO_2 d'origine organique sont ainsi envoyées dans l'atmosphère. Masse énorme, presque analogue aux 21 gigatonnes qu'engendre la combustion du carbone fossile (charbon, pétrole, gaz).

La précision des chiffres ne doit pas faire illusion. Par exemple, il n'est guère possible de connaître la destination ultérieure des terres où la forêt a été brûlée. Au Brésil, le défrichage est effectué par de petits paysans qui peuvent accéder à la propriété en cultivant la terre ainsi disponible. Ils le font pendant quelques années, s'endettent, épuisent le sol, et finalement cèdent le terrain à de grands propriétaires qui ruinent le sol par des cultures spéculatives. Parfois les sols retournent à la broussaille, puis à une forêt secondaire, parfois ils restent à moitié désertiques, parfois ils sont repris en culture. Comme on le voit, il est très difficile de suivre le destin de la forêt détruite, donc des échanges ultérieurs avec l'atmosphère. Plus généralement, les calculs d'émission de CO_2 à partir de la végétation négligent la reconstitution des stocks. Si les végétaux peuvent libérer du gaz carbonique, c'est qu'ils l'ont précédemment soustrait à l'atmosphère. Pendant que certaines parties de la forêt et de la savane brûlent, d'autres poussent. Si on brûle chaque année 1 % de la forêt pendant que les 99 % restants continuent de pousser durant cent ans, on conserve une belle forêt secondaire âgée en moyenne de cinquante ans. Le bilan est nul puisque le centième qui brûle complètement est compensé par les 99 autres centièmes qui repoussent lentement. Bien sûr, il existe des différences de rythme et d'âge qui exigent des chiffres plus précis, mais on illustre ici une idée simple : c'est l'émission nette de CO_2 qui compte et non l'émission brute.

Calculer l'émission nette, c'est-à-dire défalquer des chiffres précédents l'emmagasinement annuel de carbone par les forêts, les steppes et les terres agricoles, est si délicat que l'on ne connaît actuellement que des chiffres approximatifs et contestables. D'ailleurs, les productions brutes sont elles-mêmes sujettes à caution : si nous montrions les procédures de calcul du CO_2 dégagé par l'incendie d'un hectare de forêt, le lecteur aurait une certaine inquiétude devant un chiffre qui suppose un certain type de combustion, une certaine proportion de résidus, une certaine biomasse (masse de matière organique), et qui dépend en outre de l'humidité, de l'altitude et des vents, toutes valeurs et conditions éminemment variables mais que le calcul applique cependant uniformément à des centaines de milliers d'hectares. Tout au plus doit-on prendre les chiffres comme des ordres de grandeur : d'ailleurs, l'estimation du CO_2 dégagé par le défrichage des forêts varie de 2,1 gigatonnes chez Hao [3] à 4,5 pour Seiler et Crutzen [4], la combustion des savanes de 2 à 6,1 gigatonnes selon les mêmes sources, l'émission à cause du bois de chauffage, de 1 gigatonne chez Hao à 2,4 chez Andreae [5], à partir de données FAO, et pour les déchets agricoles de 1,1 à 3,3 gigatonnes.

Choisir entre ces chiffres de production brute ne règle pas la question de la production nette. Les experts se sont alors mis d'accord sur des conventions et non sur des réalités, en admettant que la déforestation et le bois de chauffe devaient être entièrement comptés, comme s'il n'y avait pas production de bois sur terre, mais uniquement consommation. Le reste, c'est-à-dire la combustion des savanes et des déchets de l'agriculture, devait seulement compter pour un quart de leur biomasse, comme si chaque année la végétation totale régressait d'un quart, ou comme si les déchets des récoltes étaient différents de déchets « naturels » produits avant l'arrivée de l'homme. Avec ces conventions, l'émission nette de CO_2 d'origine végétale reste comprise entre 3,8 et 10 gigatonnes. Prudemment, la plupart des auteurs et des grandes institutions ont retenu la moyenne de ces estimations, soit 6,6 gigatonnes pour Andreae, et 6,4 pour le *World Resources Institute* [6]. Ceci représente quand même un cinquième des émissions nettes totales de CO_2 causées par l'homme, ce qui est loin d'être négligeable.

Mais le plus remarquable concerne l'inégalité selon les pays puisque ces émissions de CO_2 organique sont en relation inverse avec la densité. Plus la population est dense, moins elle produit de CO_2 d'origine végétale par habitant. On passe de 6,3 tonnes de CO_2 par personne au Brésil à 0,075 au Bangladesh, soit près de cent fois moins, et de 3,3 tonnes en Angola, à 0,1 au Burundi 2 000 km plus à l'est [7]. La corrélation n'est bien sûr pas parfaite entre volume d'émission par tête et densité, car le climat joue un rôle. La faible densité de la Mauritanie n'entraîne pas par exemple un fort défrichage de forêt vierge. Mais, dans tous les cas où l'on peut comparer des pays voisins au même climat, le résultat est sans bavures [8] :

Pays	Émission de CO_2 par hab. (en tonnes)	Densité (hab/km²)
Zaïre	3,8	16
Burundi	0,1	220
Nicaragua	15,1	33
Guatemala	4,5	85
Rép. Dominicaine	0,2	150
Haïti	0,13	240
Cameroun	0,1	24
Nigeria	2,5	124
Liberia	15	27
Malaisie	15,6	53
Thaïlande	5,2	110
Indonésie	4,7	100
Sri Lanka	1,28	266
Bangladesh	0,08	860

Il ne faut pas trop s'étonner d'une telle régularité pour deux raisons. L'une réelle, car les cultures chassent les forêts, et la densification empêche les jachères de longue durée, donc l'agriculture *« slash and burn »*. Le tiers-monde fait aujourd'hui une expérience que l'Europe a connue au milieu du Moyen Age avec ses grands essartages qui entraînèrent d'ailleurs au XIVe siècle une pénurie de bois, faute de forêts subsistantes [9]. L'autre raison tient au mode de mesure. Comme la plupart des chiffres sont construits par estimation en utilisant indirectement la densité par le biais des modes d'occupation des cultures, cela se reflète dans les valeurs publiées.

Quoi qu'il en soit, non seulement les habitants des pays denses contribuent beaucoup moins que les autres à l'effet de serre, mais étant donné l'ampleur des écarts, les pays les plus denses eux-mêmes n'y contribuent guère. Deux tiers des émissions de gaz carbonique d'origine végétale (4,1 gigatonnes sur 6,4 comptabilisées par *World Resources Institute*) proviennent de treize pays qui ne contiennent que 11 % de la population mondiale : Brésil, Indonésie, Côte-d'Ivoire, Colombie, Laos, Cameroun, Zaïre, Birmanie, Équateur, Thaïlande, Guinée et Nicaragua. Voilà les empoisonneurs. Certes, la croissance démographique pousse aux défrichements. Mais pourquoi interdirait-on à ces populations d'emprunter la même voie que leurs prédécesseurs européens : la forte densité est plus propice à un bon entretien des sols et à une exploitation précautionneuse. Il ne suffit pas de comparer les agricultures hollandaise et russe pour l'affirmer. La comparaison vaut du Salvador au Nicaragua, et du Rwanda à l'Angola.

Économies d'énergie : l'Est et l'Ouest

En comparaison de leur revenu par habitant, les dépenses d'énergie des pays de l'Est demeurent élevées, près de 2,5 fois supérieures à leurs homologues en économie de marché, comme si la voie socialiste vers le développement coûtait beaucoup plus d'énergie pour atteindre le même résultat que la voie capitaliste. Plusieurs raisons expliquent cet écart.

D'abord, les économies de l'Est ont placé une confiance démesurée, voire prométhéenne, dans les capacités de l'homme à dominer la nature. Tandis que les pays occidentaux s'inquiétaient et s'inquiètent aujourd'hui encore des conséquences de leur activité industrielle sur l'environnement, les pays de l'Est se sont rassurés bien trop vite sur leur capacité à réparer les dégâts qu'ils commettaient. Un second facteur a aggravé l'écart avec les pays industrialisés de l'Ouest :

la difficulté à changer d'échelle de production. Expliquons ce point que ne soulignent pas toujours les analystes économiques. La production s'effectue toujours à une certaine échelle, allant de l'échoppe à l'atelier d'une dizaine de personnes, puis à la chaîne de plusieurs centaines d'ouvriers. Les grands changements correspondent souvent à un glissement d'échelle : l'industrialisation commence véritablement sous le Second Empire en France, avec le passage des ateliers à l'usine. L'informatique et l'automatisation entraînent au contraire à partir des années 70 un retour à de plus petites unités. Les pays de l'Est ont raté cette dernière mutation. Très aptes à monter des équipements lourds, barrages, aciéries, cimenteries, centrales atomiques, comme l'illustre la facilité avec laquelle ils savent envoyer des tonnes de ferraille dans l'espace, ces régimes centralisés ont rencontré de graves difficultés avec les équipements de détail et les procédures flexibles qu'ils impliquent et entraînent. Électronique, contrôle, informatique ont pris un gros retard. Il se peut que l'absence d'intérêt pour la consommation individuelle ait aussi entraîné un manque de souplesse et accentué le goût pour les grandes échelles de fabrication, bloquant non seulement les améliorations ponctuelles des produits, mais leur recherche, qui stimule l'innovation à l'Ouest. Or les progrès d'efficacité ont été considérables dans le domaine de l'énergie depuis une vingtaine d'années en Occident. On s'en rend compte concrètement chaque jour avec la réduction de la consommation d'essence au kilomètre. Pour les autres usages, la même tendance à l'efficacité et à l'économie d'énergie s'est manifestée. A l'inverse, et c'est le troisième facteur explicatif, les économies socialistes se sont enfoncées dans la stagnation, nom que les intéressés donnent eux-mêmes à la période Brejnev.

On mesure mieux la transformation en cours dans les pays occidentaux en décomposant, comme le suggère A. Lovins [10], l'effet social de l'énergie de son coût environnemental. Lovins pose la relation suivante :

Effet social de l'énergie = population × biens possédés par habitant × ressources à mobiliser pour maintenir ces biens × énergie nécessaire à ces ressources × dépense d'énergie unitaire.

Derrière cette formule un peu compliquée se niche l'idée de distinguer la consommation habituelle d'énergie (tonnes de pétrole ou de charbon brûlées) des services qu'elle procure. En effet, on confond d'habitude l'énergie primaire dépensée, avec ses usages finaux pour le bien-être humain ; par exemple, le litre de pétrole avec le kilomètre parcouru en train, en avion ou en auto. Or, en 1970, avec un litre d'essence, on parcourait en moyenne 14 km en auto, contre 25 km en 1990 [11]. L'essence est mieux utilisée, si bien que, malgré une dépense stabilisée de pétrole, on peut vingt ans plus tard parcourir une distance plus longue de 70 % en moyenne. D'énormes réserves de productivité sont apparues entre la dépense d'énergie et le service disponible. En simplifiant la formule de Lovins, et en comparant deux époques, on peut écrire :

Variation de la dépense d'énergie = variation de population × variation de la consommation individuelle × variation de la dépense d'énergie par unité de consommation.

Chacun des termes peut être estimé quand on connaît les effectifs de population, les revenus nationaux et la consommation d'énergie à deux dates différentes. En utilisant plusieurs sources [12], on arrive entre 1979 et 1989 au chiffrage suivant :

Efficacité croissante
des dépenses énergétiques 1979-1989
Rapport des grandeurs en 1989 à celles en 1979

	Dépense d'énergie	Population totale	PNB total	PNB par tête	Énergie par unité de PNB
États-Unis	1,030	1,094	1,293	1,181	0,87
Japon	1,120	1,056	1,424	1,348	0,79
France	0,900	1,043	1,231	1,180	0,73
Grande-Bretagne	0,990	1,011	1,219	1,206	0,81
RFA	0,880	0,983	1,207	1,228	0,73
Suisse	1,050	1,031	1,268	1,230	0,83
Brésil	1,280	1,240	1,305	1,052	0,98
Chine	1,610	1,139	2,346	2,060	0,69
Inde	1,940	1,238	1,724	1,393	1,13
Bangladesh	2,250	1,311	1,411	1,076	1,59
Italic	1,140	1,016	1,268	1,248	0,90
Algérie	1,900	1,358	1,383	1,018	1,37
Mexique	1,390	1,258	1,219	0,969	1,14
Nigeria	2,390	1,403	0,990	0,706	2,41
Zaïre	1,100	1,364	1,172	0,859	0,94
Turquie	1,690	1,252	1,524	1,217	1,11
Thaïlande	2,170	1,193	2,023	1,696	1,07
Pologne	1,020	1,080	1,105	1,023	0,92
Suède	0,890	1,003	1,195	1,191	0,74

Chaque pays ou presque présente une évolution intéressante et exemplaire. Prenons la France : la population s'est accrue de 4,3 % pendant cette décennie, le PNB de 23,1 %, donc le produit par tête de 18 %. Les dépenses d'énergie (en valeur physique ou volume), ont diminué de 10 %. Par unité de PNB, la consommation d'énergie a donc baissé de 27 %. C'est-à-dire que non seulement l'accroissement de la production a été très peu coûteux en énergie, mais aussi que la production elle-même a moins utilisé d'énergie brute, donc l'a mieux utilisée. La plupart des pays occidentaux suivent maintenant ce modèle, plus rapidement encore comme la Suède, plus lentement comme les États-Unis et l'Angleterre, producteurs d'hydrocarbures. Au contraire, dans les pays qui se développent comme l'Inde, la Turquie, le Mexique, ou la Thaïlande, malgré une hausse rapide du PNB et une élévation du niveau de vie, l'efficacité de la dépense d'énergie décroît, ou plus exactement, il faut plus d'énergie en 1989 qu'en 1979 pour produire une unité de PNB. Ces pays entrent dans un stade de développement où la population abandonne ses dépenses traditionnelles de chauffage, de transport et de nourriture, pour acheter des voitures, des chaudières, des réchauds ou des cuisinières, et où l'usage de l'électricité domestique augmente vite. Des cas extrêmes comme le Nigeria et l'Algérie signalent un très faible coût local du gaz ou du pétrole dont ces pays sont gros producteurs.

Au Japon, aux États-Unis, en Italie, en Suisse et en Grande-Bretagne, la compensation s'opère entre, d'une part, la croissance de la population et celle des revenus et, d'autre part, l'efficacité croissante de l'utilisation des hydrocarbures, si bien que la dépense d'énergie reste étale. Mais, dans d'autres pays comme l'Allemagne ou la France, où l'efficacité s'accroît plus vite, la consommation d'énergie diminue. La situation des divers pays du monde offre un raccourci de l'évolution de la consommation d'énergie dans chaque pays industriel au cours des deux cents dernières années. La quantité d'énergie dépensée pour une unité de PNB s'est en effet accrue au moment de l'industrialisation dans tous ces pays, mais elle a ensuite plafonné et a commencé à régresser. Dès 1860 en Angleterre, en 1910 en Allemagne, en 1920 aux États-Unis, en 1930 en France, et en 1960 au Japon ou en Italie [13], la dépense décroît lentement. Les niveaux maxima atteints par chacun de ces pays sont d'ailleurs de plus en plus faibles au cours du temps. Le maximum atteint au Japon en 1960 est deux fois plus faible que celui de l'Angleterre un siècle auparavant, à cause des progrès techniques dans l'utilisation de l'énergie. Si l'Angleterre ou les

États-Unis dépensaient actuellement autant d'énergie par unité de PNB qu'au début du siècle, leur consommation totale d'énergie par habitant devrait être trois fois plus élevée que maintenant. Dans une telle évolution, le progrès technique se conjugue à une « dématérialisation » de la consommation individuelle [14]. D'un côté, les gains de productivité sont remarquables, par l'isolation, le transport optimal, la récupération, l'utilisation de matériaux adaptés, la flexibilité des réponses de la production d'énergie aux demandes, et sa capacité à commuter les usages, notamment dans les méthodes dites de « ressources intégrées », de l'autre côté, le riche consommateur achète de moins en moins d'acier, de cuivre, de bois, et donc d'énergie, et demande de plus en plus d'information, de communication, de contrôle de son environnement social et physique, tous produits immatériels ou faiblement matérialisés dans des puces électroniques.

Tout irait donc pour le mieux dans le meilleur des mondes, au point que certains utopistes, certains « cornucopiens » comme A. Lovins [15] pensent que « l'énergie est peut-être l'un des domaines où l'on doit le moins se préoccuper de la croissance démographique et industrielle ». Malheureusement, peu de nations en sont au stade de la dématérialisation. Pour accéder au confort des pays développés, la plupart des pays triment encore dans la zone de croissance des dépenses en énergie par part de PNB. Leurs efforts risquent de peser lourd sur l'augmentation du CO_2 atmosphérique. Tandis que la consommation énergétique des pays de l'OCDE ne s'est accrue que de 15 % depuis 1973, celle du reste du monde a triplé. L'hypothèse la plus basse d'augmentation de la consommation mondiale de 1990 à 2020 prévoit une nouvelle croissance de 50 % [16], du seul fait des pays en développement, c'est-à-dire un nouveau triplement pour eux car ils ne représentent pas encore le tiers de la consommation mondiale :

Prévision basse de la consommation d'énergie
pour 2020 (IIASA 99)
en milliards de tonnes d'équivalent pétrole

	1990	2020
OCDE	4,0	4,0
Pays de l'Est	1,9	1,9
Tiers-monde	2,1	6,1
Total mondial	8,0	12,0

Les pays en développement sont ainsi facilement mis sur le banc des accusés. On leur reproche d'être les seuls responsables de l'augmentation de l'effet de serre. Comme en outre les pays développés réduisent lentement la proportion de leurs dépenses en hydrocarbures (10 % de baisse depuis 1973) et ne consomment plus beaucoup de charbon (l'Allemagne projette de réduire de 25 % ses émissions de CO_2 avant la fin du siècle), les pays pauvres deviennent aussi les utilisateurs des énergies les plus sales. Tous ces constats sont justes mais partiels, pour ne pas dire partiaux, puisqu'ils ne présentent qu'une face de la médaille. En ne raisonnant que sur les augmentations, ils prennent pour acquis la situation actuelle où 20 % de la population mondiale, celle des pays développés, contribue aux trois quarts des émissions de CO_2 d'origine fossile, et où, encore en 2020, les consommations d'énergie fossile par habitant aux Indes ou en Afrique seront dix fois inférieures à celles d'aujourd'hui en Amérique du Nord. Comme ces pays du Sud sont aussi responsables de la croissance démographique mondiale, l'accusation est vite reportée sur la population, alors qu'on devrait au minimum y associer la consommation.

Même dans les pays « en croissance démographique rapide » selon l'expression d'un colloque récent [17], l'accroissement des dépenses d'énergie est pour un tiers seulement imputable à la démographie, et pour les deux tiers restants, aux changements de consommation, comme B. Commoner [18] l'a montré en séparant les effets à la façon d'A. Lovins. Quant aux pays développés, les comportements y sont fort variables, ce qui soulève de nouvelles questions.

Fortes densités, faibles émissions de CO_2

Avec des niveaux de vie assez semblables, mesurés par des revenus moyens presque identiques, la Suisse et les États-Unis n'ont pas du tout la même consommation d'énergie par tête et encore moins la même émission de gaz carbonique. L'indice IPPC d'effet de serre passe en effet de 2,96 en Suisse à 8,80 aux États-Unis, un écart de 1 à 3. Les autres pays développés se situent à des valeurs intermédiaires, 4,68 au Japon, 3,41 en Italie, 4,70 en Allemagne et en Angleterre, 3,2 en Suède et en France. Une partie des différences vient d'énergies qui n'utilisent pas le carbone fossile, hydroélectricité en Suisse à près de 50 %, hydroélectricité et nucléaire en France et en Suède à 40 %. C'est cependant très insuffisant pour expliquer toute la différence, et cela pose de toute façon une question sur les préférences à accorder à tel ou tel type d'énergie (les énergies dites douces, comme la solaire et l'éolienne, n'atteignent pas encore 1 % du total mondial). Même en ramenant toutes les dépenses d'énergie en équivalent pétrole pour les rendre comparables et sommables, les Suisses continuent à dépenser par habitant près de deux fois moins que les Américains, les Canadiens et les Australiens.

En fait, la classification des pays développés selon leur participation à l'effet de serre par habitant suit presque exactement l'ordre des densités. Pourquoi ? Les pertes en ligne, à cause de plus grandes distances entre les centrales énergétiques et les particuliers, n'expliquent au mieux que quelques pour-cents de différence car, en fait, c'est la dispersion ou la concentration de population qui joue le plus grand rôle. Il semble plutôt que dans les pays vides ou neufs, les frais enflent à cause de logements, de bureaux et d'usines spacieux, et peut-être plus généralement à cause d'une nature qui paraît moins contraignante, moins encombrée et plus généreuse. On retrouve en fait la même attitude que dans les pays peu peuplés du tiers-monde qui produisent beaucoup de CO_2 à cause d'un usage négligent de l'agriculture. Ici, ce serait un usage négligent des espaces de travail et d'habitation. Il s'y ajoute, dans chaque cas, une politique de bas prix de l'énergie qui n'incite pas à l'économiser.

Si le problème du changement climatique est vraiment aigu, si ce changement est bien causé par l'effet de serre, il semble qu'un petit effort des Américains ou des Australiens pour abaisser leur consommation au niveau de celle des Suisses ou des Français, en améliorant l'efficacité de leur système de production et d'utilisation de l'énergie, ne soit pas impensable, surtout pour des gens qui montrent d'habitude la plus grande inquiétude sur ces sujets. Dans ce cas, en partant de l'exemple suisse, le gain dans l'ensemble des pays développés serait de l'ordre de 50 %, ce qui limiterait la croissance de l'effet de serre entre 1990 et 2020 à moins de 15 % pour le monde entier. Cette remarque peut être généralisée aux autres causes de surconsommation de carbone fossile.

On a maintenant identifié trois causes de gaspillage de l'énergie : les incendies de forêts et de savanes ainsi que l'usage du bois de chauffage et les déchets agricoles, la surconsommation des anciens pays socialistes par manque de précaution ou par optimisme, et la surconsommation de certains pays riches assez peu densément peuplés. On peut comparer ce que donnerait la suppression de ces trois gaspillages (tout en conservant une consommation d'énergie observée dans un pays de même niveau de vie) au remède habituellement invoqué, c'est-à-dire l'arrêt de la croissance démographique dans le tiers-monde. Pour cela, il suffit de tracer sur un graphique la position des pays du monde selon leur revenu moyen par habitant et leur indice d'effet de serre, puis de supposer que, pour chaque tranche de revenu moyen, le pays qui a la plus faible émission sert de référence. Autrement dit, on suppose que dans les pays développés les gaspillages constatés en Amérique, au Canada, en Australie et dans une moindre mesure au Japon, en Allemagne et en Angleterre sont résorbés, que les pays anciennement socialistes rejoignent les pays en économie de marché de même niveau de vie, et que dans les pays en développement, la déforestation ne dépasse pas le niveau de remplacement (les autres causes d'émission de CO_2 organique sont équilibrées à moyen terme ou à court terme par des absorptions correspondantes puisqu'il faut prendre du CO_2 à l'atmosphère pour faire l'herbe sèche qui sera ensuite brûlée et restituera ainsi son gaz carbonique). Dans ce cas, le gain serait de 3,7 gigatonnes d'équivalent pétrole, supérieur de 50 % à l'augmentation de consommation pour cause de croissance démographique des pays en développement d'ici à 2020. Puisque l'on est parti dans les suppositions, on peut aussi remarquer que si tous les hommes consommaient autant d'hydrocarbures et de charbon que le Suisse moyen, pris comme prototype du citoyen pas trop malheureux, du moins pour son chauffage, ses déplacements et sa production industrielle, la consommation mondiale atteindrait 11,3 gigatonnes d'équivalent pétrole, soit 40 % de plus qu'actuellement, mais moins que ce qui est prévu au minimum pour 2020.

Ces chiffres visent uniquement à montrer qu'une répartition plus équitable des dépenses d'énergie n'est pas du tout impossible ni impensable. Bien sûr, les moyens de l'atteindre sont très difficiles à imaginer et à mettre en place. B. Commoner a bien remarqué qu'on ne réforme pas les modes de production, on les change [19]. Mais le but de cette discussion et de ses illustrations numériques n'est pas opérationnel. Nous voulons seulement montrer que la croissance démographique ne joue pas le premier rôle qu'on lui assigne dans la tragédie promise du climat et de l'énergie. La sentence fameuse de P. Ehrlich doit toujours être revue dans cet esprit : « On remonte facilement à la source de la chaîne causale de la détérioration de l'environnement : trop de voitures, trop d'usines, trop de détergents, trop de pesticides, la multiplication des dégagements de vapeur, des stations d'épuration inadéquates, trop peu d'eau, trop de dioxyde de carbone – tout cela peut se ramener à trop d'individus [20]. » La recherche d'une cause et d'un coupable relève ici de la mentalité primitive. Dans la mentalité scientifique, les choses ne sont ni bonnes ni mauvaises en elles-mêmes. Elles sont moins bonnes ou meilleures que d'autres auxquelles on doit les comparer en possibilité de réalisation. Le contrôle de la croissance démographique est une possibilité parmi d'autres pour restreindre l'effet de serre, une possibilité plutôt moins efficace et moins démocratique [21] que la lutte contre le gaspillage. Il est plus facile d'imposer les dépenses d'énergie aux États-Unis, au Japon, en Allemagne et dans d'autres pays fortement consommateurs, que d'imposer les naissances dans les pays pauvres. Il paraît plus simple de proposer à la raison des citoyens des pays démocratiques, alphabétisés à 99 %, d'éviter de dépasser le niveau de consommation d'hydrocarbures des Suisses, que d'empêcher les familles du tiers-monde de s'agrandir, alors que c'est l'un de leurs sujets de fierté, d'estime sociale, et plus prosaïquement d'intérêt.

Accuser la croissance démographique des pays pauvres ressemble à un exorcisme. Pourquoi ne pas recommander aussi aux Chinois et aux Indiens de devenir plus petits, comme l'avait imaginé Knibbs ? Les maux comme les remèdes sont ailleurs. Il ne faut pas non plus croire que le problème sera réglé tôt ou tard par l'épuisement des réserves d'hydrocarbures.

L'illusion des ressources

Lorsqu'en 1973 le club de Rome publie son modèle sur les limites de la croissance [22], l'effet de serre ne figure pas encore dans les calculs. La pollution et la faim menacent l'humanité, mais non l'excès de CO_2 car les réserves d'hydrocarbures touchent à leur fin. On a dit combien la raréfaction annoncée du pétrole a joué un rôle important dans le déclenchement de la première crise pétrolière. La hausse des prix à la production anticipait la rareté prochaine du pétrole. Or, en 1993 (soit vingt ans plus tard), jamais l'estimation des réserves de pétrole et de gaz n'a été aussi élevée.

On a ici l'un des meilleurs exemples d'une faute de raisonnement qu'on retrouve souvent aussi dans le domaine de la production alimentaire, qui sera le sujet du prochain chapitre. La confusion entre un niveau physique, constitué par un produit brut, et un niveau social, consistant en la consommation de ce produit, entraîne une erreur logique : la notion de réserve reste physique quand on affirme qu'il y a tant de milliards de tonnes d'eau sur la planète, ou tant de molécules de carbone. Or, dans le cas du pétrole, la réserve est sociale, car elle dépend à la fois de ce qui a été découvert et de ce qui est exploitable, deux concepts sociaux.

Ce qui a été découvert dépend des techniques de prospection et de leurs coûts. Les sommes énormes qui sont mises en jeu supposent des bénéfices aussi considérables tirés d'un pétrole plus cher. La rareté des réserves suscite leur découverte. Pour l'exploitation, la question financière a la même importance. A 10 dollars le baril, peu de gisements sont économiquement rentables, à 20 dollars, on rejoint le niveau de définition des réserves actuelles, à 40, les schistes bitumineux dont il existe d'immenses gisements peuvent être transformés en pétrole à un prix rentable, et à 60 dollars, c'est la houille même qui peut être utilisée, comme le firent les ingénieurs allemands durant la dernière guerre. La capacité totale des gisements découverts est en outre fonction du coût d'exploitation. On peut comparer l'extraction du pétrole à la dégustation d'un crabe : le convive pressé prend juste la chair des pinces. Le convive plus patient cherche dans les pattes et les cloisons de la carcasse où il trouve deux fois plus de chair à manger. Lorsque le pétrole était bon marché, l'exploitation des nappes ressemblait au repas de l'homme pressé. On extrayait le plus facile. Aujourd'hui, on améliore les techniques pour faire rendre tout son jus à un gisement, par des injections de liquide qui chassent le résidu de pétrole des cavités où il n'a pas été atteint, ou par la localisation de petites poches adjacentes au gisement principal. La capacité du gisement, comme la chair du crabe extirpée par le mangeur obstiné, double ou même triple.

A un instant donné, les réserves de pétrole sont donc aussi relatives aux coûts et aux techniques que la consommation elle-même. L'aphorisme de Hayek reste plus vrai que jamais : « Les sciences de la nature s'occupent des choses, les sciences sociales s'occupent des idées au sujet des choses [23]. » Les réserves sont une idée au sujet du pétrole, elles ne sont pas du pétrole. Même plus, elles sont une idée au sujet d'une énergie et non d'un assemblage particulier de molécules d'hydrogène et de carbone nommé pétrole.

On doit dès lors étudier les réserves comme la consommation, année par année, si l'on veut tenter un pronostic pour l'an 2020. On doit prolonger la courbe de l'évolution constatée des réserves aussi bien que celle de la consommation. Curieusement, dans son travail à bien des égards novateur, le Club de Rome avait négligé cet aspect en considérant les réserves comme une barrière fixe, comme une contrainte extérieure au système alors qu'elles en font partie intégrante, interagissant avec la courbe de la consommation et dépendant du progrès technique par l'intermédiaire du système de prix. Autrement dit, l'évolution des réserves dépend de la consommation autant que l'inverse.

La chronique des cinquante dernières années d'estimation des réserves et de mesure de la consommation le prouve amplement. Les annuaires de l'Institut du pétrole [24] donnent une estimation des réserves mondiales depuis 1939 jusqu'à maintenant. En 1939, on estimait à 4,2 milliards de tonnes ces réserves, en 1950, à 10,5 milliards, en 1975, à 95 milliards, et maintenant (1992) à 138 milliards de tonnes. La consommation mondiale s'est accrue à un rythme voisin : 0,4 milliard de tonnes en 1950, 1,9 milliard en 1975, et 3 milliards aujourd'hui. De 1950 à 1992, les réserves ont toujours représenté entre 25 et 33 fois la consommation. La superposition des courbes de réserve et de consommation sur un même graphique montre mieux leur croissance commune et écarte toute idée d'un plafond des réserves qui progressivement ralentirait la consommation (voir figure p. 112).

En postulant un plafond de réserves fixe, on confond nature et société, comme dans le cas des conséquences supposées du trou d'ozone. On jette une passerelle entre la nature, ici représentée par les réserves, et la société, identifiée à la consommation. D'un côté, on suppose des déterminations naturelles avec ces gisements limités, à la contenance physiquement calculable, inscrits dans la réalité matérielle, et de l'autre côté, on imagine des comportements sociaux de consommation dictés par le progrès technique et la pression de la population. Le problème provoqué par la confrontation de ces deux domaines tient au fait qu'ils sont pensés indépendamment l'un de l'autre. Par miracle, l'esprit humain clairvoyant et « long voyant » les met en présence et découvre la contradiction de la croissance des consommations venant buter contre le plafond des ressources. Il s'agit de ressources et non plus de subsistances comme chez Malthus, mais le raisonnement est analogue. Lorsqu'on recolle les deux côtés, lorsqu'on refuse l'opposition d'une humanité idéale et d'une nature maté-

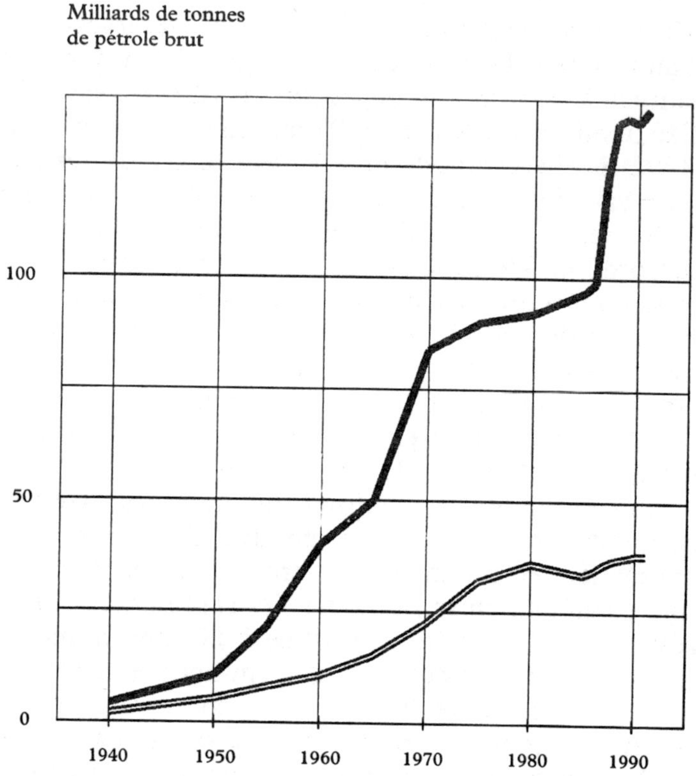

Évolution des réserves prouvées de pétrole (trait foncé) et de la consommation mondiale (trait double) de 1940 à 1991 (la consommation a été multipliée par 10 pour être comparée aux réserves)

rielle idéale, et que l'on s'intéresse à leurs interfaces sociales et environnementales, ce qui était séparé devient lié, et même étroitement dépendant.

Peut-on cependant imaginer une limite extrême, par exemple en recensant tous les hydrocarbures fossiles de la planète ? Une telle limite serait largement supérieure aux valeurs actuellement proposées, sans pour autant atteindre une signification physique absolue. Par exemple, elle ne comprendrait pas le méthane dissous en grande quantité dans l'eau de mer, et peut-être issu de réactions inorganiques avec les gisements calcaires du fond de l'océan. Dans ce cas, il n'y a plus de limite, car il y a possibilité de régénération de la ressource : il faut alors parler de « méthane renouvelable ». Que des réserves existent à un instant donné, à un coût donné, à une technologie donnée, c'est une évidence découlant directement de ces contraintes. Que leur plafond, ou même leur évolution puisse être prédite indépendamment de l'évolution de la consommation et des techniques, et plus encore, de la société, c'est impossible.

On pourrait tenir le même raisonnement pour toute substance organique ou minérale utilisée par l'homme. Il existe bien sûr des réserves actuelles de plomb, mais le volume du plomb terrestre encore en poches métalliques, en nodules, ou simplement éparpillé dans l'eau de mer sous divers composés, est immense en comparaison. Les réserves valent pour un certain prix du plomb et un certain coût d'extraction et de prospection. Elles évoluent pour les mêmes raisons que celles d'hydrocarbures. Parmi tous les produits, ou toutes les consommations, l'une d'entre elles est plus importante que tel ou tel métal, ou tel hydrocarbure, ce sont les vivres. C'est le cas où l'on parle de limite avec le plus d'apparent bon sens et d'évidence. Or, ce qui vient d'être dit pour le pétrole ou pour le plomb vaut au même titre. On a vu l'homme prêt à survivre au trou d'ozone et au réchauffement de la planète. Nous allons voir qu'il peut aussi éviter de mourir de faim.

Troisième partie

SUBSISTANCES

Chapitre 6

Richesses et subsistances

En 1816, l'administrateur hollandais de la province de Madura, à Java, s'inquiétait de la surpopulation. On comptait à l'époque moins de 5 millions d'habitants sur toute l'île, mais ils paraissaient plus nombreux qu'ailleurs, et surtout ils se reproduisaient avec entrain. Ils atteignirent 10 millions en 1850, soulevant de nouvelles craintes, puis 26 millions en 1900, puis 35 millions en 1920, poursuivant leur augmentation sans se soucier de l'inquiétude de leurs patrons coloniaux. 40 millions en 1930, 52 en 1950, 76 en 1970, et aujourd'hui, plus de 100 millions [1]. Depuis près de deux siècles, la croissance se poursuit au rythme imperturbable de 1,75 % par an. Tout juste remarque-t-on un léger ralentissement au début du XXe siècle et durant la seconde guerre mondiale. Au XIXe siècle, même complainte des administrateurs anglais aux Indes. La population indienne progresse moins vite que la javanaise, mais elle paraît trop nombreuse à cause des famines récurrentes [2]. La seconde guerre mondiale et les progrès de l'agriculture qui suivent ne diminuent pas les craintes. Le premier président du *World Food Council* déclare que « le problème démographique est au centre du problème mondial des subsistances [3] ». Peu après, le Club de Rome est encore plus net : « L'espèce humaine a sans doute peu de temps pour réagir à une crise causée par sa croissance exponentielle dans un espace limité [4]. » Un an plus tard, en 1974, la FAO avertit solennellement la Conférence mondiale de la population à Bucarest qu'il faut engager des actions pour réduire la croissance démographique « si l'on veut avoir au moins une petite chance de répondre aux besoins en nourriture dans vingt-cinq ans [5] ». En 1999 donc, la crise devrait être au rendez-vous. Parfois les avertissements frisent le ridicule, par exemple lorsque les autorités américaines d'occupation au Japon s'inquiètent qu'avec des ressources naturelles limitées à cause de la perte de ses colonies et une croissance démographique soutenue le pays ne sombre dans une « noire misère » [6].

On retrouve ce genre d'arguments, qui sont déjà ceux des deux premiers chapitres de l'*Essai sur la population* de Malthus, dans la plupart des rapports internationaux et des ouvrages publiés actuellement aux États-Unis. L'idée générale est que les limites de l'agriculture sont presque atteintes et que les quelques progrès locaux ne permettent pas de répondre à l'accroissement global continu de la population. Dès lors, la pauvreté augmente, et avec elle la faim. Le prix du travail diminue, et celui des aliments s'élève. Au schéma de Malthus, l'époque moderne ajoute, comme on le sait, les dégradations de l'environnement par la pollution, l'érosion et la remontée des sels dans les terrains irrigués.

Limite des subsistances : le constat majoritaire

L'édition 1993 du *State of the World*, est traduite en vingt-sept langues dès sa sortie et 100 000 exemplaires anglais ont été immédiatement vendus. L'ouvrage fait l'objet de cours dans plusieurs universités. Les arguments que développe son maître d'œuvre, Lester Brown, atteignent donc un public influent et considérable. Ce qu'il écrit à propos de la nourriture du genre humain est particulièrement inquiétant. L. Brown montre qu'alors que la production de céréales s'était accrue entre 1950 et 1984 de 3 % par an, plus rapidement que la population (2,2 %), elle ne croît plus depuis 1984 qu'au faible rythme de 0,7 %, donc moins vite que la population (1,7 %). En conséquence, la baisse de 6 % de la ration alimentaire moyenne par habitant du globe est « sans doute la tendance économique la plus grave du monde d'aujourd'hui [7] ».

Durant les années 80, le même changement s'observe pour la production de viande, pour celle de soja et pour la pêche. Lester Brown en montre les principales causes : la faible augmentation des surfaces cultivées (0,7 % par an depuis 1950) s'inverse à partir de 1981. Désormais, les terres en culture reculent mondialement au rythme annuel de 0,5 %. De même, les zones irriguées qui s'étaient accrues de 2,8 % entre 1950 et 1978 n'augmentent plus guère (1,2 % par an désormais). Enfin, à partir de 1984, l'usage d'engrais, qui s'étendait au rythme de 6,7 % par an, se stabilise presque (0,7 % de croissance maintenant). Partout la saturation « dramatique » des facteurs de la production agricole est visible. Cela vient notamment d'une dégradation de plus en plus rapide des sols : « érosion, épuisement des nappes phréatiques, pollution [8] ». On estime ainsi que 24 milliards de tonnes de sol arable sont emportées chaque année par les pluies, les fleuves et le vent, soit l'équivalent de 4 cm d'épaisseur de sol sur 60 millions d'hectares, entraînant une diminution supplémentaire de 6 % des récoltes chaque année sur un territoire plus vaste que celui de la France. En Suède, la pollution industrielle réduit la production de céréales de 350 000 tonnes par an, soit aussi 6 %.

Mais le tableau le plus noir est brossé par le FNUAP dans son grand rapport de 1991 intitulé *Population, resources and the environment* [9]. L'énoncé de la situation des Indes est particulièrement terrible : « 200 000 km², soit 36 % de la surface irriguée sont tellement salinisés qu'ils ont perdu la plus grande partie de leur productivité ». Le Fonds estime que chaque année 14 millions de tonnes de grains sont perdues à cause de la détérioration de l'environnement, alors que 29 millions seulement sont ajoutés par le progrès des rendements. Le solde de 0,7 % d'accroissement de la production est insuffisant par rapport à la croissance démographique de 1,7 %. Les exemples de la « pression démographique » sont légion. Ainsi, au Kenya, « la fragmentation du territoire s'est aggravée : de 0,4 hectare par personne en 1969, on est tombé aujourd'hui à 0,2 », tandis que la croissance démographique se poursuit au rythme annuel de 3,5 %.

Dans le cas du Bangladesh, où l'on compte maintenant 10 habitants par hectare cultivable (1 000 habitants par km^2 cultivable), P. Ehrlich pense que le point de non-retour est dépassé. Désormais, on y observe « un déclin marqué dans les rendements et la production [10] », alors que la population compte chaque année deux millions d'individus en plus. Triste constat qui fait écrire à l'auteur : « La bataille de Gandhi pour nourrir la population indienne, maintenant deux fois plus nombreuse qu'au jour de l'indépendance n'a pratiquement pas progressé [11]. » On pourrait multiplier les exemples et les citations qui mènent tous à la même conclusion : puisque la croissance démographique se poursuit alors que celle des subsistances se ralentit ou plafonne, on court à la catastrophe, par accroissement de la pauvreté d'abord, puis par des famines de plus en plus meurtrières.

A combien se chiffre le nombre des pauvres dans le monde ? Le FNUAP l'estime à un milliard 225 millions en 1989, soit près du quart de la population mondiale, avec 675 millions en Asie, 325 en Afrique, 150 en Amérique latine, et 75 au Proche-Orient et en Afrique du Nord [12]. La situation de ces pauvres des pays pauvres se dégrade car ils ne possèdent plus de terres et doivent acheter leur nourriture à des prix de plus en plus élevés. Le FNUAP constate qu'entre 1986 et 1989 le prix du riz a augmenté de 38 % et celui du blé de 48 %. Cette

« débâcle environnement-population » en train de se construire depuis des dizaines d'années se renforce actuellement car les plus pauvres, ce « milliard du bas », comme les désignent élégamment les Nations unies par contraste sans doute avec le milliard « du haut » des pays industrialisés, « commettent souvent plus de déprédations écologiques que leurs trois milliards de compagnons un peu mieux lotis du tiers-monde ». Ils vivent en effet dans des zones marginales dont ils achèvent de déséquilibrer l'environnement fragile. Ils risquent d'être très rapidement victimes d'une « disruption ». Pour mieux le faire sentir, le FNUAP prend l'exemple évoqué plus haut de la collecte de bois dans une forêt par une population croissante. Lorsque la collecte dépasse le renouvellement naturel de la forêt, le capital est atteint et le renouvellement diminue cumulativement : « Ce scénario s'applique même si la population des collecteurs cesse de croître : le dommage est fait.... On rencontre ce même effet non linéaire entre exploitation des ressources et croissance démographique pour la protection des sols, pour la pêche, pour le pompage des aquifères, pour les cycles atmosphériques d'absorption de la pollution... La débâcle des ressources se précipite alors avec une vitesse surprenante [13]. »

Si l'on ne prend pas rapidement des mesures de contrôle de la population et de protection des sols, la catastrophe ne touchera pas tel ou tel aspect de l'agriculture, mais la production globale, donc la subsistance de millions de personnes. Dans plusieurs scénarios catastrophe, P. Ehrlich, en reconduisant seulement le taux de croissance de 1,7 % pour la population et de 0,7 % pour les céréales, arrive « sans même un changement climatique, à un accroissement des décès par famine de près d'un milliard de personnes en vingt ans [14] ». Pour sa part, en tenant compte de l'effet de serre, le FNUAP estime que si « la récolte diminue trois fois en dix ans de 10 %, il n'est pas exclu de penser que chacune de ces diminutions entraînera la mort par famine de

50 à 400 millions de personnes », auxquels il faut ajouter les millions d'Égyptiens et de Bengalis noyés par la montée des eaux. Pour fuir ces malédictions, « les réfugiés environnementaux se multiplieront ». Bien que leur nombre ne soit pas bien connu, il y en aurait déjà autour de 10 millions. « Des catastrophes de ce type entraîneront des migrations massives hors des zones affectées par la famine. Bien qu'on ne puisse savoir combien de personnes peuvent être chassées par la sécheresse et la famine, la meilleure estimation brute est d'environ 50 millions de réfugiés [15]. »

N. Myers, l'un des analystes les plus écoutés en matière de conservation des forêts et de la nature parle à ce sujet de « guerres des ressources » [16] engendrées par la collision entre le nombre d'hommes et le niveau des ressources nécessaires à leur entretien. Un dernier chiffre résume le trop-plein humain sur terre : P. Ehrlich calcule que « 40 % de la production primaire terrestre nette de chlorophylle à partir des rayons solaires arrivant sur terre (et 2 % de la production primaire nette marine [17]) sont accaparés par les humains. S. Barraclough [18], directeur de l'UNRISD, agence des Nations unies pour le développement social, arrive à un chiffre voisin, de même que J. Brown et B. Maurer qui proposent une fourchette de 20 à 40 % pour l'accaparement du rayonnement solaire à des fins humaines : « Jamais dans l'histoire de la terre aucune espèce n'a été aussi répandue sur la surface et n'a monopolisé une aussi large part des ressources en énergie. Une fraction constamment décroissante de cette ressource limitée est répartie entre des millions d'autres espèces [19]. »

C'est justement à partir de cette proportion de 40 %, à la fois évidente et stupéfiante, que nous allons réanalyser tous ces éléments *a priori* inquiétants. Évidente, car, après tout, 47 millions de km² sur les 131 millions des terres émergées sont cultivés ou en prairies ; stupéfiante, car la moitié ou presque de l'énergie solaire serait déjà récupérée par l'homme.

Sachant que l'autre moitié tombe sur des déserts ou des montagnes inaccessibles et pelées, par exemple en Antarctique (32 % des terres au total), il ne reste aucune marge de développement pour nourrir les 11 milliards d'hommes que les Nations unies annoncent après 2050, à moins d'attraper des rayons solaires dans l'espace.

Les agences des Nations unies citées ici, les rapports des organismes comme le *Worldwatch Institute*, et les savants comme P. Ehrlich, ainsi que l'abondance signalée de leurs lecteurs (qui n'est pas, on l'espère, un effet de la surpopulation) autorisent à prendre au sérieux leurs déclarations concordantes, mais aussi à les vérifier.

40 % de l'énergie solaire accaparée par l'homme, ou 1 % ?

Tient-on ici le lien entre l'homme et la nature, manqué avec le trou d'ozone et effleuré avec le changement climatique ? Si l'homme utilise 40 % du rayonnement solaire pour se nourrir, on a enfin une preuve solide d'une liaison directe et globale entre un phénomène purement naturel, préexistant à l'homme et indépendant de lui, et un phénomène humain, le plus important de tous, le plus inévitable : se nourrir. Avec ces 40 % surtout, on ne peut plus parler de limites lointaines. La barrière physique est là. On ne voit pas comment la franchir ou la dépasser. Mais le chemin qui va des rayons solaires à la nourriture, s'il est qualitativement évident puisque la lumière fait pousser les végétaux dont se nourrissent animaux et hommes, est plus difficile à suivre quantitativement : comment chiffrer la part de rayonnement absorbée par les végétaux, puis celle récupérée par l'homme ? Comment savoir si une plante ou un animal est destiné à l'homme ou à lui-même ? Par exemple, la forêt qui abrite un gibier chassé par l'homme est-elle entièrement au service de l'homme parce qu'elle a nourri ce gibier, et le rayonnement qu'elle reçoit entièrement à verser au compte de l'humanité ? Pour y répondre, il faut suivre d'abord, étape par étape, les transferts d'énergie, du photon émis par le soleil à la calorie récupérée dans l'estomac humain.

– Première étape : le rayonnement atteint la terre. En tenant compte de l'inclinaison de la terre et de sa rotation diurne et annuelle, chaque mètre carré reçoit en moyenne 1,3 million de calories par an dont 50 % sont absorbés par l'atmosphère ou réfléchis dans l'espace. Les 131 millions de km^2 de terres émergées reçoivent alors au total 102 000 PCalories (une Pentacalorie, ou PCalorie ou PCal, désigne un million de milliards de calories, soit un 10 suivi de quatorze zéros).

– Deuxième étape : l'énergie des rayons de soleil produit de la matière vivante grâce à l'assimilation chlorophyllienne. Le rendement est faible, de l'ordre de 10 % de l'énergie qui est réellement absorbée par un mètre carré. On peut donc recueillir au maximum 10 200 PCalories. Pour que ce maximum se réalise, il faudrait des conditions optimales difficiles à mettre en œuvre. Presque partout un ou plusieurs facteurs empêchent ou diminuent l'assimilation chlorophyllienne, le froid au Groenland, ou le manque d'eau dans le désert. En fait, on ne peut pas raisonner à partir de maximums de laboratoires. Il faut mesurer la productivité directement sur place, dans diverses conditions de couverture végétale et à diverses époques de l'année. Par grands systèmes biotiques, on aboutit aux valeurs suivantes [20] :

Biotes	Surface occupée (millions de km²)	Productivité annuelle (PCalories)
Systèmes marins	362	426
Déserts et toundras	44	9
Forêts et bois	40	398
Prairies permanentes	33	83
Terrains agricoles	14	78

Avec seulement 568 PCal récupérées, on est très loin des 102 000 PCal reçues et même très loin du rendement optimal de 10 200 PCal.

– Troisième étape : une fois l'énergie transformée en matière végétale, il faut la récolter pour l'assimiler dans l'organisme humain. Les données de terrain sont alors remplacées par des récoltes, des productions ou des prises (dans le cas des poissons), données indépendantes des précédentes, ce qui permet le rapprochement. En 1991, le bilan total de la production de vivres se décompose ainsi en grandes catégories [21] :

– 78 millions de tonnes de poissons, coquillages et crustacés (dont 13 % proviennent de fermes aquatiques), soit, en comptant 2,5 calories par gramme de poisson, 0,20 PCal.

– 1,88 milliard de tonnes de céréales recueillies sur 7 millions de km², soit, en comptant 3,3 calories par gramme de blé ou de céréales secondaires, 3,5 par gramme de maïs et 3,6 pour le riz [22], un total de 6,4 PCalories.

– Sur le reste des terres cultivées, on trouve (en millions de kilomètres carrés utilisés en 1991) :

– Cultures industrielles (coton, lin, tabac, etc.) : 0,54
– soja : 0,56
– légumineuses sèches (haricots, etc.) : 0,70
– arachides, tournesols, colza, etc. : 0,57

– canne à sucre, betterave : 0,26
– tubercules (pommes de terre, manioc...) : 0,47

soit 4,2 millions de km^2. Le rendement calorique de ces productions est difficile à connaître. Comme les cultures sont partagées entre pays industrialisés et en développement dans le même rapport à peu près que pour les céréales, on a admis que le rendement moyen à l'hectare était aussi le même, ce qui est plutôt une majoration, notamment pour les cultures industrielles. Avec cette hypothèse, 2,4 PCalories ont été produites par d'autres végétaux que les céréales, cultivés par l'homme pour son alimentation, et 0,50 pour divers usages industriels.

– La consommation de viande : la FAO donne le tonnage consommé selon chaque type d'animal en 1991 (en millions de tonnes) :

– porc	71,5
– chèvre	2,7
– mouton	7,0
– bovins	53,0
– chevaux	0,5
– volailles	40,9

soit au total, 175 millions de tonnes. En leur attribuant un coefficient calorique de 4 calories par gramme, qui tient compte des abats et déchets, l'humanité a disposé ainsi de $0,70 \times 10^{15}$ calories d'origine animale en 1991.

– Quatrième étape : l'assiette du consommateur. La FAO a évalué l'alimentation quotidienne par habitant en 1991 à 2 272 calories d'origine végétale et 424 d'origine animale, soit pour toute la population mondiale respectivement, par année :

2 272 × 365 × 5,1 milliards = 4,23 PCal végétales
424 × 365 × 5,1 milliards = 0,80 PCal animales

On peut résumer les différentes étapes dans un tableau simple :

	Calories totales reçues (en PCal par an)	
Stade du processus	Monde entier	Terres émergées
Rayonnement solaire	389 000	102 000
Production végétale max.	38 900	10 200
Production brute végétale	1 017	568
Production récoltée	10,2	10,0
Consommation		5,03

On a maintenant tous les éléments pour se demander ce que signifient les 40 % du rayonnement solaire détournés au profit de l'homme. On voit que ce dernier ne consomme que 1 % de la production brute des végétaux terrestres et 0,5 % du total en tenant compte des algues. En amont, cette consommation ne représente pas un dix millième de la production maximale possible de végétaux, et moins d'un cent millième du rayonnement solaire reçu. Passer de ces quantités infinitésimales aux 40 % annoncés relève du finalisme. On peut penser que toute la nature est orientée vers la satisfaction des besoins humains et dirigée par l'homme dans ce sens. Alors, 100 % du rayonnement transformé en végétaux l'est pour l'homme exclusivement. On peut aussi adopter le point de vue de saint Thomas : seules les calories qui atterrissent dans le ventre des hommes lui étaient destinées, et l'on tombe à 1 % de la production végétale terrestre. Les 99 % restants sont-ils forcément liés à l'obtention des 1 % consommés ? c'est ici que la question des limites possibles des subsistances se noue. Tout dépend du degré de nécessité qui relie les trois dernières étapes entre elles, donc de l'humanisation de la nature par le type d'agriculture, puis par le mode de récolte et de partage entre hommes et animaux. Pour essayer d'y voir clair, nous allons séparer plusieurs filières, celle des poissons, celle des animaux et celle des végétaux.

Du paysage à la production

– Les poissons : ils ne représentent que 0,5 ‰ de la productivité primaire des océans, ce qui paraît dérisoire. Il faut cependant se méfier des apparences, car les chaînes alimentaires marines sont très différentes de leurs homologues terrestres. L'assimilation chlorophyllienne est réalisée par des algues microscopiques, le phytoplancton, qui sont mangées par de tout petits crustacés (le zooplancton), eux-mêmes proie de plus gros poissons que l'homme pêche ou qui sont à leur tour dévorés par de plus gros. Le passage d'un maillon de la chaîne alimentaire au suivant se traduit par une perte de rendement de 90 % en moyenne. Autrement dit, sur 100 calories récupérées du soleil par le phytoplancton, 10 aboutissent au zooplancton, 1 dans les poissons qui s'en nourrissent et 0,1 chez les poissons carnivores. Comme actuellement l'homme est obligé de passer par les deux premiers maillons de la chaîne pour obtenir des produits consommables, les 550 PCal recueillies dans les océans peuvent tout au plus fournir 5,5 PCal de poisson comestibles chaque année. Encore fait-on abstraction des poissons qui se nourrissent de leurs congénères. Dès lors, les prises annuelles qui sont actuellement de l'ordre du vingtième sont moins négligeables qu'il ne paraît. Plusieurs mauvaises campagnes récentes l'ont montré. Est-ce à dire que l'homme récupère 4 % de l'énergie solaire transformée par les océans ? Il n'y a aucune raison de faire dépendre les chaînons intermédiaires et initiaux du chaînon final et de les considérer comme des étapes nécessaires, orientées vers cette fin. Si, par exemple, l'homme ne consommait que des poissons carnivores, comme le thon ou la lotte, devrait-on fonder le calcul sur ce chaînon supplémentaire, qui fait plafonner la production disponible au maximum de 0,5 PCal et affirmer que l'homme en consomme 40 % puisqu'il pêche l'équivalent de 0,2 PCalories ?

Inversement, les élevages marins qui sortent de leurs premiers balbutiements ouvrent des perspectives d'acclimatation d'espèces de poissons et de crustacés digérant directement les algues. Déjà, avec des nourritures végétales terrestres, ils atteignent des productions très supérieures à celle des océans : jusqu'à 500 cal/m²/an dans le Sud-Est asiatique. Les possibilités futures sont importantes dans les estuaires, certaines zones côtières et dans les lacs. Doit-on en déduire que la part récoltée par l'homme était plus faible qu'annoncée ?

– Les animaux : la production primaire des pâturages naturels est estimée à 83 PCalories par an auxquelles il faut ajouter la production des jachères (1,1 PCalories). Ces 84 millions de milliards de calories n'accouchent, si l'on peut dire, que de 0,70 million de milliards de calories animales sous forme de steaks, de jambons ou d'ailes de poulet. Cette division par cent de l'énergie récoltée s'explique pour deux raisons. D'abord, et ceci vaut aussi pour l'agriculture, une partie de l'énergie assimilée par la chlorophylle sert à l'entretien des plantes elles-mêmes. On la nomme « respiration », car c'est bien ainsi que fonctionne le cycle d'échange quotidien d'oxygène et de gaz carbonique. Selon les espèces, ou plutôt, selon l'écosystème considéré, la respiration prélève une partie plus ou moins grande de l'énergie primaire assimilée [23] :

Écosystème	Part de la respiration dans la production primaire
Champs de soja	25 %
Champs d'alfa	37 %
Forêt de jeunes pins	38 %
Forêt tropicale mûre	71 %
Champs de canne à sucre	38 %
Champs de betteraves	28 %

Plus la nature est jeune, moins elle perd d'énergie en respiration car elle doit constituer un stock de matière vivante, tandis que la nature plus âgée, comme une forêt datant d'une centaine d'années, n'accroît plus son stock de matière végétale et dépense l'énergie solaire qu'elle transforme, en respiration et en nourriture pour des « hétérotrophes », c'est-à-dire les organismes qui ne peuvent pas utiliser directement l'énergie solaire, des herbivores par exemple. Les prairies sont une nature jeune où la création de matière vivante l'emporte nettement sur le métabolisme. La respiration n'y dépasse donc pas le tiers de l'énergie acquise, si bien que l'on devrait pouvoir récupérer 56 PCal sur l'ensemble des prairies naturelles. En tenant compte d'une perte de 90 % nécessaire pour passer au maillon suivant de la chaîne alimentaire, constitué par le bétail auquel la prairie est destinée dans l'optique des 40 %, la production de viande pourrait représenter 5,6 PCal par an. Avec les 0,70 constatés, on en est très loin. Peu importe que la différence soit causée par des insectes, des vers, des bactéries ou des champignons transformant les feuilles sèches en humus, le fait est là : l'élevage, souvent présenté sous l'angle d'un surpâturage, exerce une pression très faible, d'autant que plus de la moitié de la production de viande est assurée par une nourriture issue de l'agriculture et non de ces pâturages, comme on va le montrer.

– Les cultures : on a vu qu'elles emmagasinent chaque année 78 PCal, soit, en tenant compte de leur respiration (un tiers maximum), une production nette de 52 PCal. Mais toutes les terres ne sont pas en culture une année donnée (70 % en 1991 par exemple), ce qui ramène la production effectivement destinée à l'homme à 36 PCal. Or, on n'a trouvé dans l'assiette du consommateur que le quart de cette production, soit 9,3 PCalories.

Pour comprendre où la perte a lieu, on peut détailler un exemple, celui du soja : des mesures faites en laboratoire montrent que sur 100 calories reçues par les plants de soja, 25 repartent en respiration et 10 servent à nourrir des micro-organismes qui aident la plante à assimiler certaines substances comme l'azote. Sur les 65 % restants, on n'en récolte que 32 % sous forme de graines. Les 33 % restants sont constitués par les racines, par les tiges et les feuilles sèches, qui n'intéressent pas l'homme et seront mangées par d'autres animaux ou décomposées par des micro-organismes sous terre, qui les transformeront en humus. Ainsi, seulement 32 %, moins du tiers des calories produites, aboutissent à l'homme. C'est un maximum obtenu en laboratoire. Dans les champs réels, de mauvaises herbes poussent, des épis ne sont pas tous moissonnés ou sont perdus pendant le stockage. On le constate, puisque, au lieu des 32 %, le rendement n'est que de 9,3/(78 × 70 %) = 17 %. Un point d'augmentation de ce rendement représente 0,5 PCal, soit 12 % de la consommation annuelle végétale de l'espèce humaine. A ce stade, de légères améliorations peuvent avoir un impact considérable. On ne doit pas envisager les progrès de l'agriculture sous le seul angle des rendements liés à l'usage d'engrais, mais sous l'aspect plus général de la collecte de matière et de son stockage efficace. Une fois les calories récoltées, au nombre de 9,3 PCal en 1991, on ne les retrouve pas toutes à l'arrivée, loin s'en faut. C'est cette nouvelle perte qu'il s'agit de comprendre.

De la production à l'assiette du consommateur

Comment passe-t-on des grains récoltés et de la viande abattue aux calories absorbées par les hommes ? Cela semble évident mais, pourtant, un écart important apparaît qui constitue l'une des clés des problèmes vivriers. Comme précédemment, on a la chance de pouvoir rapprocher deux sources d'observations différentes, les productions et les consommations. Pour les calories animales, peu de problèmes : celles qui sont produites par la pêche et l'élevage s'élèvent à 0,9 PCal, et on en retrouve 0,8 à l'arrivée, en comptant la consommation de calories d'origine animale [24]. L'écart vient des coefficients de transformation utilisés pour passer du poids des animaux à des calories, de l'utilisation des abats, et des variations de stocks. On doit en fait se féliciter de la concordance des deux estimations indépendantes. En revanche, l'écart est très important pour la production végétale. En laissant de côté les 0,5 PCal produites sous forme de plantes industrielles, on ne retrouve chez le consommateur que 4,3 PCal sur les 8,8 qui avaient été récoltées, soit une division par 2. Une telle perte demande explication car on ne peut l'imputer aux coefficients de passage du poids des céréales aux calories, beaucoup plus fiables que leurs équivalents pour la viande. Où disparaît donc la moitié de la production de vivres ?

Après avoir sacrifié aux dieux malthusiens, P. Ehrlich signale justement que la consommation humaine pourrait augmenter de 40 % si l'on prêtait plus d'attention aux conditions de stockage (silos étanches et secs empêchant mulots, rats et charançons de prélever leur dîme) [25], mais ce n'est pas suffisant pour rendre compte de la division par deux entre la récolte et la consommation. En fait, ce sont aussi des animaux qui disputent les grains à l'homme, mais beaucoup plus gros, des animaux domestiques, particulièrement les bovins qui sont de plus en plus souvent nourris avec des céréales ou du fourrage artificiel planté à la place des céréales. Les pays développés possèdent 430 millions des 1,3 milliard de bovins mondiaux. Ils en tirent 85 % du lait mondial, 64 % de la viande de boucherie (mais en comparaison, ils ne produisent que 35 % de la viande de chèvre et de mouton et 50 % de celle de porc) pour un petit quart de la population mondiale.

Les besoins en calories des 430 millions de bovins des pays développés sont très largement assurés par des cultures spéciales de céréales, notamment de soja. Une vache laitière demande en moyenne 10 000 Cal par jour. 430 millions de ses congénères des pays développés demandent donc par an 1,56 PCal, ce qui représente 40 % des aliments végétaux consommés par l'homme. Certes, tous les bovins ne sont pas nourris ainsi en Europe et aux États-Unis, mais, inversement, certains troupeaux du tiers-monde commencent à recevoir une alimentation en céréales, en Amérique latine notamment, si bien que tous ensemble les animaux domestiques absorbent déjà 38 % de la production totale des céréales selon les statistiques [26], soit, 2,43 PCal. Dans certains pays, plus de la moitié des céréales consommées l'est par les vaches, veaux, porcs et volatiles divers : au Canada en 1990, 80 % des céréales étaient consommées dans les mangeoires, et 70 % aux États-Unis. En Europe, les leaders sont le Danemark (82 %), la Suède (77 %) et l'Autriche (72 %). La France est exactement dans la moyenne avec 60 %. Cela signifie cependant que les animaux mangent, en moyenne, en Europe, un volume total de céréales supérieur de 50 % à celui consommé par les humains du même continent.

Avec une telle consommation intermédiaire des animaux, on peut maintenant recoller les chiffres de production et de consommation de végétaux : sur les 6,4 PCal de grains produites, 2,4 vont aux animaux, 4 restent pour les hommes. Sur les 2,4 PCal végétales produites par d'autres sources, une proportion bien moindre va aux animaux, 10 % tout au plus. Au total, l'homme devrait donc pouvoir consommer 6,2 PCal végétales, or il n'en mange que 4,2. L'écart représente un coulage de la production de 1/3, voisin de l'estimation des pertes au cours du stockage proposée par Ehrlich. Ce point reste à creuser car l'estimation est faite « à la louche » sans données d'observation ni mécanisme explicatif. Si l'on résout l'énigme, 2,5 milliards d'humains supplémentaires pourraient être nourris aux normes actuelles.

Le passage des calories par le ventre des herbivores avant d'arriver à l'homme a une conséquence comptable importante : à cause de la loi d'airain des chaînes d'alimentation, on ne récupère sous forme de viande et produits laitiers que le dixième des 38 % de céréales digérées par le bétail, soit 4 % du total mondial. Le choix d'une nourriture plus ou moins carnée élargit l'éventail des limites vivrières, tout comme l'importance des pertes sur stock laisse ouverts de beaux gisements de productivité. Si l'homme était uniquement carnivore, il retirerait au plus 0,66 PCal de viande d'herbivore d'une production de végétaux entièrement consommée par les animaux de boucherie (6,6 PCal), auxquelles s'ajouteraient les calories animales obtenues sans nourriture artificielle du bétail (0,40 PCal, soit la moitié du bétail mondial). Si l'homme ne réservait aucun produit de la culture aux animaux, les nourrissant seulement sur des pâturages sans changer les procédés de conservation, il aurait dix fois plus de calories disponibles grâce au raccourcissement d'un maillon de la chaîne alimentaire. Avec une ration mondiale actuelle de 2 800 calories par jour par personne, on pourrait alors nourrir entre 1 et 7 milliards d'humains selon le type de nourriture du bétail. Où se situe le bon chiffre, ou plutôt, quelle est la bonne consommation de viande ? Dans le premier cas, c'est 100 %, dans le second, 6 %. La question d'un régime équilibré n'est pas en jeu, car on consomme aussi bien des protéines végétales (65 % de la consommation mondiale) qu'animales, et aussi bien des graisses végétales (53 %) qu'animales. De l'Indien strictement végétarien à l'Esquimau uniquement carnivore, toutes les pratiques ont été observées à l'échelle des populations, et les diététiciens se disputent pour déterminer la meilleure. La flexibilité de la production de vivres et l'incertitude sur la notion de meilleure alimentation sont en général ignorées par les analyses sur la faim.

Le récent *Rapport sur la famine dans le monde*[27] publié en 1990 propose par exemple sur la base de 1988 les répartitions suivantes des possibilités de nourriture :

– 5,5 milliards de végétariens ou bien
– 3,7 milliards de « presque » végétariens
– 2,5 milliards avec 25 % de calories animales.

Le rapport qualifie de régime complet et sain un mélange de 30 % de calories d'origine animale et de 70 % d'origine végétale. Le calcul ignore à la fois l'importance actuelle des céréales produites pour les animaux qui seraient alors reversées aux hommes, et la notion de relativisme culturel. Le régime « complet mais sain » qu'il conseille l'est peut-être pour l'Anglo-Saxon sanguin qui a écrit le rapport, mais le Burundien qui ne consomme que 2,5 % de calories d'origine animale rêve-t-il d'atteindre les 30 % ? Et le Danois qui en est à 46 % souhaite-t-il diminuer son score ? Notons à ce sujet que le Danois consomme directement et indirectement, en nourrissant ses animaux, 8 200 calories de céréales par jour, contre 1 200 pour le Burundien. Une grande inégalité devant les subsistances est donc la règle. La préférence des Danois pour la viande n'est pas plus critiquable que celle du Français pour le vin. A l'échelle du monde, elle entre en compétition avec la demande de céréales des Burundiens. C'est la lutte du pot de fer contre le pot de terre. Toutefois, le producteur burundien pourrait être tenté de vendre, comme son homologue brésilien, du soja à l'éleveur de veaux italien ou danois, plutôt qu'à ses concitoyens sans le sou. Par chance, si l'on peut dire, à l'inverse du Brésil, entièrement intégré à l'économie mondiale, le Burundi produit du manioc et des haricots secs qui n'intéressent pas encore les éleveurs européens, et il les produit loin des grandes routes commerciales. C'est l'une des raisons pour lesquelles on meurt plus de faim au Brésil qu'au Burundi, malgré une densité dix fois moindre, de meilleures terres, de meilleurs rendements et un meilleur revenu par tête. Dans le prochain chapitre, nous verrons comment l'internationalisation du marché des vivres et le fonctionnement planétaire de la production constituent les paramètres pertinents pour comprendre le problème des subsistances, donc combien le problème est social avant d'être naturel. Nous pensions pourtant, au début de ce chapitre, entrevoir pour la première fois une limitation physique réelle avec ce chiffre de 40 % du rayonnement solaire utilisé par l'homme pour se nourrir. En réalité, l'écart entre la donnée physique du flux de photons, qui varie d'heure en heure, de jour en jour, de latitude en latitude, mais reste parfaitement calculable, et ce que l'homme met dans son assiette est plus grand que jamais. C'est dans la mécanique intermédiaire que gît à nouveau le secret des avenirs possibles, et non pas aux deux extrémités, physique et humaine.

Il ne s'agit pas de dire pour autant que tout est pour le mieux dans le meilleur des mondes, puisque de multiples possibilités de production de vivres existent. A bien des égards, la question alimentaire n'incite pas à l'optimisme, mais c'est à cause des termes sociaux dans lesquels elle est posée, et non à cause de contraintes physiques.

Les 40 % du rayonnement solaire ne sont pas une exception, mais plutôt l'illustration d'un certain usage des chiffres. Alors qu'une estimation numérique doit servir de point de départ pour mieux serrer la réalité que des expressions littéraires, elle est utilisée péremptoirement comme une preuve, comme le résultat d'une démonstration indiscutable. Si l'on dit qu'une part importante de l'énergie solaire synthétisée en matière organique par les végétaux est destinée à l'homme, on ne risque pas d'être contredit, tant les termes sont vagues. Quelle part ? Quels végétaux ? Les arbres des forêts tropicales ou les céréales plantées par l'homme ? Quelle matière organique ? Les graines ou les tiges, les racines et les feuilles du maïs ? Comment se marque la destination ? La baleine tuée d'un coup de harpon était-elle destinée à l'homme ? Avec un chiffre, même ce malheureux 40 %, on a une première prise. Au lieu d'en tirer parti pour progresser dans la compréhension des mécanismes en jeu, on y plante le drapeau de la victoire finale et on en fait un point d'arrivée. Nous avons cherché à montrer au contraire que c'était un outil d'exploration, obligeant à préciser de proche en proche un grand nombre de points et de mécanismes, de transformations et d'usages. La même critique vaut pour la plupart des chiffres produits par l'argumentation malthusienne actuelle. Nous n'allons toutefois pas passer autant de temps à les démonter. Dans certains cas, il suffira de quelques autres chiffres pour mettre en évidence des subterfuges assez grossiers, mais il est bon d'y prêter attention car ils sont l'un des plus sûrs véhicules des grandes peurs présentes. Ils masquent ainsi les déterminants sociaux de ce qu'on commence à appeler « l'insécurité alimentaire ».

Mensonge du chiffre, vérité des statistiques

Reprenons donc un à un ces chiffres et les conclusions qu'en tire le courant malthusien dominant, pour les examiner avec précaution et une certaine suspicion : si l'on peut aussi bien affirmer que l'humanité absorbe 1 % du rayonnement solaire utile que 40 %, qu'en est-il des autres propositions et exemples donnés en début de ce chapitre ?

Pour le *Worldwatch Institute*, la production de grains de 1984 à 1991 s'est accrue de 0,7 % seulement, alors que la population augmentait de 1,7 %. Effectivement, on peut vérifier que ces chiffres sont exacts. Mais si l'on décale d'une année seulement la période de référence, en la prenant de 1983 à 1990 au lieu de 1984 à 1991, le résultat est tout autre [28]. Sur cette nouvelle période, la population poursuit sa croissance à 1,7 % par an, mais la croissance de la production céréalière est de 2,7 % par an au lieu des 0,7 % précédents. Elle a donc été très supérieure à l'augmentation de population, à l'inverse des conclusions de Lester Brown. Au contraire la croissance démographique est très régulière, celle de la production agricole varie beaucoup d'une année sur l'autre et encore plus celle de produits particuliers. En partant d'une année de haute production et en terminant sur une année de basse production, le *Worldwatch Institute* est sûr de trouver un faible accroissement et, inversement, comme nous le faisons en décalant la série d'un an et en partant d'une mauvaise année pour arriver à une bonne, on obtient un fort accroissement.

L'évolution de la production mondiale de céréales est trop instable pour être jugée sur de courtes périodes. Mais si l'on regarde les vingt ou trente dernières années pour être moins à la merci des fluctuations annuelles, la tendance à long terme est une croissance plus rapide que celle de la population. Dès lors, ce qui constituait un tournant « dramatique » et « la tendance économique la plus grave dans le monde d'aujourd'hui » disparaît par un simple glissement d'une année. Cela ne représentait qu'un accident circonstanciel, annuel. Vérité en 1983, erreur une année plus tard, et de même en 1990 et 1991. De la même manière, à un an d'intervalle, les pourcentages de déclin de la production par tête se transforment en pourcentages de croissance de 7 %.

Si, au lieu des céréales, on avait considéré toute la production alimentaire, ce qui est plus juste, la baisse de 1984 à 1991 s'atténuerait nettement (le déclin de la production par tête devient de 1 % seulement), de même que la hausse de 1983 à 1990 (ramenée à 5 %), car les productions non céréalières amortissent les fluctuations alimentaires. A quoi tenaient les fluctuations à la hausse en 1984 et à la baisse en 1991 ? Une analyse par continents est révélatrice : on a pris la base 100 en 1983 pour le comparer à 1984 et de même pour comparer 1990 à 1991 [29] :

Continent	1983/1984	1990/1991
Monde	107,3	94,1
Afrique	97,3	108,5
Amérique du Nord	133,6	88,9
Amérique du Sud	106,8	104,7
Asie	101,5	97,2
Europe	119,7	104,5
Océanie	91,3	71,6
URSS	87,8	68,9

Pour 1984, le gain de production de 7 % par rapport à l'année précédente n'est dû qu'à une hausse exceptionnelle dans les pays développés (165 millions de tonnes supplémentaires) supérieure à elle seule à l'ensemble de la hausse mondiale (124 millions de tonnes). Au contraire, en 1991, la chute de la production dans les seuls États-Unis (gel de surfaces importantes, analogue à celui de la PAC) et l'URSS (ne s'agit-il pas d'un dégonflement de statistiques antérieures trop optimistes ?) représente une baisse de 100 millions de tonnes, supérieure à la baisse totale pour l'ensemble du monde, ces pays compris (87 millions de tonnes). Voilà qui relativise les beaux discours de L. Brown. Il n'y a pas preuve de réchauffement climatique, ni de perturbation liée à l'amincissement de la couche d'ozone, ni à l'érosion galopante, mais quelques manipulations statistiques en URSS et quelques manœuvres commerciales aux

États-Unis pour réduire la surproduction et l'abondance de l'offre mondiale de vivres. La pénurie vivrière de 1991 vaut la pénurie pétrolière de 1973.

La réalité que dépeignent les longues séries sur l'agriculture mondiale et régionale est donc très différente de la présentation qu'en font le *Worldwatch Institute* et le rapport du FNUAP qui lui emboîte le pas. Non seulement la production s'est accrue dans des proportions difficilement imaginables il y a vingt ans, mais la consommation par tête a aussi progressé assez nettement (de 17,5 % depuis 1962), tant pour le total, que pour les protéines (+ 18 %) et les lipides que pour la consommation de calories d'origine animale (+18 % aussi).

A quel sort vouer alors cette pollution qui aurait réduit la production des céréales suédoises de 350 000 tonnes par an, soit 6 % ? Les annuaires de la FAO n'en gardent aucune trace. D'amples fluctuations annuelles certes, à cause d'un ensoleillement et de températures très variables d'une année à l'autre à ces latitudes élevées, mais une constante augmentation des rendements jointe à une réduction des surfaces cultivées.

La salinisation de 200 000 km² de terres irriguées aux Indes, ayant causé la perte de toute leur productivité aux dires du FNUAP ? Il y a aux Indes 1,690 million de km² de terres cultivées, dont 25 % sont irriguées, soit 420 000 km², ce qui correspond d'ailleurs presque exactement aux 422 000 km² occupés par la culture du riz. Si 200 000 d'entre eux, soit la moitié, avaient perdu toute productivité, cela se serait remarqué dans la production totale. Or cette dernière, qui atteignait 74 millions de tonnes en 1980 avec un rendement de 18,6 quintaux à l'hectare, s'est élevée à 110 millions de tonnes en 1989 avec un rendement de 26,1 quintaux à l'hectare (et 111 millions de tonnes en 1991). Quant aux céréales dans leur ensemble, leur production a augmenté aux Indes de 42 % entre 1980 et 1990, pour une superficie inchangée. Ehrlich aurait mieux fait de garder pour lui la phrase sur

Gandhi que nous avons citée plus haut. L'Inde a progressé plus vite que la plupart des pays asiatiques, Chine comprise, à l'exception du Vietnam dont la ration de céréales par habitant s'est accrue de 14 % pour une croissance démographique de 25 % sur la même décennie. Il ne faut pas sous-estimer les problèmes d'épuisement des sols tropicaux et de remontée des sels par mauvaise irrigation, mais il ne faut pas non plus les gonfler au-delà de toute proportion raisonnable, tout en passant sous silence l'évolution de l'ensemble de la production, sinon on fausse gravement la représentation du phénomène et des risques futurs. Disons-le clairement, on se conduit en propagandiste, ce qui laisse mal augurer des recommandations ultérieures du FNUAP.

Le Kenya fournissait à la même organisation sa victime suivante. La pression démographique dans ce pays serait si grande que l'on serait tombé à 0,2 hectare cultivable par personne en 1990. Or, à cette date, 24 millions de Kenyans vivent sur un territoire plus grand que la France (590 000 km²), donc disposent de 2,37 hectares par personne, composés de 0,1 hectare de culture, 1,59 hectare de prairies permanentes et 0,1 hectare de forêts (le reste n'est pas utilisable [30]). La production alimentaire augmente plus ou moins régulièrement depuis dix ans. Tout n'est pas rose là-bas, près de la Corne de l'Afrique, puisqu'on est encore en dessous de la ration alimentaire normale, et que l'eau n'est pas très abondante. Des sols fragiles vers la frontière éthiopienne ont été surpâturés et sont perdus pour longtemps. Mais faut-il pour autant crier au loup sans donner une vision d'ensemble de la situation, et sans parler en outre de l'attribution des meilleures terres à de grands propriétaires blancs sous la colonisation, reléguant les Noirs sur de mauvaises terres où ils se sont entassés ?

Avec le Bangladesh, les malthusiens tiendraient-ils enfin la cible qui leur échappe jusqu'ici ? Pauvreté extrême, densité supérieure à 1 000 habitants par km² cultivable, pas de ressources minérales, etc. P. Ehrlich y ajoute « un déclin marqué dans les rendements et la production ». Peut-être dispose-t-il de meilleures sources que la FAO ou la Banque mondiale. En tout cas, selon ces organismes, les cultures qui occupaient 91 290 km² en 1965, s'étendent maintenant sur 91 260 km² : pas de changement. En revanche, la production alimentaire a progressé de 28,7 % depuis 1980, ce qui équilibre la croissance démographique, pourtant élevée. Certes, dans ce cas extrême, on a peine à voir l'avenir sous des couleurs radieuses, mais combien d'experts auraient prévu, il y a vingt ou trente ans, que la production vivrière augmenterait à ce rythme ? Combien n'auraient pas réagi comme les Hollandais à Java ?

Dernier argument recensé dans le rapport du FNUAP : la hausse de 48 % du prix du blé entre 1986 et 1989, et celle de 38 % du prix du riz. Il y a de quoi s'inquiéter quand on connaît le manque de disponibilités monétaires de la plupart des habitants du tiers-monde, particulièrement ceux qui ont été attirés dans les villes ou qui travaillent comme ouvriers agricoles contre un maigre salaire. La hausse du prix des subsistances sans hausse équivalente de salaires horaires correspond ici exactement à la description donnée dans le deuxième chapitre de l'*Essai* de Malthus. Or, en se reportant aux séries de prix des céréales depuis trente ans [31], on découvre au contraire une très nette tendance à la baisse, comme pour la plupart des matières premières : les céréales qui étaient en 1975 à l'indice 142 passent à 100 en 1980, puis, après 1985, fluctuent autour de 60, soit une baisse de plus de 50 % en quinze ans. Une petite remontée se produit entre 1986 et 1989, mais elle est suivie d'une chute brutale ramenant les céréales à l'un des plus bas prix de leur histoire.

Prix du blé et du riz
(indice 100 en 1980)

	Blé (Canada)	Riz (Thaïlande)
1975	151	133
1980	100	100
1985	95	59
1986	74	43
1987	57	43
1988	71	52
1989	80	56
1990	58	48
1991	51	51

Comme Lester Brown, le FNUAP a bien choisi sa période de comparaison : c'est le seul moment où une hausse temporaire du prix des céréales se soit produite, alors que la tendance générale est à la baisse, ce que le moindre Européen ou Américain qui a suivi les négociations du GATT et de l'Uruguay Round sait bien.

Le tableau malthusien a donc perdu maintenant toutes ses couleurs :

1) La consommation humaine de vivres est très loin d'accaparer une partie importante de l'assimilation chlorophyllienne (1 % de la production terrestre, et peut-être 2,5 % de la production nette, c'est-à-dire après respiration). Les limites physiques sont vraiment éloignées.

2) La production de subsistances continue de s'accroître à un rythme un peu plus rapide que les populations, sans que la part des productions animales ne diminue (15,7 % des calories consommées en 1990

comme en 1960). La part de protéines par habitant s'accroît aussi.

3) Des pays très peuplés comme l'Inde, la Chine ou le Vietnam, ont réalisé et continuent de réaliser des progrès considérables qui équilibrent largement la détérioration de certains sols.

4) Le prix des vivres baisse tendanciellement depuis quinze ans. Les fluctuations temporaires ne doivent pas masquer le mouvement général.

Ainsi, rien ne subsiste du schéma malthusien brossé par le *Worldwatch Institute,* le FNUAP, L. Brown ou P. Ehrlich. C'est plutôt l'impression contraire qui domine. On aurait cependant tort de se réjouir. L'abondance et la croissance globales dissimulent de redoutables inégalités locales et de graves problèmes écologiques eux aussi locaux. Les sols se dégradent en de nombreux endroits, des écosystèmes fragiles sont menacés et la pauvreté augmente à la surface du globe. Simplement, ces questions n'ont rien à voir avec la surpopulation. Elles proviennent de désordres politiques et sociaux et de répartitions inégales de la population en de nombreux points de la planète.

Chapitre 7

Ordre alimentaire mondial et désordres locaux

Fécondité, croissance économique, revenu moyen par habitant, analphabétisme, tous ces phénomènes se développent selon une logique géographique à grande échelle. Des morceaux de continents et souvent des continents entiers évoluent de manière homogène. C'est particulièrement net pour l'association entre population et production de subsistances. On peut parler d'une société agricole d'Amérique latine, d'une société agricole d'Afrique noire, d'une autre au Proche-Orient et d'une en Asie du Sud-Est. En même temps, la domination écrasante de l'Europe et des États-Unis sur le marché mondial des produits agricoles déforme chaque système continental pour le plier à la logique marchande. Derrière cette mainmise, il n'est pas difficile de déceler la vieille loi de King datant d'il y a trois siècles : les prix des produits agricoles réagissent très vivement à de faibles désajustements de l'offre et de la demande de vivres : pour se nourrir, l'affamé est prêt à dépenser tout son bien, tandis que le rassasié n'achètera pas une bouchée de plus, fût-ce à vil prix. On pourrait décrire le système mondial de l'agriculture et ses sous-systèmes locaux comme une gigantesque tentative de maîtriser la loi de King. Pour n'en donner qu'un exemple, les troupeaux de bétail offrent un volant de contrôle du prix des céréales. Si les prix montent, les producteurs de viande ne peuvent plus nourrir leurs bêtes qu'ils vendent à plus bas prix, concurrençant les céréales, mais surtout diminuant la demande d'aliments pour le bétail, donc le prix des céréales. Le simple paysan d'autrefois ne faisait pas autrement, sacrifiant ses animaux dans les années de disette. Si la loi de King représente un tel enjeu, c'est que la plupart des régimes politiques savent qu'ils ne peuvent pas résister à une disette ou à une forte élévation du prix des subsistances. Contrairement à ce que croient les experts malthusiens, les chefs d'État et les élites gouvernantes ne laissent pas se construire la « gigantesque débâcle environnement-population [1] », mais surveillent attentivement le prix de la farine, du riz et des pommes de terre qu'ils subventionnent souvent ou stabilisent artificiellement selon qu'ils veulent contenter leur population urbaine ou leurs agriculteurs. L'aide internationale, le marché mondial, les cultures spéculatives sont autant d'éléments politiques de première grandeur dans des choix dont la finalité reste toujours fixée par les rapports de domination à l'intérieur de chaque pays, rapports qui souvent s'expriment depuis des siècles dans les droits d'accès à la terre et à la propriété, ou tout au moins, à l'exploitation. C'est pourquoi la question des subsistances est politique et sociale et non pas « naturelle ». C'est parce que les paysans ne sont pas des automates simplistes, ni des serfs résignés, parce que l'intérêt les guide plus souvent qu'on ne le croit, parce qu'ils réagissent rapidement à une augmentation de la population que l'agriculture a tellement changé depuis une vingtaine d'années. Chaque continent nous montre ainsi différentes facettes et différentes solutions à ce problème.

L'Amérique latine : les déracinés

Le Mexique, notamment, dans les belles études de S. Barraclough [2], offre une introduction idéale à ce continent. C'est un pays doté d'un riche capital physique : 1 900 000 km^2, soit presque quatre fois la France, dont 240 000 cultivés, 740 000 en prairies et 500 000 en forêts. 86 millions d'habitants, donc 45 au km^2, 4 000 m^3 d'eau renouvelable par habitant, premier producteur mondial d'argent, quatrième de pétrole, en croissance économique de 6 % par an depuis vingt ans malgré des accidents [3]. Le niveau de vie moyen de 2 000 dollars par an est dix fois inférieur à celui des États-Unis, mais dix fois supérieur à celui de pays très pauvres. Cependant, 40 % de la population la plus pauvre ne se partage que 10 % du PNB et vit en dessous du niveau de vie moyen du Soudanais ou du Guinéen. Un quart de la population s'entasse à Mexico, devenue la plus grande agglomération de la planète. Entre le pays pris dans son ensemble et la répartition interne des richesses, le divorce est complet. Élégamment, on parle d'une économie « bimodale » pour signifier qu'il y a des riches et des pauvres, mais pas de véritable classe moyenne.

Le progrès économique n'a pas seulement profité aux gens en place, mais il a transformé des pauvres directement en riches, notamment par le biais de la politique locale. Nombreux, ces nouveaux riches ont créé une forte demande de viande sur le modèle des classes moyennes nord-américaines. Pour la satisfaire, le Mexique s'est doté d'un troupeau bovin qui le hisse au 7e rang mondial (32 millions de têtes en 1990). Il en a résulté un bouleversement de son agriculture : par exemple, dans l'État du Tabasco, la forêt humide a été coupée et transformée en prairies artificielles, les fleuves ont été endigués pour empêcher les fréquentes inondations, des voies de circulation rapide ont été construites dont les remblais servent aussi de digues. Conséquence, les sels sont remontés sur les terres qui n'étaient plus lessivées. Leurs effets ont été combattus par un surcroît d'engrais qui à leur tour ont pollué les eaux souterraines. Les éleveurs, grâce à des prêts gouvernementaux avantageux, ont accaparé ou acheté les propriétés que la réforme agraire du président Cardenas avait octroyées aux petits agriculteurs. Expulsés, ces paysans sont allés grossir le prolétariat urbain, ont été engagés comme gardiens de troupeaux, ou pour un grand nombre se sont repliés sur des terres de mauvaise qualité et difficilement accessibles dont les éleveurs ne voulaient pas. Ils ont tenté d'y survivre en pratiquant une agriculture trop lourde pour ces sols fragiles qu'ils ont abîmés [4]. Alors que le Tabasco était un état à la végétation luxuriante, aux mœurs démocratiques (les femmes y avaient obtenu le droit de vote avant les Françaises), l'inégalité sociale et une nature abîmée en sont maintenant maîtres.

Les prairies reprises sur la forêt devenant moins productives, les éleveurs ont acheté du grain pour continuer à nourrir leurs bovins. Cela a stimulé la production de sorgho dans la région de Bajío, plus au nord, qui s'est lancé dans une culture à grande échelle. Parti de presque rien, le sorgho est devenu la première culture du Bajío dans les années 80. Là aussi, les paysans furent laminés, leurs terres rachetées, et eux-mêmes engagés comme ouvriers agricoles. Ils abandonnèrent leurs cultures en autoconsommation et se nourrirent moins bien. Le sorgho demande beaucoup d'eau, que la région de Bajío ne possède pas car il est déjà assez au nord. Après avoir utilisé l'eau du fleuve Lerma, on commença à pomper l'aquifère qui descendit de 8 mètres de profondeur en 1955 à 200 mètres en 1985. L'eau profonde est chaude et salée. Elle abîme les sols déjà rendus croûteux par l'emploi de lourdes machines, exigeant dans une spirale sans fin des labourages plus lourds. Les derniers petits propriétaires ne peuvent chercher l'eau à cette profondeur, ni survivre sur cette terre alourdie et salée dont seuls de gros moyens viennent à bout.

Les rendements du sorgho ont fini par décliner, obligeant le Mexique à se fournir sur le marché international. Les importations de céréales ont doublé de 1977-1979 à 1987-1989, sans rapport avec la croissance démographique puisque dans le même temps, la proportion de la consommation de céréales servant de nourriture au bétail est passée de 18 % à 31 %. Pour payer ces importations, le Mexique a augmenté l'extraction de pétrole, justement dans l'État du Tabasco, ce qui a encore accentué les différences sociales, et il a développé des cultures industrielles comme le coton, engageant un nouveau cycle d'exclusion des petits paysans, de pompage des nappes d'eau et de détérioration des sols car, cette fois, les nappes profondes et chaudes contenaient de l'arsenic.

Une telle évolution n'est pas due à l'arrivée d'une soi-disant modernité au Mexique, ni à son intégration au commerce mondial. Elle s'est déjà produite à plusieurs reprises au cours des cent dernières années, selon un schéma voisin où une bourgeoisie aidée par l'État développe de nouvelles cultures spéculatives, chasse les petits paysans, épuise le sol, ne peut se maintenir et est chassée par des troubles sociaux qui entraînent une redistribution des terres. Ce fut une des causes de la révolte des *campesinos* d'Emiliano Zapata et de Pancho Villa, puis, dans les années 30, avec les grandes bananeraies sous contrôle américain, de la révolte qui porta Cardenas au pouvoir et restaura une petite propriété.

Dans la plupart des pays d'Amérique latine, on trouve la même alternance de concentration oligopolistique capitaliste et de petite propriété paysanne. Ce sont les cycles du café au Brésil, des fruits au Guatemala et en Équateur. C'est aussi l'une des causes de ces explosions de violence qui secouent régulièrement les campagnes du sous-continent, de Getúlio Vargas à Fidel Castro, sans oublier le Nicaragua et le Salvador. On a l'impression que la moindre ancienneté de l'installation humaine après la véritable désertification qui suivit la conquête a rendu plus précaire le lien des hommes à la terre, condamnant ce continent à des convulsions plus ou moins périodiques. Les liens sociaux n'arrivent pas à se construire ni à se hiérarchiser autour des cultures qui gardent un caractère de prédation. Au Brésil, le système s'est même institutionnalisé avec la frontière. Tous les processus sont à l'œuvre simultanément, la colonisation par de petits propriétaires, leur expulsion par de gros tenanciers spéculateurs qui ruinent la terre et la révolte des premiers. Les deux étapes du système agraire sud-américain sont ainsi devenues simultanées au Brésil, avec tous leurs inconvénients écologiques, car elles représentent une véritable fuite en avant. Avec 25 habitants au km^2 et l'une des terres les plus riches et les mieux arrosées du monde, le Brésil donne le meilleur exemple de l'absence de liens entre densité démographique et dégradation des sols et des systèmes naturels. Déjà à l'aube des temps, les premiers hommes à franchir à pied le détroit de Behring avaient en quelques centaines d'années brûlé la grande forêt du Middle West actuel, transformé en plaine, et sans doute aussi, ensuite, les actuelles pampas. Plus tard, la plupart des sociétés amérindiennes, olmèques, toltèques, et mayas par exemple, connurent des alternances rapides de richesse et de décadence.

On pourrait penser que l'accroissement des densités limite la mainmise des latifundistes mais il n'en est rien. Dans toute l'Amérique latine, les gouvernements maintiennent les vivres à bas prix pour éviter les révoltes urbaines. Les paysans sans terre et le prolétariat urbain peuvent ainsi se nourrir à peu près, mais à terme, cela bloque toute évolution des campagnes. Le petit exploitant ne peut gagner de l'argent et n'investit donc pas. Le prix de la terre demeure faible, ce qui permet aux capitalistes de l'acquérir et de l'exploiter à leur manière, c'est-à-dire à court terme, sans conserver un fonds qu'ils ne revendront pas cher.

La pression démographique n'intervient pas dans un tel modèle. Les paysans du Tabasco pouvaient parfaitement bien vivre de leur propriété avec une agriculture traditionnelle à jachère courte sur un territoire riche et bien arrosé. Leur croissance démographique aurait diminué la durée de jachère. Ils auraient plus tard augmenté la productivité de leur maïs avec un peu d'engrais et des plants sélectionnés car les rendements sont faibles. En revanche, même peu nombreux, ils abîment les collines sur lesquelles on les a relégués, tandis que les latifundistes détruisent l'aquifère, les sols et le système d'irrigation naturelle. L'effectif de la population n'est pour rien dans cette affaire, sauf qu'il faut bien quelques humains pour commettre ces déprédations.

Rendements et superficie cultivée en Afrique

La relation entre la production agricole et les inégalités sociales est très différente sur le continent noir. D'une part, les pays de l'intérieur sont moins développés et plus enclavés qu'en Amérique latine ; d'autre part, complémentairement, les côtes sont encore exploitées sur le mode des plantations coloniales pour des productions spéculatives comme l'arachide, le cacao, le café et le coton, directement sous contrôle de capitaux et de sociétés étrangères. Cette coupure apparaît clairement sur plusieurs cartes de l'Afrique. Par exemple, les 5 % de la population qui ont le plus faible indice de développement humain vivent presque tous en Afrique intérieure, à l'exception des Afghans et Népalais en Asie, et de la Guinée et du Sierra Leone sur la côte atlantique. On retrouve la même distribution géographique pour les importations de céréales : là où les cultures spéculatives rapportent un peu de devises, on achète des céréales qui remplacent les nourritures traditionnelles. Les foules urbaines sont progressivement habituées à cette alimentation étrangère, et ainsi progressivement intégrées au cercle mondial du commerce céréalier, passant sous la coupe de ses maîtres. Quoi de plus inquiétant que ce couperet d'un relèvement subit des prix de 25 %, comme pour le blé en 1987-1988, d'une dévaluation de 50 % de la monnaie comme pour le franc CFA récemment, ou d'une baisse de 25 % du prix de la matière première exportée, cacao ou arachide ? On n'entrera pas dans le débat complexe de l'aide alimentaire, mais on peut rappeler que cette politique va dans le même sens : secourable en cas de grave pénurie et de famine, l'aide peut, dans les cas de disette chronique, créer une dépendance et éliminer par sa gratuité les cultures traditionnelles. La récente expédition de l'ONU en Somalie en est l'allégorie. En quelques semaines, le prétexte de l'aide alimentaire est remplacé par une occupation militaire doublée d'une chasse à l'homme des leaders locaux récalcitrants, comme le général Aïdid, pourtant plus populaire que Pinochet ne le fut en 1973 à Santiago. Manger des céréales, c'est aujourd'hui s'intégrer à un ordre mondial dominé par la *pax americana*, à un marché mondial dans lequel la nourriture devient un produit parmi d'autres, objet de spéculations parmi d'autres et de tous les échanges possibles. Il ne s'agit pas de sauver la Somalie de la faim, mais de lui faire intégrer le marché planétaire en l'asservissant à des besoins planétaires gérés par les plus puissantes nations. Effectivement, les aides alimentaires varient proportionnellement aux stocks mondiaux depuis une vingtaine d'années [5]. Elles font partie de ce « *buffer* » destiné à atténuer la loi de King.

Dans les pays de la côte, cette mondialisation est très avancée. Au Nigeria, au Sénégal, en Côte-d'Ivoire, au Gabon, les céréales progressent et les cultures traditionnelles régressent ou sont repoussées sur des sols plus fragiles, chassées par les riches planteurs qui prennent les meilleures terres. Cette Afrique maritime rappelle l'Amérique latine des années 1930 et 1950. A l'intérieur du continent noir, en revanche, les cultures et les consommations européennes ont peu pénétré. L'agriculture y vivote pour d'autres raisons : les pays où la production alimentaire par tête a diminué de plus de 10 % entre 1980 et 1991 comptent 250 millions d'habitants en Afrique, 65 en Asie et 25 en Amérique latine (surtout centrale). Dans presque tous les cas africains, cette régression est intimement liée à des désordres politiques (Angola, Mozambique, Somalie, Éthiopie, Soudan, etc.), mais une autre tendance est aussi à l'œuvre : l'extension des cultures au lieu de leur intensification. Le nœud de la situation africaine se trouve là, connectant les paramètres physiques et sociaux aux modes culturaux.

Les rendements restent en effet extraordinairement faibles, par exemple pour le maïs, inférieurs à une tonne par hectare dans presque tous les pays, alors qu'ils atteignent cinq tonnes en moyenne en Europe et sept aux États-Unis. Invoquer le sol tropical ou le climat ne sert à rien car quelques pays chauds comme l'Égypte, Porto Rico ou la Réunion dépassent aussi les cinq tonnes à l'hectare. De même, alors que le rendement mondial des céréales a augmenté d'un tiers au cours des dix dernières années passant de 2 200 à 2 800 kg par ha, il ne s'est accru que de 7,5 % en Afrique, passant de 1 130 à 1 220 kg. L'augmentation a été de 35 % en Asie, grâce à la révolution verte, et de 22 % en Europe, où les rendements étaient déjà très élevés (de 3 500 kg/ha à 4 300). La croissance de la production agricole de l'Afrique s'est au contraire effectuée presque uniquement par extension des terres cultivées à rendement quasi constant.

Les très faibles densités de la plupart des États africains expliquent cet état de choses. Sur les 1,82 million de km² de terres cultivées, un tiers reste en jachère chaque année (contre un cinquième dans le reste du monde). Les cultures couvrent une surface quatre fois plus faible que les forêts, alors qu'en Europe et en Asie, les surfaces boisées et cultivées sont au contraire équivalentes. Prenons un grand pays comme le Zaïre, avec ses 2 270 000 km² de territoire (plus de 4 fois la France) et sa faible densité de 26 habitants au km². 76 000 km² étaient disponibles pour les cultures en 1980 et 38 000 km² étaient effectivement plantés de céréales, tubercules, arachides et haricots. Les forêts occupaient 1 776 000 km², soit cinquante fois plus de terrain. Pour faire face à une croissance démographique de 35 % entre 1980 et

1991, les superficies cultivables ont légèrement augmenté, passant de 76 000 à 78 600 km² (soit 3,3 % de plus), mais surtout, celles réellement en culture en 1991 sont passées de 38 200 à 52 200 km², soit 37 % de plus, tandis que les rendements stagnaient ou régressaient (de 810 kg/ha à 760 pour les céréales). Au total, la production alimentaire a donc progressé de 32 %, un tout petit peu moins que la population. La baisse même des rendements s'explique par le fait que, les jachères durant moins longtemps, les champs produisent moins pour un travail identique.

L'Égypte est à l'autre bout du spectre : en cette même décennie, les cultures ont gagné un peu de terrain surtout par un artifice comptable, les doubles récoltes étant comptées deux fois quand elles portent sur des plantes différentes : de 27 300 km² à 30 600. Les rendements céréaliers sont passés de 4,05 tonnes à l'hectare à 5,52, soit 36 % d'augmentation, nettement plus que la croissance démographique de 30 %. Le tout a entraîné une hausse de 19 % de la production par habitant. Désormais, le progrès de la production passe en Égypte par l'intensification, notamment en effectuant deux, voire trois récoltes annuelles.

Supposons un instant que le Zaïre prenne la voie de l'Égypte en sacrifiant une partie de son immense forêt et en utilisant son eau renouvelable pour l'irrigation, au même taux que celle du Nil en Égypte. Les 1 020 km³ d'eau disponibles chaque année permettraient de mettre en culture une surface dix-huit fois plus importante qu'en Égypte, soit 432 000 km², soit six fois la surface actuelle, exigeant donc le défrichement de 20 % de la forêt actuelle. En Égypte, l'agriculture nourrit seulement la moitié de la population à un haut niveau calorique (3 300 calories par jour par personne). Au même niveau, le Zaïre pourrait dans ce dispositif nourrir donc entièrement une population neuf fois supérieure à celle d'Égypte, soit 475 millions d'habitants ou 210 habitants au km², moins qu'en Allemagne ou en Italie, pays d'ailleurs autosuffisants avec une seule récolte annuelle. Bien sûr c'est une utopie, car de nombreuses conditions culturelles ne peuvent être soudain remplies par miracle, à commencer par l'assainissement microbien (mouches tsé-tsé, malaria) et la formation des agriculteurs. Mais c'est aussi illustrer le vide démographique de l'Afrique, même là où la végétation et les pluies sont les plus abondantes.

A ceux qui douteraient que ce calcul ait la moindre réalité, rappelons que le Rwanda, voisin du Zaïre, compte déjà 290 habitants au km^2 et les nourrit (sobrement) malgré des rendements misérables (1,2 tonne de céréales à l'hectare, 840 kg de haricots secs) sur des cultures couvrant annuellement 36 % du pays (et occupant 47 % des terres). On ne recommande pas à l'Afrique de suivre l'exemple des petits Rwanda et Burundi, mais on veut montrer l'écart qui sépare la plupart des pays au sud du Sahara : en comparaison du Rwanda et du Burundi, l'Angola avec 10 habitants par km^2, pays immense et potentiellement richissime, demeure l'un des plus misérables du monde, avec une guerre de moins en moins compréhensible qui entraîne une famine générale et des importations de céréales représentant maintenant 15 % de la production. Pour quelles raisons l'Afrique, le continent le moins peuplé, stagne-t-elle et même régresse-t-elle sur le plan nutritionnel ? Pourquoi certains sols s'y abîment-ils ?

Deux raisons peuvent être avancées : d'une part, la coupure radicale entre les villes et les campagnes et, d'autre part, le maintien de fortes structures communautaires. Les bourgeoisies et les gouvernements prélèvent d'abord sur les produits agricoles d'exportation une part maximale, accaparant ainsi tout le bénéfice de l'agriculteur, afin de financer l'achat de vivres à l'occidentale. Il ne reste donc plus d'argent pour le développement rural. Le voyageur est souvent frappé par la rapidité des transitions entre les dernières cahutes des bidonvilles et les premiers champs et cases où la vie rurale paraît encore hors du temps. Cette coupure se double d'une absence d'infrastructure de transport et de communication qui, étant donné les importantes fluctuations climatiques, oblige les paysans à s'appuyer sur leur propre communauté. La propriété de la terre est d'ailleurs communautaire. Chaque année, un chef de terre ou une assemblée de chefs de famille distribuent des lopins à cultiver au *prorata* de l'importance des ménages. Dans les enquêtes socio-économiques, on remarque toujours la concordance entre la taille du ménage, qui peut varier de trois à cinquante personnes et celle de l'exploitation. L'un des avantages du système est de mieux répartir les éventuelles famines entre toute la population, ou au moins entre tous les ménages.

Ici, tout oppose l'Afrique et l'Amérique latine. Dans le cas de l'Amérique, la domination du capital urbain entraîne la domination des latifundistes, renforce les inégalités et détériore la terre par une recherche effrénée de bénéfices à court terme. Dans le cas de l'Afrique, l'absence de capital venu des villes maintient une organisation égalitaire et une faible pression sur la terre car le rendement n'est pas recherché, mais seule la subsistance.

Le partage communautaire n'est donc pas propice à des rendements élevés : l'individu, le paysan n'est pas directement concerné par un investissement sur son champ puisque l'année suivante, la communauté lui en allouera un autre. La communauté elle-même manque de ressources pour améliorer son patrimoine, et elle a souvent plus de difficultés à promouvoir des changements qu'un individu isolé. Dès lors, la croissance démographique se traduit par une simple intensification des cultures en diminuant les jachères, si bien que le sol se reconstitue moins bien et produit moins. Au sud du Sahara, comme dans le cas du Zaïre, les rendements ont eu tendance à baisser depuis 1980. En étendant les cultures, on utilise aussi des terres plus fragiles. Ce n'est guère un problème pour le Zaïre, mais cela le devient au Sahel, comme on l'a vu lors de l'épisode de désertification des années

1980, succédant aux années pluvieuses. Une fluctuation climatique analogue s'est produite à partir de 1985 en Afrique de l'Est, en liaison notamment avec l'épisode d'El Niño dans le Pacifique. La carte des baisses de rendement entre 1988 et 1990 découpe physiquement l'Afrique en deux parties, de l'Éthiopie au Cap, l'une durement touchée, l'autre non.

De telles fluctuations sont difficiles à amortir dans une agriculture prospère et technologique. Frappant ce continent pauvre où l'extension des cultures par réduction des jachères fragilise les sols, il n'est pas étonnant que les dégâts soient plus grands encore. Il n'est pas impossible que les troubles politiques qui se sont développés de l'Éthiopie à l'Afrique du Sud en passant par le Mozambique, la Somalie et Madagascar n'y aient pas trouvé une impulsion. Troubles beaucoup plus graves car bien plus difficiles à étouffer qu'en Amérique latine, où une réforme agraire remet les pendules à l'heure. Le mécanisme social est ici indirect, entre villes et campagnes, et non direct entre latifundistes et paysans pauvres. Il est plus difficile à prévenir et à corriger. Peut-on alors dire que la croissance démographique ou la trop forte densité soient responsables de cette répercussion des fluctuations climatiques sur l'alimentation ?

Pour la densité, encore une fois, c'est l'inverse, factuellement et logiquement : les 5 % d'humains vivant dans les pays au plus faible indice de développement humain dans le monde avaient une densité de 16,4 habitants par km^2 en 1990. Les 10 % suivants avaient une densité de 33,7, alors que la densité moyenne dans le monde entier est de 54. Les vingt et un pays en développement classés par le PNUD dans le groupe à développement humain élevé ont similairement 33,8 habitants au km^2. Empiriquement, la faible densité ne paraît donc pas propice au progrès humain, mais ensuite, elle est neutre. Logiquement, cette faible densité constitue un gros obstacle au décollage économique. Les infrastructures sont plus coûteuses (routes, aéroports) et la distribution des biens plus difficile (par exemple, l'aide à destination du Sahel a atteint avec peine les populations frappées de famine à la lisière du Sahara : la famine au Sahel avait de nombreuses causes, structurelles et climatiques, mais la faible densité en accentuait aussi les effets).

La croissance démographique et les densités élevées, à l'inverse, paraissent avoir plus d'impact sur la dégradation des sols et sur la baisse de consommation alimentaire. Mais c'est parce qu'elles se situent dans une économie bloquée, où villes et campagnes vivent à part, si bien qu'aucun progrès des modes culturaux ne peut gagner les campagnes. Dans un pays européen, latino-américain ou asiatique, une mini-révolution verte et quelques apports techniques auraient accru des rendements qui sont, en Afrique, dérisoires, presque toujours inférieurs à une tonne à l'hectare, donc aux rendements de l'Europe pré-industrielle. Dans cette situation de blocage, la poursuite ou l'arrêt de la croissance démographique, pas plus que les fortes ou faibles densités, ne change pas grand-chose.

Proche-Orient : la contrainte de l'eau

Au nord de l'Afrique, les rendements en céréales s'accroissent rapidement et les surfaces cultivables s'étendent, mais la menace vient de l'eau. C'est évident en Égypte, où le Nil contient 97 % de l'eau renouvelable du pays, mais c'est aussi vrai dans tout le Maghreb et en Asie de l'Ouest. Ne touche-t-on pas là la véritable limite des agricultures actuelles ? Les technologies nouvelles fertilisent maintenant n'importe quel sol pourvu qu'il ne s'agisse pas de roche brute, mais elles restent sans effet si l'eau manque.

Mais comment mesurer l'eau disponible ? Depuis quelques années, on a développé la notion de « quantité d'eau renouvelable ». *A priori*, l'idée est simple : l'eau renouvelable est le volume maximum d'eau utilisable au cours de l'année, sans empiéter sur les réserves terrestres et souterraines. Le mesurer est moins évident que le définir, étant donné la complexité des cycles et leur variabilité annuelle. En première approximation, on considère que l'ensemble des précipitations soit s'évapore directement, soit aboutit à un cours d'eau après être passé par l'aquifère souterrain ou avoir ruisselé. En période de réserves normales, et en négligeant l'évaporation sur les fleuves, on a donc deux bornes à la quantité d'eau renouvelable, un maximum constitué par les précipitations et un minimum avec le débit total des fleuves à leur estuaire. En France, sur la base de 700 millimètres de chutes d'eau en moyenne par an, il tombe 385 milliards de m^3 d'eau par an, soit 6,9 m^3 par personne. De l'autre côté, le débit total des fleuves, y compris les simples ruisseaux se perdant dans la mer est de 188 milliards de m^3 annuellement, soit 3,4 m^3 par habitant [6]. On en déduit que l'évaporation évacue 50 % des précipitations. Des mesures directes d'évaporation en fonction de la chaleur et du type de sol confirment ce pourcentage.

Deux difficultés surgissent cependant : l'évaporation et le débit des fleuves dépendent du type de couverture végétale et de l'agriculture pratiquée. Une forêt retient plus de la moitié des précipitations, dont l'évaporation va entraîner de nouvelles précipitations. On se souvient que 90 % de l'eau qui tombe en Amazonie provient de l'évaporation amazonienne. D'autre part, le terrain dénudé laisse couler l'eau rapidement au lieu qu'elle s'infiltre dans les aquifères. Il en résulte des variations énormes de débit, dont les oueds des régions désertiques sont le cas limite : toute l'eau de l'orage est emportée en quelques heures ou quelques jours vers la mer en un torrent furieux sans qu'elle puisse être stockée. Elle fait bien partie des ressources renouvelables, mais elle est inutilisable. La suppression des forêts peut ainsi augmenter le volume d'eau renouvelable mesurée au débit des fleuves, mais elle rend sa collecte plus difficile, et à terme peut diminuer les précipitations. Inversement, l'eau canalisée pour l'irrigation est perdue pour les fleuves bien qu'elle soit constituée par de l'eau renouvelable. Il faut donc la mesurer en amont. Une fois de plus, les occupations humaines interfèrent avec le phénomène physique rendant difficile l'élaboration d'un indice purement physique.

Une seconde difficulté vient du recyclage : si l'eau utilisée par un processus industriel ou pour des usages domestiques est recyclée, le volume d'eau renouvelable devrait augmenter : c'est l'expérience qu'ont faite dans la dernière décennie les industries consommatrices des pays développés. Mais jusqu'à quel niveau de pollution ce recyclage est-il possible ? Si l'eau est salie par des moucherons qui s'y sont noyés, un simple filtrage lui rend sa pureté. Si elle est imbibée de sels comme l'eau de mer, le coût du recyclage devient celui de l'énergie nécessaire pour transformer l'eau en vapeur et la récupérer par condensation. Comme pour les ressources en pétrole, il n'y a aucune définition physique possible, car la quantité recyclable dépend de l'état des techniques et des coûts acceptables. A la limite, si l'on néglige les coûts, l'eau renouvelable est en quantité infinie puisque contenue dans les océans que l'on dessalinise. En fait, comme 75 % de l'eau utilisée par l'homme va à l'irrigation, on peut oublier les usages domestiques et industriels pour ne considérer que l'agriculture. Le problème du recyclage ne s'y pose pas, car l'eau d'arrosage ou d'irrigation est destinée à être absorbée par les plantes puis évaporée et donc à ne servir qu'une fois. Cependant, la structure des systèmes doit être telle qu'une partie de l'eau lave les sols pour en drainer les sels qui remontent, avant d'être absorbée plus loin par l'irrigation proprement dite.

Ces réserves faites, on peut constater sur une carte que le problème de l'eau, donc de l'irrigation, ne se pose que dans une région bien définie du monde, s'étendant de la Mauritanie au Pakistan en longitude, et du Sahara aux régions tempérées en latitude

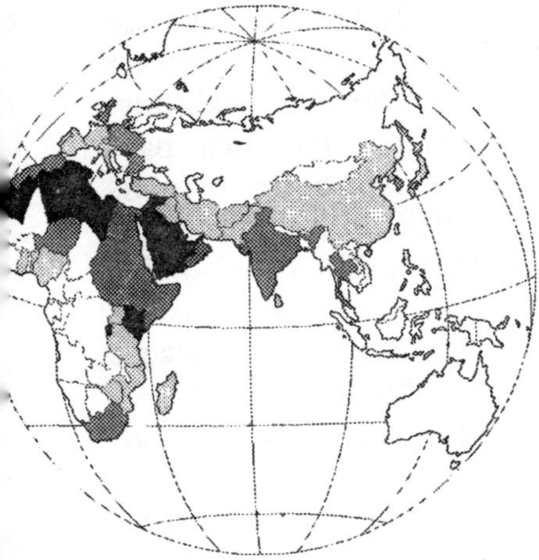

eau renouvelable par habitant et par année

- < 1000 m^3
- de 1000 à 2500 m^3
- de 2500 à 5000 m^3
- plus de 5000 m^3

irrigation (en proportion des surfaces cultivées)

- > 40 %
- de 25 à 40 %
- de 10 à 25 %
- moins de 10 %

consommation d'eau en proportion des réserves renouvelables

- > 50 %
- de 20 à 50 %
- de 5 à 20 %
- moins de 5 %

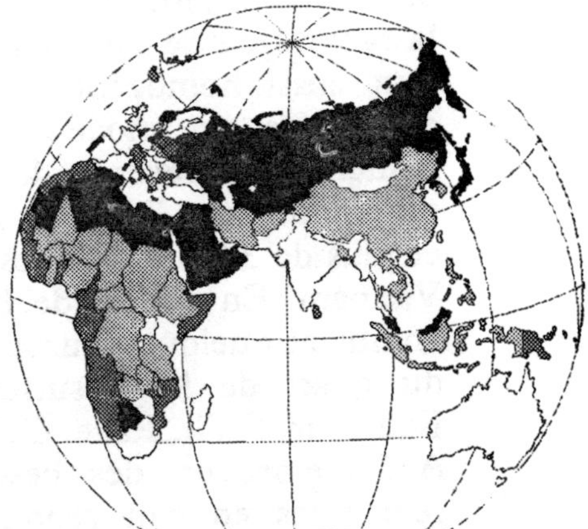

part des importations de céréales dans la consommation alimentaire totale en 1990

- > 30 %
- de 10 à 30 %
- de 1 à 10 %
- moins de 1 %

Europe, Asie, Méditerranée
Problèmes de l'eau et agriculture (données de 1990)

(voir figure p. 161). On ne tombe en dessous de 1 000 m³ d'eau renouvelable par personne par an qu'en Algérie, Tunisie, Libye, péninsule arabique, Kenya, Burundi, Rwanda, et dans quelques pays européens comme la Hongrie et la Belgique (mais l'annuaire *World Resource*[7] ne tient pas compte des fleuves qui les traversent). Entre 1 000 et 2 500 m³ par habitant, on trouve la plupart des pays d'Europe centrale et d'Afrique orientale, ainsi que la péninsule indienne, la Corée, le Pérou et l'Afrique du Sud. A l'autre extrémité, tout le reste de l'Amérique du Sud et du Nord, l'Union soviétique, l'Afrique centrale, équatoriale et tropicale, le golfe de Guinée, l'Indonésie, l'Australie, la Mélanésie dépassent les 5 000 m³ par an par habitant. Des records sont atteints au Brésil (35 000 m³ par habitant) ou en République centrafricaine (50 000 m³).

On ne peut manquer de rapprocher la géographie de la rareté de l'eau de la géographie de l'irrigation : la première appelle la seconde comme solution. Or, la répartition de l'irrigation est assez différente, mais tout aussi homogène. De l'Égypte au Japon, elle caractérise un modèle asiatique d'agriculture sur lequel on va revenir. 40 % de la surface cultivable est irriguée en Chine, au Pakistan, en Irak, au Japon, et plus de 30 % aux Indes, en Iran, en Indonésie, au Vietnam. En dehors de l'Asie, seuls quelques États andins et quelques Européens du Sud irriguent plus du quart de leurs surfaces ensemencées : Pérou, Équateur, Chili, Italie, Grèce, Bulgarie et Roumanie. A l'intersection des besoins en irrigation et des ressources en eau renouvelable, il est normal de trouver les pays qui utilisent la plus grande fraction de leur eau renouvelable. Ceux qui dépassent déjà 50 % sont effectivement tous situés au Proche-Orient : de la Tunisie à l'Afghanistan, en passant par la péninsule arabique. Ceux qui consomment entre 20 et 50 % de leur eau renouvelable sont au voisinage, Maroc, Irak, Iran, Pakistan, mais aussi l'Europe de l'Ouest. En dehors, on ne compte parmi les consommateurs importants d'eau que le Japon, Madagascar, Cuba et la Corée du Nord. En Chine, aux Indes, aux États-Unis, moins d'un cinquième de l'eau renouvelable est utilisé, et moins d'un vingtième dans la plus grande partie de l'Afrique noire, de l'Asie du Sud-Est et de l'Amérique latine. Voilà qui ramène à leur juste mesure, celle d'excès locaux, les problèmes décrits si souvent au Mexique, aux États-Unis ou aux Indes. Autrement dit, 125 millions de personnes, soit 2 % de la population mondiale (parmi lesquels les Belges, les Israéliens et les Tunisiens), utilisent plus de la moitié de leur eau renouvelable, et 726 millions, soit 13 % de l'humanité, en prélèvent entre 20 et 50 % (parmi eux 430 millions, soit les deux tiers, vivent dans les pays développés). Le problème concerne beaucoup plus les pays développés que les autres, puisque sur les 850 millions de personnes utilisant plus du cinquième de leur eau renouvelable, 450 sont dans les pays occidentaux et au Japon, soit 37,5 % de la population développée, tandis que les 400 autres ne représentent que 10 % de la population en développement. La différence mérite d'être soulignée car on ne parle pas de la même chose dans les deux cas : 88 % de l'eau utilisée en Afrique et 86 % en Asie va à l'agriculture [8], contre 33 % en Europe et 42 % aux États-Unis. Pour le tiers-monde, limitation de l'eau renouvelable signifie limitation de l'irrigation et des cultures. Pour les pays industriels, cela entraîne au contraire une hausse des coûts de recyclage, mais aucune limitation véritable, car l'eau utilisée dans le secteur secondaire, contrairement à celle utilisée par l'agriculture ne s'évapore pas. Elle demeure renouvelable aussi longtemps qu'elle n'est pas trop polluée et qu'on cherche à la récupérer.

M. Falkenmark [9] a proposé une valeur plancher de 500 m^3 d'eau renouvelable par an et par personne. Il est difficile d'inscrire ce chiffre dans des réalités aussi variables, par exemple, qu'Israël, la Chine ou la Suède : le Chinois moyen utilise 462 m^3 par an, dont 402 pour l'irrigation, 28 pour sa consommation et 30 pour l'industrie. Le Suédois, sur 479 m³, soit à peu près le même volume, n'en laisse que 43 à l'agriculture, mais en dirige 263 vers l'industrie et 173 pour sa consommation personnelle. L'Israélien, qui a presque atteint le plafond (88 %) de la consommation d'eau possible avec 447 m³, en utilise 355 pour l'agriculture et 72 pour sa consommation. Comment en déduire une norme ? On peut tout juste estimer que dans les conditions actuelles, nourrir un Chinois uniquement avec des cultures irriguées demande 950 m³ par an, et que les consommations domestiques les plus élevées sont de 260 m³ par habitant aux États-Unis, 173 en Suède et 115 en Suisse. Mais l'exemple d'Israël est le plus intéressant : bien qu'en dessous du standard de Falkenmark, le pays produit des vivres en excédent (mais non des céréales) grâce à des technologies de pointe comme la micro-irrigation où les plants sont littéralement nourris à la petite cuillère, diminuant de 30 à 50 % la dépense d'eau et arrêtant la remontée des sels.

Sans tomber dans le vertige technique, on peut dire que des solutions non pas de laboratoire mais appliquées par des millions de personnes sont déjà disponibles, et qu'à moyen terme, il faudra bien tenir compte de la dessalinisation. Les quelques pays où l'eau renouvelable fait déjà défaut, comme la Libye, Singapour, l'Arabie Saoudite, les Émirats et Malte y recourent déjà : en 1985, la Libye ne disposait que de 0,7 km³ d'eau renouvelable, mais en avait dessalinisé 2,83 km³, soit quatre fois plus, portant sa consommation à 620 m³ par habitant.

Très vite les problèmes techniques de l'eau risquent en fait d'être supplantés par les problèmes politiques : si l'Éthiopie et le Soudan veulent utiliser pour leur compte l'eau du Nil, l'Égypte sera menacée dans le plus vital de ses intérêts. Si la paix ne réussit pas au Proche-Orient, la guerre aura l'eau pour enjeu. Déjà, la Jordanie, privée d'accès à la mer et sans revenus pétroliers, est l'État du monde le plus démuni en eau, et Israël, comme on l'a vu, atteint la limite du possible. Plus loin, les grands fleuves indiens peuvent entraîner des conflits avec le Pakistan, le Bangladesh et le Népal. Le Mékong devient une pomme de discorde entre ses nombreux riverains, dont les Thaïlandais, gros consommateurs d'eau. Il est faux de penser que la croissance ou le niveau de la population mondiale va buter contre la limite physique de l'eau douce. En moyenne, chaque humain pourrait disposer de 7 700 m^3 par an sans puiser dans des réserves. Mais il est exact de penser que la répartition de l'eau renouvelable et celle de la population ne coïncident pas. Le Proche-Orient et les pays autour de la Méditerranée en sont l'exemple.

Fourmilières asiatiques : le progrès imprévu

Reste le plus gros morceau, celui qui alimente tous les fantasmes de surpopulation : l'Asie, où se trouvent les deux tiers de la population mondiale et où la moitié des vivres est produite (la différence entre les deux fractions vient de la nourriture pour le bétail, peu fréquente en Asie). La production alimentaire s'est accrue de 45 % entre 1980 et 1990, et la ration calorique par tête a augmenté de 9 %, déjouant nombre de projections pessimistes du début des années 1980. Le modèle MOIRA de Linneman, par exemple, prévoyait entre 1980 et 1990 un accroissement de production compris entre 5 et 14 % et une variation de la production alimentaire entre −8 et 4 % [10]. En conséquence, plusieurs pays qui paraissaient condamnés à la pénurie sont devenus exportateurs nets de vivres : l'Inde, le Pakistan ou le Vietnam.

Cette évolution n'a pas pour autant résolu le problème de la pauvreté, pour deux raisons. D'abord, les écarts entre la consommation alimentaire des diverses classes de la population du sous-continent indien sont tels qu'une hausse uniforme de 200 calories par jour laisse encore une grande partie de la population en dessous des 2 800 calories considérées comme normales : 45 % de la population rurale indienne disposait de moins de 2 000 calories par jour en 1990, 35 % de plus de 2 500 (et 17 % de plus de 3 200). Au Bangladesh, l'enquête de l'UNRISD a trouvé qu'un cinquième des familles « mourait littéralement à petit feu en consommant moins de nourriture qu'il n'en fallait pour assurer à terme la survie de l'organisme (moins de 900 calories par jour) [11] ». La seconde raison tient à la révolution verte qui a accentué les différences entre provinces riches et pauvres, et à l'intérieur des villages entre agriculteurs riches et pauvres.

L'intensification des cultures a en effet été générale sur des surfaces qui n'ont pratiquement pas augmenté depuis dix ans [12] :

	Rendements en tonnes par hectare			
	Céréales		Dont : riz	
	1980	1990	1980	1990
Chine	3,0	4,3	4,2	5,6
Inde	1,3	1,9	1,9	2,6
Bangladesh	1,9	2,5	1,9	2,6
Indonésie	208	308	3,3	4,3
Thaïlande	1,9	2,1	1,9	2,0
Corée	4,8	5,8	5,5	6,2

Une partie de l'augmentation vient du passage à plusieurs récoltes par an, mais le tableau montre aussi que la réserve de productivité demeure très importante aux Indes, au Bangladesh et en Thaïlande. Il est intéressant de noter que la fécondité a atteint des valeurs d'autant plus faibles que l'on se rapprochait de rendements élevés : 2,25 enfants par femme en Chine et en Corée, 3,10 en Indonésie contre 4,80 au Bangladesh et 4,10 aux Indes. Dans tous les cas, la baisse de fécondité est maintenant rapide et le nombre d'enfants par femme est bien inférieur de ce que l'on mesure au Proche-Orient et en Afrique noire (8,1 enfants par femme au Kenya, par exemple).

Comment une telle hausse de productivité a-t-elle été possible ? L'explication technique par la révolution verte est insuffisante, puisqu'elle n'a donné aucun résultat en Afrique. En Asie, la structure du monde rural a rendu possibles des transformations importantes. Il est difficile de parler en toute généralité de plus de deux milliards de paysans très différents, mais l'Asie présente certains traits remarquables et récurrents. La terre est en général possédée par des seigneurs, qui vivent sur place, la louent, l'afferment ou la mettent en métayage à de plus petits paysans qui emploient eux-mêmes une main-d'œuvre sans terre (souvent plus de 50 % des familles rurales en Inde et au Bangladesh) [13]. Le système de castes, les affiliations tribales et le clientélisme politique accroissent encore la densité des liens locaux. Dans ce contexte très inégalitaire, certains agriculteurs aisés ont pu canaliser les aides gouvernementales et investir dans la révolution verte tout en entraînant le reste de la société villageoise. Les profits qu'ils en ont tirés ont amené à une concentration des terres, au Pendjab comme au Bengale. Les achats gouvernementaux pour le programme de distribution alimentaire dans les villes ont souvent servi de stimulant, encourageant la recherche de meilleurs rendements. En même temps que la disponibilité du progrès technique et qu'une stratification sociale, les pays d'Asie du Sud-Est ont su changer les règles communautaires de l'agriculture assez souplement. Ces « changements institutionnels endogènes » comme les désignent les économistes ont sans doute joué un rôle bien plus significatif que les facteurs économiques, démographiques et techniques pris en compte dans les modèles de projection », estime T.N. Srinivasan [14]. W. Ruttan et Y. Hayami [15] ont donné un bon exemple de tels changements dans un village philippin où le rendement du riz à l'hectare est passé de 2,5 à 6,7 tonnes entre 1956 et 1976 par doublement de la récolte avec la construction d'un système d'irrigation, puis par diffusion de variétés à haut rendement. La moitié des villageois n'avaient pas de terres à cultiver, l'autre louait sous contrat de métayage des exploitations de 2,4 hectares en moyenne. Avec les progrès des rendements, il devint avantageux de sous-louer avec l'accord du propriétaire en partageant à égalité coûts et produits, ce qui était un premier changement institutionnel. La sous-location était interdite par la loi, mais chacun y trouvait son compte, car elle permettait un partage du travail dans la communauté. Quant aux travailleurs sans terre, jusque-là ils étaient enrôlés sous le système dit *hunusan* selon lequel, en participant aux récoltes et aux battages, ils recevaient un sixième du paddy. Ce système fut remplacé par un nouveau, dit *gamma*, dans lequel seuls pouvaient participer à la récolte ceux qui avaient désherbé la rizière durant l'année. Une telle transformation institutionnalisait les changements en conservant l'unité de la communauté villageoise : la valeur de la récolte avait nettement augmenté à cause de l'investissement, son coût aussi, tandis que le coût du travail baissait à cause de la concurrence. Donner un sixième de la récolte ne correspondait plus à la réalité du travail seul de récolte, mais en priver les membres de la communauté sans terres aurait rompu l'unité sociale. La solution par le système *gamma* permettait de garantir un travail à tous tout en demandant plus de travail aux récolteurs, ce qui remettait leur salaire horaire réel à niveau.

Pourquoi de tels changements institutionnels ont-ils pu se produire un peu partout en Asie et non dans le reste du tiers-monde ? Il est facile de refaire l'histoire, mais on peut souligner plusieurs particularités de l'Asie : les fortes densités entraînent une exploitation plus méthodique et plus précautionneuse de la terre. Le paysan asiatique travaille sur quelques hectares, et parfois sur beaucoup moins. Il entretient le système d'irrigation et connaît chaque mètre carré de sa terre, ou plutôt de ses différents lopins, grands comme des mouchoirs de poche. En second lieu, il est soumis à un pouvoir bureaucratique et étatique serré qui peut mobiliser des moyens importants pour le faire travailler ou l'aider à investir. En troisième lieu, le réseau dense des allégeances locales facilite les changements institutionnels. En filigrane, on retrouve la célèbre théorie de Wittfogel sur le despotisme oriental. *A contrario*, en Afrique et en Amérique latine, de telles conditions n'existent pas, à commencer par la forte densité. Les États y sont faibles, les communautés ou trop soudées comme en Afrique, ou trop divisées comme en Amérique. Est-ce la raison de leur moindre succès dans la production des subsistances ?

Au terme de ce rapide survol des conditions continentales de l'agriculture, on est tenté de donner tort à Malthus. Dans les pays où les paysans ont peu de relations avec l'extérieur, ou bien à cause de l'isolement géographique comme dans l'Afrique continentale, ou bien à cause de leur masse énorme comme en Asie, l'accroissement de population entraîne un accroissement des subsistances. L'Afrique en est aux premiers stades, en réduisant ses jachères courtes en cultures annuelles. L'Inde et ses voisins en sont à un stade plus intensif, étendant leur réseau d'irrigation pour obtenir plusieurs récoltes annuelles. La Chine est parvenue au dernier stade en intensifiant les rendements de chaque récolte grâce aux engrais, aux pesticides, et aux plants sélectionnés. L'élasticité de la production actuelle par rapport à la population est remarquable. Elle semble même augmenter au fur et à mesure de l'intensification des cultures. Dans les pays sous influence néo-coloniale, la côte de Guinée et l'Amérique latine, le commerce international, donc les échanges de vivres contre des produits commerciaux de l'agriculture, de l'industrie ou des mines, ôte toute pertinence à la comparaison entre production et consommation de vivres. La situation ressemble plutôt à celle de l'Angleterre après l'abolition des *Corn laws* : obtenir, en échange de produits industriels, des produits agricoles qu'il aurait été plus coûteux de faire pousser dans les îles Britanniques.

Le solde des échanges de céréales montre clairement cette dichotomie. Toute l'Afrique du Nord, le Proche-Orient, la côte atlantique de l'Afrique et une grande partie de l'Amérique latine sont déficitaires, souvent pour des quantités appréciables : en 1987-1989, l'Algérie a importé 80 % de ses céréales, l'Égypte, 44 %, la Tunisie 66 %, Cuba, 80 %, Haïti 35 %, le Venezuela 50 %, l'Arabie Saoudite 56 %, la Mauritanie 57 %, la Jordanie 87 %, l'Iran 30 %, l'Angola 48 %, le Sénégal 33 %, le Pérou 55 %, le Mexique 20 %, etc. Pour tous ces pays, la pression démographique sur les subsistances locales n'a plus grande signification. En face d'eux, se trouvent quelques très grands exportateurs : les États-Unis (95,7), la France (27,4), le Canada (22,5), l'Australie (15,4) exportent 161 millions de tonnes sur 189 échangées, c'est-à-dire 10 % de la production mondiale totale. Dans cette mondialisation, l'Afrique continentale et l'Asie du Sud-Est apparaissent comme des archaïsmes où le conflit des subsistances et de la population se perpétue encore. La Chine et l'URSS ont bien compris que les temps changent et n'hésitent pas selon les années à acheter ce qui leur manque. Les États-Unis aussi, qui tiennent en main l'arme alimentaire et ne souhaitent pas que l'Europe, notamment la France, les concurrence.

Quels que soient les jeux politiques de chacun, la mondialisation de l'alimentation paraît irréversible. Elle oblige à penser en termes d'économie globale, où l'alimentation est traitée comme de l'électronique ou la chimie, et non en termes de population limite. Comment ce concept a-t-il alors pu acquérir une telle notoriété et une telle importance ? Sans doute parce que l'idée d'une population limite renvoie l'homme à sa nature biologique, à son statut d'espèce vivante parmi d'autres espèces. A part l'homme, toutes les espèces vivantes paraissent se plier à la loi d'airain des subsistances car elles sont incapables de progrès technique dans la collecte de leur alimentation. Elles ne peuvent pas ruser avec la nature en contournant ses contraintes au moyen des engrais, de la mécanisation ou des biotechnologies. Seul l'homme dépasse ainsi sa condition biologique, mais c'est au détriment des autres espèces. Tout progrès de sa part se paie par une régression symétrique d'un groupe d'animaux ou de végétaux. Respecter la population limite, c'est rentrer dans le giron de la nature et se comporter modestement comme une espèce parmi d'autres. La différence entre la démarche de Malthus ou du club de Rome et celle des nouveaux malthusiens prend plus de relief : ce n'est pas seulement un modèle déterministe face à un modèle vitaliste, mais l'opposition entre deux conceptions de la nature, entre environnementalistes soucieux de gérer au mieux la nature et écologistes « profonds » (la *deep ecology* américaine) revendiquant l'égalité de traitement entre toutes les espèces, hommes compris [16].

Mais de quelle nature est-il question ? C'est ici que le plus grand paradoxe apparaît : la nature que l'écologie profonde appelle de ses vœux et qu'elle tente de protéger n'existe pas. C'est une image, une reconstitution idéale, peut-être une nostalgie de la communauté primitive limitée à quelques individus, une représentation, une projection. Plus exactement, même pour une humble espèce de mouche, la notion de population limite n'a pas de sens. Jusqu'ici, la critique portait sur l'extension d'une notion, valable dans un milieu limité, à un milieu global comme la biosphère. Critique justifiée, mais insuffisante car le terme de référence est lui-même faux : même dans un étang ou dans un bois, la population limite d'une espèce n'a pas de signification, pour les mêmes raisons que chez les hommes, à savoir que ces milieux ne sont jamais isolés du reste du monde. Encore plus curieux, les expériences sur lesquelles Odum a fondé sa définition de la population limite ont été menées en référence aux populations humaines et c'est en les rejetant que la biologie moderne des populations animales s'est constituée il y a une trentaine d'années. La nature qu'imaginent les nouveaux malthusiens n'est pas plus réelle ni consistante que les historiettes avec lesquelles ils expriment leurs thèmes ne sont socialement pertinentes. Le voyage que nous allons maintenant effectuer au pays des drosophiles, des lucilies, des rats et des babouins devrait nous en convaincre.

Quatrième partie

POPULATIONS ANIMALES

Chapitre 8

Des mouches et des hommes

Si la pénurie alimentaire, la mortalité ozonique, le réchauffement carbonique ou la surconsommation énergétique n'étouffent pas encore la planète, si aucune de ces menaces n'est empiriquement fondée, quels autres arguments pourraient prouver l'imminence d'une catastrophe globale ? Ce sont les analogies biologiques : en assimilant l'homme aux autres espèces vivantes on transforme le problème des limites de la population mondiale en un autre problème, celui de la limite d'une population quelconque d'animaux. En fait d'analogies, il s'agit plutôt d'illustrations de la proposition logiquement imparable selon laquelle aucune croissance ne peut se poursuivre indéfiniment dans un milieu clos. Malthus, dès le premier chapitre de son *Essai* était parti de cette évidence : « La nécessité, cette loi impérieuse de la nature qui régit tout, retient les germes de la vie dans les limites prescrites. La race des plantes et la race des animaux se plient à cette grande loi de restriction. Et la race des hommes ne peut y échapper par aucun effort de sa raison [1]. » De quelle manière se réalise l'équilibre, et quelles forces y conduisent ? Ici aussi, la biologie propose un vaste registre analogique : « L'homme doit se trouver dans les plus brefs délais un moyen de contrôler sa prolificité exagérée, véritable génocide à l'échelle de la planète. Les procédés de régulation sont identiques à ceux qui interviennent au sein des sociétés animales », écrit par exemple J. Dorst [2] dans un double mouvement de rapprochement, attribuant aux bêtes la connotation humaine de la « société », et intimant aux humains l'ordre de rejoindre la nature.

Nous aurions donc fait fausse route en examinant les sociétés passées et présentes. L'homme devrait être réinséré dans la nature, et se soumettre aux mêmes contraintes que les autres espèces. Sa condition biologique compterait plus que ses gesticulations temporaires, qualifiées de progrès technique. Avec un peu plus d'astuce que les autres animaux, l'homme pourrait encore conserver quelque illusion sur sa capacité à dominer la nature aujourd'hui et peut-être demain, mais au-delà, il serait rattrapé par la nécessité commune à tous les êtres vivants.

Si l'on veut envisager sérieusement l'avenir à long terme de l'humanité, il faudrait donc comprendre comment évoluent les populations animales. A première vue, leur dynamique paraît se résumer à une stabilité, entrecoupée de retours à l'équilibre après des accidents. C'est effectivement sur cette base que l'écologie scientifique définit la limite d'une population, comme c'est le cas chez Odum [3]. Cela suppose à la fois que l'on ait prouvé l'existence de tels équilibres dans les populations animales, et identifié les forces qui restaurent l'équilibre quand il a été rompu. Deux expériences de laboratoire ont joué un rôle crucial dans cette élaboration théorique : l'une, menée après la Première Guerre mondiale par R. Pearl sur les mouches drosophiles, a donné naissance à l'idée de « croissance en S », sur laquelle les définitions de la population limite reposent toujours ; l'autre, effectuée dans les années 50 par Nicholson sur les mouches lucilies, a servi à dégager la notion de facteurs « dépendant de la densité », c'est-à-dire tendant à accroître la population quand elle est en deçà de sa valeur limite, et à la diminuer quand au contraire elle la dépasse, et fournirait donc une preuve de l'existence de mécanismes stabilisateurs. La force de persuasion de ces deux expériences est telle qu'il faut les démonter précautionneusement pour juger leur validité et la légitimité de leur extrapolation à l'espèce humaine. En procédant ainsi, on découvre qu'elles ont été réalisées dans des conditions qui fabriquent les résultats attendus, et qu'en aucun cas elles ne peuvent représenter le fonctionnement de la nature et l'équilibre d'une espèce sur la terre.

Dans le bocal

R. Pearl, le plus grand démographe américain de l'entre-deux-guerres, fondateur et premier président de l'Union internationale des démographes, a mis au point des expériences si remarquables qu'elles ont façonné notre imaginaire des populations : nous sommes, entend-on souvent, comme des mouches enfermées dans un bocal qui s'appellerait la Terre. Dès les premières pages de *The Biology of population growth* [4], ouvrage qu'il consacre entièrement à cet effort, Pearl précise son intention et les motifs qui le guident : « La triste menace de hordes humaines s'accumulant sans répit, de diverses couleurs de peau, mais animées du même désir diabolique de dominer ce monde agréable a été décrite par les auteurs les plus sérieux. Il y a quelques années, il m'a paru souhaitable d'examiner cette affaire, sans passion, sous l'angle biologique, avant de sombrer misérablement dans les abîmes de désespoir de leurs pronostics. Toute croissance – et celle des populations n'y fait pas exception – est entièrement une affaire biologique. Cela n'entraînera certainement aucun dommage de rechercher les lois biologiques qui commandent ces populations. » Pearl va effectivement, sinon découvrir, du moins donner tout son lustre à la loi « logistique », souvent appelée « courbe en S » car, après une croissance rapide à un rythme exponentiel, elle ralentit à un rythme linéaire, puis se stabilise en se rapprochant lentement d'un plafond ultime, ce qui ressemble vaguement à un « S » très étiré. On sait qu'une telle loi est aussi employée pour décrire la propagation d'une mode, d'une innovation ou d'une épidémie, mais c'est sans doute son application aux populations qui l'a rendue le plus populaire et c'est à elle que le nom de Pearl reste attaché.

La méthode de Pearl emporte la conviction et l'admiration dans un premier temps. Il rassemble des observations variées et détaillées qu'il fond dans un même moule, il organise des expériences soignées pour valider son modèle. Avec lui sociologue et démographe pénètrent enfin dans le laboratoire qui semblait l'apanage des sciences de la nature, et en retirent les mêmes lettres de noblesse. Pearl commence son étude de la croissance biologique par un organisme complexe, un rat blanc. Il mesure son poids pendant les quatre cents jours qu'il met à atteindre le stade adulte. La courbe obtenue est remarquablement bien ajustée par une loi logistique. Durant les quatre premiers mois, la bête grossit exponentiellement, puis ralentit et se stabilise pratiquement arrivée à l'âge de un an. Du rat, Pearl passe à la croissance d'une citrouille, pour laquelle il obtient une courbe semblable, bien qu'il ne s'agisse plus d'un organisme entier, mais d'une partie d'organisme. Enhardi par ces premiers succès, il étudie alors à quelle vitesse se reconstitue la queue d'un têtard après qu'on l'a tranchée. Même courbe. Un organisme n'est après tout qu'un tas de cellules. Puisque, entier ou en partie, sa loi de croissance demeure identique, on peut penser que les cellules s'accroîtront de manière logistique elles aussi, même quand elles sont toutes séparées. Autrement dit, la loi de croissance d'un organisme n'est autre que la loi de croissance d'un groupe de cellules sans lien direct entre elles. Ce n'est pas en raison de leur association et de l'architecture qui les organise qu'elles suivent une loi, mais à cause de leur croissance dans un espace limité.

Pearl prouve avec brio cette supposition en passant à des cultures de levures, donc d'êtres unicellulaires séparés les uns des autres. Dans un récipient, leur nombre évolue selon une courbe en « S » avec une régularité proche de la perfection. Pour progresser encore, il faudrait déterminer la loi de croissance non pas d'un groupe de cellules isolées, mais d'un groupe d'organismes pluricellulaires. La possibilité d'une extrapolation aux sociétés humaines, composées par définition d'organismes complexes, les hommes, est à ce prix. Pearl choisit alors d'élever des colonies de la petite mouche du vinaigre, la chatoyante drosophile *melanogaster* qui bourdonne en essaims l'été autour des fruits mûrs. Cet animal est déjà bien connu des généticiens qui, depuis le début du siècle, en ont fait l'instrument favori de leurs expériences. Pearl peut donc les suivre avec confiance. Il ne sera pas déçu, car le résultat est encore plus saisissant que ceux de ses devanciers : lorsqu'on les met dans un bocal et qu'on les laisse se reproduire, le nombre des drosophiles croît régulièrement jusqu'à atteindre un plafond en se conformant exactement à la loi logistique.

La queue du têtard, la citrouille, le rat blanc même n'étaient que des populations de cellules simples et dépendantes. Avec la drosophile, Pearl passe au stade supérieur. Il a entre les mains une population d'organismes hautement différenciés. Il est alors tentant de franchir la distance séparant la mouche des hommes. Bien d'autres l'ont fait avant lui, sans grandes précautions, mais Pearl veut s'entourer de toutes les garanties de la science. Avec une précision maniaque, il explore les conditions de la loi logistique chez les mouches. Il décrit en détail son mécanisme expérimental : des flacons d'un demi-litre qu'il remplit aux trois quarts d'une bouillie de bananes râpées. Au-dessus, il pulvérise de la levure sèche, puis introduit quelques drosophiles. Dans cet environnement, leur vie est assez régulière : elles s'accouplent, pondent des œufs (cinquante par jour pendant au moins dix jours de vie adulte). Les œufs éclosent, donnant naissance à des larves qui se nourrissent de la levure qu'elles trouvent en fouissant la bouillie de banane.

Trois ou quatre jours plus tard, elles forment un cocon d'où émerge après quelques jours l'insecte final ou imago, prêt à relancer le cycle par un accouplement.

Pearl considère que sa bouteille constitue « un microcosme pour diptère, un univers restreint dans l'espace, mais bien équipé : la gelée de banane représente le sol cultivable, dont provient la nourriture (la levure). Les larves constituent les cultivateurs de ce sol particulier : elles labourent la gelée toujours plus profondément, l'ensemençant de levure ». Pour mieux marquer la métaphore, il dit introduire au départ dans le bocal « Adam, Ève et quelques-uns de leurs jeunes enfants [5] ».

A intervalles réguliers, l'expérimentateur rajoute de la nourriture et compte les mouches. Ce n'est pas facile avec ces petites bestioles agitées et, nous le verrons bientôt, particulièrement émotives. Aussi lui faut-il inventer un « mouchomètre » qui permet de prélever des mouches dans le bocal, de les compter, et de les remettre dans leur univers. En bon expérimentateur, Pearl répète ses expériences. Il en fait aussi varier les conditions, notamment la dimension de la bouteille, ou bien le patrimoine génétique des drosophiles fondatrices (par exemple, en introduisant des variétés aux ailes atrophiées). Dans tous les cas, il obtient une loi logistique, mais tombe sur d'autres régularités, sortes de copies de la loi de Mariotte-Boyle en physique ; par exemple : « La densité de la population limite varie comme le carré du volume du flacon [6] ». Plus ambiguë est l'interprétation possible des différences entre le plafond atteint par les mouches normales et mutantes, car on constate que « les différences de race sont en relation nette avec le taux de croissance des populations et leur effectif maximum ou limite [7] ».

Les hommes

Parvenu à ce degré de précision et de contrôle des opérations, Pearl bascule de la mouche à l'homme. Il le fait avec une surprenante soudaineté : d'une page à la suivante, la courbe d'évolution de la population suédoise succède à celle des drosophiles. L'ajustement par une courbe en « S » y donne un aussi bon résultat que pour les populations de cellules ou de mouches. On ne peut donc éviter la conclusion : « La population de la Suède s'est développée, du moins quantitativement, essentiellement comme la population des levures ou des drosophiles [8]. » La Suède n'est pas seule. En rafales, succèdent courbes et ajustements pour les États-Unis, l'Angleterre et la France et, suprême habileté, pour les trois pays à la fois. En effet, en modifiant l'échelle temporelle de chacun, ils se disposent sur une courbe unique, les États-Unis au début, car c'est une nation jeune, encore dans sa phase de croissance exponentielle, ensuite l'Angleterre, à la croissance plus lente, et enfin la France, vieux pays proche d'atteindre son plafond.

Ainsi, « la complexité du comportement humain, de l'organisation sociale, de la structure économique et de l'activité politique, semblent influer beaucoup moins qu'on s'y attendrait sur le fonctionnement de ces forces biologiques qui déterminent fondamentalement la croissance des populations humaines comme celles des levures ou des mouches. L'univers d'un demi-litre, ce doux incubateur des drosophiles est un monde plus simple que celui où nous vivons, mais dans l'un et l'autre, les grandes réalités de la vie et de la mort sont les mêmes [9] ».

Cependant, pour serrer au mieux la réalité des populations, il faut contrôler leur diversité raciale et sociale, en raisonnant sur une population homogène. Pearl choisit à cet effet la population indigène d'Algérie. Après une étude remarquable des sources statistiques coloniales, il ajuste une courbe d'évolution tout aussi logistique que les précédentes et la prolonge jusqu'à sa limite. La population algérienne y passe d'un minimum de trois millions de personnes en 1891 à un maximum de cinq millions dans le lointain futur. Après tant de succès statistiques, il ne reste plus qu'à mélanger toutes les populations du monde pour voir où se dirige la population de cette grande bouteille qu'est notre planète. La logistique ajustée par Pearl plafonne à 2 milliards 600 millions d'individus aux alentours de l'an 2100.

Comme le moindre regard sur les chiffres actuels de la population mondiale (5,2 milliards en 1990) ou de l'Algérie (25,5 millions) le montre, Pearl a échoué lamentablement dans sa prévision. Comment est-ce possible avec une loi qui paraît si fermement établie dans le passé de l'humanité et dans la biologie des espèces ? Cette énigme nous oblige à regarder de plus près toute l'affaire. Commençons par la courbe logistique de la population suédoise : contrairement à l'affirmation de Pearl, elle n'est pas exactement pareille à celle des petites mouches ou des levures, car au lieu de commencer à l'Adam et Ève suédois, c'est-à-dire à deux habitants, elle part de 1,5 million d'habitants, nombre qualifié de « limite basse du cycle précédent ». Au plafond s'ajoute un plancher. Quel est le cycle précédent ? Au fil des pages, on apprend que « l'homme est passé par une série d'époques culturelles.... Durant chacune de ces larges époques culturelles de l'histoire humaine, la population s'est accrue en une région donnée, selon une courbe en « S ». Puis quand, à cause de découvertes et de changements d'habitude qui en résultent, une nouvelle époque débutait, un nouveau cycle de population commençait à partir de l'effectif atteint au cours du cycle précédent [10] ».

Pour illustrer ce raisonnement, Pearl choisit le cas de l'Allemagne, dont il décompose l'histoire démographique en deux cycles disjoints, l'un s'achevant en 1855 avec une limite potentielle de 44 millions de personnes, et l'autre prenant le relais pour se diriger vers 116 millions (autour de l'an 2000). Un grain de sable vient ici gripper la belle mécanique bâtie sur la drosophile, et confirmée aussi bien par la citrouille et la queue de têtard que par la levure de bière : les cycles introduisent une vaste indétermination. Quand passe-t-on de l'un à l'autre ? A partir de l'industrialisation, répond Pearl pour l'Allemagne. Mais, alors, pourquoi pas aussi pour la France, l'Angleterre, la Suède et les États-Unis, pays qui ont aussi connu une révolution industrielle ? En outre, parler de la révolution industrielle comme si elle se déclenchait brusquement, au jour J, est exagéré. Les changements ne sont pas brutaux mais progressifs. Les cycles devraient donc se succéder selon une transition régulière, et non par une cassure comme dans le cas de l'Allemagne. Enfin, la multiplication des cycles introduit un arbitraire complet. N'importe quelle courbe d'évolution, aussi irrégulière soit-elle, peut être tronçonnée en cycles logistiques avec leurs plafonds et leurs planchers idoines.

En toute rigueur, on peut seulement affirmer qu'en 1925 certaines populations paraissent suivre une loi logistique, et d'autres non. La théorie de Pearl repose sur un artifice rhétorique, consistant à mettre les observations dans un ordre favorable à son propos. Il part en effet de celles qui vérifient le mieux la théorie (Suède), puis passe à celles qui ne sont pas éloignées d'une loi logistique (Angleterre, États-Unis et France). Déjà pour ces trois pays la loi n'est plus évidente. La courbe d'évolution américaine pourrait aussi bien être prolongée par une exponentielle, celle de la France et de l'Angleterre par de modestes droites. Ces pays ne contredisent pas l'évolution en « S », mais ils ne la prouvent pas. En dernier, on extirpe le cas de l'Allemagne. La série des données en faveur de la logistique paraissant indubitable, il faut y incorporer cette observation rétive. On introduit à cet effet la possibilité de plusieurs cycles. Une telle méthode se retrouve souvent dans l'histoire des sciences. Elle avait, par exemple, atteint un sommet avec l'astronomie ptolémaïque de la fin du Moyen Age [11], où toute observation contradictoire était expliquée par la création de nouveaux épicycles, hypocycles, et autres équants auxquels on pliait la course des objets célestes. Supposons que Pearl eût d'abord présenté le cas de l'Allemagne, puis celui de la France et des États-Unis. Le comportement de la Suède et de la loi logistique aurait alors paru bizarre et l'on se serait posé la question : que s'est-il passé en Suède pour qu'on observe une telle évolution ?

Jusqu'ici, nous avons critiqué l'argumentation de Pearl pour des motifs rhétoriques, mais nous ne l'avons pas logiquement ruinée. Admettons donc encore provisoirement la réalité de la biologie logistique : comment expliquer alors la stabilisation de la population ? La croissance initiale ne pose guère de problème. Il suffit que chaque génération produise plus de drosophiles que la précédente, ce qui n'est guère difficile étant donné la fécondité délirante de ces petites bêtes (une femelle peut pondre plus de mille œufs). Mais ensuite, comment enrayer cette prolificité ? Pearl s'est bien sûr posé la question. Il a multiplié les hypothèses et les vérifications entre 1924 et 1935 [12] jusqu'à chercher une réponse du côté de la biologie des colonies d'oiseaux, sans parvenir à une explication convaincante. La première idée qui vient à l'esprit est bien sûr le manque de nourriture : les larves trop nombreuses entrent en compétition pour la levure. Celles qui ne réussissent pas à accéder à cette nourriture n'ont pas assez de réserves pour atteindre le stade du cocon, et *a fortiori* de l'imago. L'observation des bocaux n'a pas confirmé ce raisonnement : la nourriture restait encore largement suffisante lorsque l'effectif limite était en vue et, malgré cette disponibilité, la fécondité des drosophiles décroissait rapidement à l'approche du plafond. Faute de mieux, Pearl a invoqué l'interaction entre les mouches, la comparant aux collisions de plus en plus fréquentes de billes ayant des trajectoires aléatoires.

Cantonné dans ce type de démonstration statistique, il a tenté de l'étendre aux hommes en analysant des chiffres de fécondité par ville des États-Unis, à revenu, âge, et composition raciale constants, et pour lesquels il a mis en évidence un rôle faiblement dépresseur de la densité. Mais il n'a pu fournir aucune explication plausible du mécanisme qui jouait le rôle d'une main invisible.

Pour débloquer la situation, il fallait qu'un biologiste de profession prenne le relais, ou plutôt un spécialiste de la lutte antiparasite à la recherche d'un mécanisme de contrôle des populations nuisibles. Ce fut A.J. Nicholson, chercheur à la division d'entomologie du « Commonwealth Scientific and Industrial Organisation » d'Australie, un pays qui souffrait justement de déséquilibres de certaines populations animales à cause de l'introduction d'espèces européennes dans un nouveau milieu qui n'y était pas adapté. Dans les années 50, Nicholson effectua une série d'expériences extraordinaires sur une autre mouche, la lucilie caprine [13]. Cette mouche à viande, plus grosse que la drosophile, se nourrit de cadavres de chèvres sur lesquels se déroule toute sa vie, de la ponte à la mort en passant par l'asticot et le cocon. Nicholson a élevé ces bêtes dans des bocaux analogues à ceux de Pearl. Au lieu de gelée de banane, il introduisait chaque jour à l'intérieur cinquante grammes de foie de bœuf, de l'eau et un peu de sucre. Durant les 450 jours qu'ont duré chacune de ses expériences, le nombre des lucilies n'a pas arrêté d'osciller entre des très fortes et des très faibles valeurs, sans jamais se stabiliser.

Si Pearl avait retenu la lucilie à la place de la drosophile, il aurait dû conclure que les populations étaient condamnées biologiquement à d'intenses fluctuations, et que l'évolution des populations suédoises, anglaises ou françaises était inexplicable. En revanche, cela lui aurait rappelé les hauts et bas de la population russe, ou de celle de la France sous l'Ancien Régime, bien qu'ils aient été plus modérés (mais un « plancher » aurait pu être introduit en douce pour en tenir compte).

Pourquoi existe-t-il de telles fluctuations de la population des lucilies ? A la différence de Pearl, Nicholson a été capable d'indiquer un mécanisme et de le vérifier par d'intéressantes expériences : quand les lucilies adultes deviennent nombreuses dans le bocal, elles continuent à pondre tout en prélevant de la nourriture que les larves ne peuvent leur disputer. Ces dernières, sous-alimentées, ratent leur chrysalide et meurent avant d'atteindre l'imago. La population adulte n'est alors plus renouvelée et commence à décliner. Quand il ne reste plus que quelques adultes, elles ne consomment plus les cinquante grammes de foie, et les quelques larves survivantes peuvent à nouveau se nourrir et se développer, jusqu'à fournir des adultes qui rapidement sont à nouveau en trop grand nombre. On pourrait penser qu'en donnant suffisamment de nourriture aux larves la concurrence des adultes serait écartée, mais ce n'est pas le cas. Dans les expériences conçues sur ce modèle, les adultes se disputent entre eux le foie, sont sous-alimentés et ne pondent plus faute de protéines, ce qui entretient les fluctuations d'effectif avec la même intensité que précédemment. Il faut à la fois nourrir les larves à satiété et donner une part de 0,5 gramme à chaque adulte pour supprimer les fluctuations. Dans ce dernier cas de figure, Nicholson obtint un effectif d'adultes à peu près stable, quatre fois supérieur à l'effectif moyen des autres expériences, pour la même nourriture en moyenne. La raison en était simple : la nourriture, jusque-là gaspillée pour des larves qui ne parviendraient pas à l'état adulte dans la première expérience, et pour les adultes qui ne se reproduiraient pas ou peu dans la seconde, était désormais employée avec un meilleur rendement [14].

Par ses expériences, Nicholson ne cherchait pas à contredire celles de Pearl, mais il les invalidait dans leur généralité et leur dispositif. Tout d'abord la loi logistique disparaissait derrière des oscillations. Mais, surtout, l'argument malthusien était écarté par les résultats très différents des trois expériences. Ce n'était pas le niveau des subsistances (le foie de bœuf distribué chaque jour) qui fixait le niveau de la population, mais le type de compétition entre les lucilies, c'est-à-dire une compétition intraspécifique. Nicholson ne prétendit nullement que la lucilie représentait le modèle général expliquant l'abondance ou la rareté des espèces, mais, *a contrario*, on devait aussi admettre que la drosophile ne pouvait pas avoir plus de prétention à la généralité que la lucilie.

Nicholson pouvait opposer ses lucilies aux drosophiles de Pearl, ils n'en croyaient pas moins tous deux à l'équilibre des populations. Leurs expériences auraient pu être décrites comme un retour à la normale : après une catastrophe inconnue, quelques individus de l'espèce étudiée survivaient. L'évolution dans le bocal simulait le retour à la situation normale, où ces espèces vivaient « en équilibre » avec leur milieu, un peu comme le retour des animaux et des plantes sur l'île de Krakatoa après l'explosion volcanique qui y avait détruit toute forme de vie. L'idée d'équilibre peut paraître saugrenue dans le cas des lucilies, quand une ample fluctuation d'effectifs se poursuit durant toute l'expérience. Mais, sur une longue période, les oscillations restent entre des limites définies et se succèdent quasi périodiquement, si bien que la population reste stable *en moyenne*. Il n'y a ni disparition, ni explosion, ni longues périodes où les maximums des oscillations sont faibles succédant à de longues périodes où ils sont élevés. La fluctuation n'est qu'une modalité de l'équilibre. Elle signale même par son apparition que l'on a retrouvé une situation normale autour de laquelle on oscille plus ou moins amplement. Au contraire, la croissance exponentielle qui la précède, comme elle précède la stabilisation des effectifs de drosophiles, est anormale, et d'ailleurs transitoire.

Pour la majorité des écologistes, le retour à l'équilibre est rendu possible par des forces de rappel, qui dépendent de la densité, ou qui sont « dirigées » par la densité, comme on le dit parfois. Forces simples dans leur action : lorsque la densité s'accroît au-delà du niveau d'équilibre, elles s'opposent de plus en plus fortement à la croissance, et lorsque la densité tombe en dessous du niveau d'équilibre, elles œuvrent au contraire à la restauration de la population. Dès 1933, Nicholson a exprimé cette idée sous forme d'une pétition de principe ou d'un postulat de départ : « La population doit être en équilibre avec son environnement... Pour qu'un équilibre existe, il doit exister un facteur de contrôle qui se fait sentir durement à l'individu moyen quand la densité des animaux est élevée, et plus légèrement autrement. Ce facteur est soit la compétition entre membres de la même espèce, soit la compétition des ennemis naturels qui vivent de l'espèce considérée [15]. »

La compétition intraspécifique

Pour mieux illustrer le fonctionnement de ces deux forces de rappel dépendant de la densité, Nicholson multiplia les variantes de son expérience, en contrôlant les divers constituants de la nourriture des lucilies (eau, sucre, foie de bœuf), et surtout en supprimant à intervalles réguliers une fraction importante de la population adulte. Il put mettre ainsi en évidence une force remarquable de récupération : par exemple, en tuant tous les deux jours la moitié des adultes, le nombre moyen de ces derniers restait malgré tout à peu près le même (1456) que dans l'expérience initiale (1481). Cela tenait à une plus faible ponte, donc moins de larves, donc moins de compétition entre elles, et finalement plus de cocons qui donnaient des imagos. La quasi-conservation du nombre des adultes se payait par une transformation de la pyramide des âges. La plupart des adultes étaient très jeunes, puisque la moitié disparaissait après deux jours, la moitié des survivants au quatrième jour et ainsi de suite tous les deux jours. En proportion, le nombre de cocons augmentait.

En poussant à l'extrême la suppression des adultes, ces tendances se maintenaient, empêchant la population de diminuer très vite. Ainsi, en tuant 90 % des adultes tous les deux jours, la population moyenne ne diminuait que de moitié se fixant à 878 mouches, et, en en tuant 99 %, il restait encore en moyenne 148 adultes, presque tous éclos dans les deux derniers jours, étant donné cette intense mortalité. La cause de cette résistance démographique était facile à trouver. Moins de mouches signifiait moins de ponte, donc moins de larves et moins de compétition entre elles. Le fait de décimer une classe d'âge avait ainsi pour effet d'augmenter l'effectif de la classe d'âge précédente, c'est-à-dire des cocons. Beaucoup d'autres populations montrent une résistance analogue à une forte mortalité, comme les charançons dans les expériences de Watt [16], ou les petites daphnées dans celles de Slobodkin et Richman [17]. L'ajustement de la concurrence à l'intérieur de l'espèce permet de compenser des destructions massives provoquées par des causes extérieures à l'espèce, donc incontrôlables par elle. Le cycle de vie des lucilies, des daphnées et des charançons amortit donc les fluctuations de l'environnement. La machinerie située en amont de l'imago de l'insecte ou du crustacé parfait le protège des catastrophes et régule ses effectifs. On rencontre ici un thème majeur de l'écologie : la nature favorise les espèces qui amortissent les chocs de l'environnement, car elles peuvent ainsi conserver leurs niches. Un argument qu'on retrouvera à propos de la territorialité des oiseaux et des petits mammifères.

On peut aussi soutenir qu'avec cette régulation les lucilies sont tout simplement adaptées à leur environnement. Lewontin a suggéré une définition génétique de l'adaptation qui rend bien compte de la manière dont les lucilies encaissent les variations externes [18]. Il a proposé de mesurer l'adaptation par le simple fait de survivre en quelque nombre que ce soit dans un milieu donné. On peut alors comparer plusieurs espèces ou plusieurs patrimoines génétiques différents en comptant dans combien de milieu chacun d'entre eux survit. Dans ce cas, les populations de lucilies sont mieux adaptées que d'hypothétiques animaux simples sans stade larvaire dont la reproduction ne serait pas sensible à la densité : si on met dans un bocal 1 500 lucilies et 1 500 de ces animaux, et que l'on soumet les deux espèces à des crises identiques en tuant 99 % des adultes tous les deux jours, il ne restera bientôt plus un seul animal simple, tandis qu'en moyenne, d'après le résultat de Nicholson, 150 lucilies adultes assureront la survie de leur groupe.

Les lucilies ont donc un avantage sélectif parce qu'en variant leur structure par âge elles résistent aux coups terribles de l'environnement. La plasticité de leurs pyramides d'âges et de leurs fluctuations d'effectifs vient de la compétition à l'intérieur de l'espèce, entre adultes, entre larves et entre les deux, ainsi que du dosage de ces diverses compétitions dans chaque situation. Un dosage qui, selon la définition de Lewontin, permet à l'espèce de survivre dans un grand nombre de conditions de mortalité différentes. Voici donc le petit « démon » qui ramène les populations de lucilies à l'équilibre.

La compétition extraspécifique et la prédation

Même si « presque toujours, la compétition intraspécifique contrôle la densité », un second démon peut agir en renfort, utilisant les prédateurs qui déclenchent une « compétition des ennemis ». Nicholson l'a décrite avec une expérience de pensée, comme disent les physiciens, et non plus par des essais en laboratoire. Il s'étonnait que les papillons écaillés qui ravageaient les cultures de citronniers n'aient pas commis plus de dégâts lorsque les arbres étaient groupés que lorsqu'ils étaient dispersés sur de grandes surfaces.

Cela tenait à l'existence de parasites qui investissaient ce papillon et s'y multipliaient à toute vitesse. Dès que les parasites trouvaient une colonie de papillons, ils en faisaient chuter rapidement les effectifs. Bientôt, les parasites, devenus très nombreux, ne trouvaient plus d'hôte, et disparaissaient à leur tour. En bonne logique, dans un univers limité, les deux espèces étaient condamnées à disparaître à cause de la voracité du parasite. En réalité, quelques papillons réussissaient à échapper aux parasites et recommençaient à se multiplier. Quelques parasites avaient aussi survécu. En cherchant au hasard, ils trouvaient un papillon et ce d'autant plus facilement que le nombre de ces derniers avait recommencé à croître. Le cycle de destruction réciproque recommençait, pour à nouveau ne laisser échapper que quelques papillons, sources d'un nouvel essor, puis d'un nouveau contrôle. Dans ce jeu de cache-cache, les citronniers n'avaient plus aucune influence. Tout au plus, jouaient-ils le rôle d'un support passif, fournissant comme l'air, l'humidité ou la température, un cadre ambiant à la compétition des ennemis cherchant leur proie.

Avec le mathématicien Bayley [19], Nicholson construisit plus de soixante-dix modèles théoriques combinant le nombre des espèces hôtes et parasites, et leur spécificité, pour mieux montrer l'existence générale de ces équilibres naturels du simple fait de la compétition intra et extraspécifique. On peut cependant oublier ces modèles, objets d'innombrables discussions, et remarquer que l'aventure des papillons, comme d'ailleurs celle des lucilies, prouve au contraire qu'il n'y a ni équilibre ni stabilité des populations dans la nature.

Dans les deux exemples de compétition, le plafond des subsistances ne joue plus le rôle d'une limite : les feuilles de citronnier restent en abondance sur les arbres, car dès que le papillon écaillé commence à les infester, le parasite le retrouve et l'élimine. L'équilibre de la compétition ramène l'effectif à un niveau si bas par rapport à l'ensemble des feuilles des citronniers qu'on peut considérer que la ressource est aussi illimitée que l'oxygène de l'air pour les hommes. En d'autres termes, les ressources ne sont pas « gouvernées par la densité ».

Dans le cas des lucilies, la quantité de viande ou de sucre disponible par larve ou par adulte diminue cependant avec la densité, mais les effectifs moyens de la population adulte sont déterminés par l'adaptation du cycle de vie et de la pyramide des âges aux conditions imposées par l'expérimentateur. La rareté des subsistances intervient dans le mécanisme qui fixe la densité, mais elle n'influe pas sur l'effectif moyen qui dépend du dispositif expérimental retenu. Il faut donc savoir quelles conditions expérimentales se rapprochent en laboratoire des conditions « naturelles ». A partir du moment où l'on nourrit d'une certaine manière les larves et d'une autre les adultes, à partir du moment où l'on supprime 90 % ou 99 % des adultes tous les deux jours, on doit se demander si de telles conditions se rencontrent dans la nature. La réponse est évidemment négative. Le bocal est une réduction tellement extrême de la situation des mouches qu'il risque de devenir la cause et non l'instrument des résultats observés. La stabilité moyenne de l'effectif d'une espèce, l'existence d'équilibres, et même la limite des populations seraient alors des conséquences du bocal et non des facteurs expliquant le peuplement animal. Une objection de Pimentel [20] aux expériences de Nicholson oblige à prendre au sérieux cette possibilité : dans les bocaux, les lucilies adultes étaient huit fois plus petites que celles que l'on pouvait attraper dans la nature !

Pour évaluer l'intérêt des expériences de Pearl et de Nicholson, il faut donc comparer l'existence des mouches dans le bocal à celle qu'elles mènent à l'air libre. On va voir qu'il s'agit de deux univers radicalement différents. Ce n'est donc pas la légitimité de la transposition du comportement des populations animales aux populations humaines qui est en cause mais, plus profondément, le mécanisme même du peuplement animal sur lequel la comparaison était censée s'effectuer. Déjà futile pour l'humanité, l'idée d'une population limite le serait aussi pour les animaux vivant dans la nature, y compris pour de petites mouches.

Chapitre 9

La nature du bocal

Comme dans les bocaux de Nicholson les lucilies adultes étaient huit fois plus petites que celles qui s'affairaient dans la nature sur des carcasses de chèvres, il devenait difficile de considérer le bocal comme une reproduction fidèle de la nature. On pouvait se demander si la compétition et la rareté des vivres, qui jouaient un rôle majeur dans le bocal, conservaient un sens dans la réalité des steppes de l'Australie méridionale, donc si les notions de population limite, d'équilibre et de facteurs « dépendant de la densité » devaient être conservées. Pour sa défense, Nicholson allégua que son objectif était seulement d'isoler l'action de certains facteurs et non de copier la réalité. C'était déjà capituler : si l'on n'avait aucune idée des processus naturels de peuplement animal, comment pouvait-on en extraire des « facteurs », sauf à imposer une conception *a priori* de la régulation ?

On peut faire les mêmes remarques à propos des expériences de Pearl. Des observations méticuleuses des drosophiles effectuées par Sokholoff, Dobzhanski et Cooper [1] ont mis en évidence les mêmes écarts entre la nature et le bocal que pour les lucilies. Ces biologistes et généticiens avaient attrapé plus de 40 000 drosophiles sauvages. A quelques exceptions près, aucune n'était ni aussi petite, ni aussi chétive que celles qui pullulaient dans les bocaux de Pearl, lorsque la population limite était atteinte. Or si « l'univers de diptère » du bocal méritait son nom, il devait reconstituer dans leurs grandes lignes les conditions de vie des drosophiles en liberté. Comme ces petites mouches existent sur terre depuis plusieurs centaines de milliers d'années, et qu'elles sont capables de se multiplier par plus de cent en dix jours, elles ont largement eu le temps de remplir entièrement le monde. Si elles n'y sont pas parvenues, c'est que des facteurs absents dans le bocal les en ont empêchées, et contrôlent en fait l'effectif des populations réelles.

Mais alors, comment expliquer qu'en dehors de tout bocal les populations humaines aient un comportement logistique et qu'elles croissent comme si elles étaient enfermées ? Ont-elles des mœurs beaucoup plus simples que les petites mouches du vinaigre ? On n'imagine cependant pas les humains d'une nation en train de gratter de la gelée de banane moisie, et de se cogner en voletant dans un espace restreint. On peut aussi penser que les populations de drosophiles se stabilisent dans la nature d'une autre manière que dans le bocal, une manière moins sinistre, sans réduction de taille, sans malformations ni infirmités acquises lors de l'intense compétition de l'existence larvaire. On peut aussi penser que d'autres principes généraux expliquent aussi bien le comportement des lucilies que la loi logistique dans les populations humaines (les Français, qui s'approchaient, selon Pearl, de la population limite, n'étaient pas devenus de taille réduite, malgré l'hypothèse de Knibbs [2], et leurs infirmes ne devaient pas leur malheur à une compétition larvaire, mais à la Grande Guerre). En fait, pour comprendre la population des drosophiles, il suffisait de l'observer dans la nature, et dans la diversité des comportements de chaque drosophile.

La vraie vie des drosophiles

Au lieu d'être de simples numéros, au cycle de vie standard, les drosophiles doivent être envisagées comme des organismes capables de réactions complexes dans un environnement variable. C'est bien le cas quand on se penche sur leurs mœurs. Les espèces *pseudoobscura*, *miranda* et *persimilis* ont fait l'objet d'études fines qui permettent de suivre leurs habitudes : elles vivent dans les fentes de l'écorce des chênes noirs de Californie (*Quercus Kellogii*). Dans ces blessures de l'arbre, des exsudations mêlées de sève offrent un milieu très riche où prospèrent une faune et une flore complexes de micro-organismes dont se nourrissent des insectes et d'autres animaux. La drosophile passe son existence larvaire dans ce méat, puis, quand elle s'est transformée en imago, elle s'envole et, guidée par son odorat, gagne une fente sur un autre arbre, en général assez éloigné. C'est alors qu'elle cherche un partenaire. L'appariement est loin d'être une mince affaire. D'abord, comme une belle expérience de J. Maynard-Smith [3] l'a montré, la femelle évite les mâles qui ont un patrimoine génétique voisin du sien, pour une raison qui apparaîtra bientôt. Pour exercer son choix, comme pour permettre celui du mâle, elle utilise un rituel de cour assez compliqué, dans lequel on distingue plusieurs étapes :

– l'un et l'autre sexe émettent d'abord un chant dont on possède des enregistrements [4] : la fréquence du son varie selon l'individu et surtout selon l'espèce, ce qui permet un tri entre des espèces voisines. La fréquence des vibrations se situe entre 20 et 130 cycles par seconde selon l'espèce. Lorsque les chants s'accordent, les deux sexes s'approchent ;

– le mâle palpe alors le ventre de la femelle avec les extrémités de ses pattes dotées de récepteurs olfactifs qui le guident dans son choix. Souvent, il abandonne à ce stade et cherche une autre femelle ;

– s'il persévère, la femelle peut montrer son intérêt en déployant ses ailes et en les maintenant étendues, immobile ;

– enhardi, le mâle, dont l'axe du corps est alors à angle droit avec celui de la femelle, fait vibrer son aile la plus proche de la tête de sa partenaire ;

– si cette dernière n'est pas effrayée, la copulation commence.

Il faut imaginer que toutes les étapes de cette parade ont lieu dans la fente du chêne au milieu d'une foule d'animaux plus ou moins volumineux et plus ou moins dangereux. Il y a là des araignées voraces, de petites mites, mais assez grandes pour qu'en comparaison les drosophiles ressemblent à un piper-cub en face d'un Boeing 747, il y a aussi de gros diptères et des hyménoptères (guêpes et frelons, grands prédateurs d'insectes). La drosophile, un animal assez timide et soucieux de sauver sa peau (ou plutôt sa chitine), est sans cesse dérangée dans sa parade nuptiale et plus tard dans l'opération délicate de la ponte, qui a lieu dans la même fente. Aussi, Dobzhanski et Cooper n'ont-ils trouvé que peu d'œufs dans les fentes et beaucoup de femelles vierges (elles ne s'accouplent qu'une fois dans leur existence). Tous ces hasards ne mènent pas à un équilibre, mais ils permettent au moins de comprendre que dans la nature les densités restent très en deçà de la loi logistique.

La loi logistique n'est donc pas celle que suit une population de drosophiles, mais celle que fait apparaître une bouteille d'un demi-litre où l'on entasse des drosophiles. La loi est l'artefact, la conséquence du dispositif expérimental, et n'a rien à voir avec le comportement des populations drosophiliennes. La génétique en a donné une preuve supplémentaire : Dobzhanski [5] a montré que la composition génétique des populations de drosophiles variait selon les saisons. Cette sélection est rendue possible par la brièveté du cycle reproductif (d'une dizaine de jours) en comparaison du cycle annuel. Ainsi, les drosophiles de la saison sèche sont-elles adaptées à la sécheresse, et celles de la saison humide à l'humidité. Birch [6] avait essayé sans succès de reproduire en laboratoire cette variation dans des bocaux de culture. Il eut alors l'idée de poursuivre l'élevage sans pression démographique, en ne gardant à chaque génération qu'un nombre fixé de mouches choisies au hasard. Les variations génétiques réapparurent. Vraisemblablement, la pression sélective de cet incroyable univers concentrationnaire que représente le bocal avec sa gelée de banane et son espace limité, l'emporte sur la pression génétique saisonnière. On observe d'ailleurs dans la nature un phénomène analogue pour la répartition géographique de la variabilité génétique d'une espèce : au centre de son aire, la diversité règne, mais plus on se rapproche des marges, là où le milieu est moins bien adapté, plus la sélection impose une grande uniformité. Curieusement, les fameuses conditions de la sélection d'une espèce en appauvrissent le patrimoine.

La vie est tellement dure, osons le mot, tellement concentrationnaire dans le bocal (mais n'est-ce pas de cette manière que Bettelheim [7] décrit une partie de l'existence à Dachau ?), que les phénomènes biologiques prennent un tour exceptionnel, voire anormal, sans rapport avec l'existence dans la nature. Quel est alors le mode de peuplement des espèces animales ? Le seul moyen de le savoir consiste à sortir du bocal pour observer *in situ* les changements de population. C'est la voie que choisirent deux biologistes, Andrewartha et Birch, à l'époque des expériences de Nicholson sur les lucilies. Ils élaborèrent une théorie du peuplement animal qui, d'abord ultra-minoritaire, s'imposa progressivement et est généralement acceptée aujourd'hui. Cela imposa une révision déchirante de nombreux concepts dont l'apparent bon sens bloquait les démarches rigoureuses, et les bloque aujourd'hui encore dans l'écologie vulgaire. Les idées d'Andrewartha s'expriment souvent très simplement, et pourtant elles paraissent ardues à comprendre, tant il est difficile d'échapper à la tautologie de la croissance illimitée dans un univers limité. A la manière de leurs prédécesseurs, Andrewartha et Birch choisirent le meilleur terrain pour défendre leurs idées, c'est-à-dire la population animale qui les illustrait le mieux, en l'occurrence des sauterelles australiennes. Présentons ces nouveaux insectes pour mieux comprendre comment ils nous aident à sortir du dilemme malthusien des ressources et de la population.

Les sauterelles de Birch et la théorie d'Andrewartha

La belle expérience dans laquelle Birch dépassait les limitations d'espace du laboratoire pour restaurer les évolutions génétiques annuelles des drosophiles lui fit préférer l'observation de terrain à la culture en bocal. Il mena une longue étude sur une sauterelle, l'*austroicites cruciata* [8], qui vit à la lisière sud du désert australien dans des conditions particulières d'humidité. Selon l'abondance des pluies annuelles, l'habitat de la sauterelle s'étend ou se contracte. Son cycle de vie est en effet adapté à tirer le meilleur parti des fluctuations climatiques : les œufs, pondus à la fin du printemps, au moment où la saison sèche commence, n'éclosent que l'hiver suivant. Les stades larvaires se succèdent rapidement jusqu'à ce que la sécheresse arrive ou que l'état adulte soit atteint. Tout dépend de la vitesse avec laquelle les touffes d'herbes se dessèchent. En fait, on trouve toujours un peu d'herbe verte survivant ici ou là à cause de conditions fortuites. Les sauterelles qui n'en découvrent pas au cours de leurs randonnées aléatoires meurent avant d'avoir amassé suffisamment de protéines pour pondre des œufs. Il y a toujours assez d'herbe verte car les moutons, qui ont une meilleure vue que les sauterelles, paissent toute l'année sur ces steppes, mais, faute de la trouver, nombre de sauterelles n'ont pas de descendance, abandonnant chaque année des pans entiers du territoire. Le manque de nourriture n'est donc pas absolu, mais relatif au mode d'accès à la nourriture. Selon les années, la sécheresse commence plus ou moins tôt, éliminant toute ponte dans les zones les moins favorisées, donc toute présence de l'espèce à l'hiver suivant. Mais, au cours de leur croissance, les individus qui ont éclos dans les endroits plus favorisés se déplacent en sautant ou en volant et recolonisent les lieux abandonnés pour cause d'aridité.

Effectivement, les comptages effectués par Birch sur un large territoire, année après année, sont en corrélation étroite avec les fluctuations climatiques : le peuplement ne suit donc pas le modèle de Nicholson. Il ne s'explique ni par la compétition entre sauterelles, ni par celle de leurs ennemis naturels. On ne distingue aucun équilibre à aucun moment, mais un changement permanent de l'aire d'habitation de l'espèce. Certaines années pluvieuses, l'espèce progresse au nord, puis le retour d'une conjoncture sèche réduit cette progression à quelques poches, qui disparaissent quand la sécheresse s'éternise. Comme l'écrira plus tard abruptement Andrewartha : « Les lois qui déterminent l'abondance d'une espèce sont les mêmes que celles qui fixent son implantation géographique [9]. » Dans cette nature en continuel changement, il est inutile de chercher un équilibre, donc inutile de discuter les facteurs liés à la densité qui tendraient à restaurer l'équilibre inexistant. A la limite, selon le mot de Thompson [10], tous les facteurs sont liés à la densité, en ce sens que, poussés à l'extrême, ils finissent toujours par y réagir, mais ils ne sont jamais ou quasiment jamais poussés à l'extrême. Parler de facteur lié à la densité n'avance donc à rien. C'est parler de tout ou de rien : « Sous prétexte que, durant l'observation, on a constaté des fluctuations qui n'entraînaient ni un effectif nul, c'est-à-dire la disparition de l'espèce, ni un effectif presque infini, doit-on logiquement en déduire qu'il existe un contrôle ? » demande Andrewartha [11].

Une population peut toutefois s'éteindre. C'est même le cas général dans la théorie de l'évolution, l'immense majorité des espèces ayant été remplacées par d'autres mieux « adaptées ». En tel ou tel lieu, une année la population disparaît, et quelques années après, elle se reconstitue par migration. Darwin, puis Weismann [12] en ont fait une pièce centrale de la théorie de l'évolution. L'existence d'un niveau d'équilibre intemporel n'est guère compatible avec le darwinisme. Tout au plus peut-on, comme S. Jay Gould, couper la poire en deux en distinguant de longues périodes d'équilibre [13] et de courtes périodes d'adaptation, analogues aux débuts exponentiels de la loi logistique.

Une « explosion » de population, ou une « disruption », dans le langage des écologistes, n'est pas non plus à exclure : Schwerdtfeger [14], qui rechercha les disruptions chez quatre espèces de papillons de nuit dans la forêt de Letzingen entre 1881 et 1940, compta seulement deux explosions majeures au cours desquelles la plupart des insectes périrent après avoir dévoré toutes les aiguilles des pins et des sapins : phénomène rare donc, mais pas impossible. Le fait de ne pas avoir assisté à une explosion ni d'avoir subi l'extinction ne prouve en aucun cas qu'elles ne surviendront pas, et *a contrario* n'indique aucun équilibre de la nature.

A. Milne [15] a tenté de réconcilier les points de vue opposés de Nicholson et d'Andrewartha-Birch. Tant que la population reste très en deçà du niveau des subsistances, propose-t-il, les facteurs extérieurs comme le climat ou la variation des moyens d'alimentation imposent leur rythme à l'effectif de population. Mais lorsque (rarement) la population devient très importante en regard des subsistances, la compétition intraspécifique prend le relais et casse la croissance. Sous le nom de « dépendance faible », cette théorie a connu récemment un regain d'intérêt, peut-être parce qu'elle permet d'utiliser les mathématiques récentes de la théorie du chaos, peut-être parce que la majorité des scientifiques recherchent plus le compromis que la vérité. Tenter une synthèse dissimule en effet une opposition irrémédiable, car incommensurable, c'est-à-dire fondée sur une confusion d'échelles d'observation distinctes.

La nature contre le laboratoire

Cette incompatibilité se manifeste clairement dans un commentaire d'Andrewartha et dans un raisonnement de Nicholson : en critiquant l'expérience des lucilies, Andrewartha remarque que, sur une carcasse donnée de mouton, le nombre de lucilics cst fixé par la compétition des larves et des adultes, mais que, dans la province entière du Queensland, c'est au contraire le nombre de carcasses qui fixe la population des lucilies. De son côté, Nicholson croit désarçonner ses critiques par la question suivante : si l'environnement fixait à lui seul l'effectif de la population, alors, en divisant par 1 000 l'effectif d'une espèce, on devrait observer une évolution identique à celle de la population complète, mais à l'échelle d'un millième. Or, dans tous les cas où l'on ramène une population à un très faible nombre d'individus, en laboratoire comme dans la nature, une forte croissance reconduit à l'équilibre.

Les deux arguments sont tout aussi recevables l'un que l'autre si on ne les considère pas à la même échelle. Nicholson a raison pour une population vivant dans un espace limité et homogène, et Andrewartha pour une espèce occupant un large territoire hétérogène, voire pour toute son aire d'extension. Le conflit existe donc entre une grande échelle et une petite échelle, entre un milieu hétérogène et un milieu homogène, en un mot, entre nature et laboratoire. Chez les sauterelles de Birch, Nicholson ne retrouve rien de ses mouches de laboratoire. Dans les lucilies prospérant avec leur cinquante grammes de foie de bœuf par jour, Andrewartha ne voit qu'une partie minuscule et singulière de la province du Queensland où vivent ces insectes.

Pourtant, les deux biologistes travaillent sur le même objet. Mais leurs recherches ne se recouvrent pas. Elles s'emboîtent. On pourrait dire qu'Andrewartha étudie des milliers de bocaux reliés les uns aux autres et soumis à des conditions différentes, tandis que Nicholson ne considère qu'un seul bocal à la fois, dont il fait varier les conditions, expérience après expérience. Il se coupe alors de l'élément central de la théorie d'Andrewartha à plus large échelle, à savoir les migrations. Les populations ne sont pas rivées au sol qui les porte. En cas de conditions adverses, leur premier mouvement n'est pas de disputer à leurs voisines leur pitance, mais de chercher fortune un peu ou quelquefois beaucoup plus loin. Quand elles éclosent, les larves de lucilie n'ont qu'une carcasse à leur disposition. L'une des conséquences de leur trop grande abondance sur la carcasse est de pousser des adultes à émigrer au loin. Ils trouvent tôt ou tard une nouvelle carcasse qui sans leur errance n'aurait jamais été colonisée, s'y restaurent et pondent leurs milliers d'œufs.

Dans chacun des trois exemples précédents de populations d'insectes, de telles migrations sont indispensables à la survie de l'espèce en tant que telle. Plus que la compétition intra ou interspécifique, plus que les subsistances, ce sont elles qui dictent l'évolution du peuplement et des effectifs. Pour les lucilies, d'abord, les chèvres mortes représentent une énorme concentration de nourriture qui se dégrade à toute vitesse. Elles doivent localiser rapidement cette réserve de subsistance. Très peu y parviennent *a priori.* Celles qui réussissent doivent aussitôt engendrer un grand nombre de descendants qui pourront à leur tour reprendre la prospection. La phase de colonisation de la carcasse que reconstitue le bocal de Nicholson ne représente qu'une étape, une séquence dans la dynamique plus large de leur peuplement. Andrewartha a raison sur ce point : même subtils, les processus découverts par Nicholson sont secondaires. Pour l'espèce, comme pour son observation, c'est l'ensemble des lucilies qui a un sens, et non un groupe localisé sur un cadavre en décomposition. Autrement dit, l'isolement d'une carcasse dans le bush, reproduit en laboratoire par l'isolement dans le bocal, est une phase, mais non un tout, et ne s'explique pas sans référence aux prochaines carcasses : le rôle d'une carcasse, quelle que soit la population des compétiteurs, des parasites et des prédateurs qu'elle attire, est de fournir un nombre suffisant de lucilies pour prospecter la steppe et atteindre d'autres carcasses. C'est une illusion complète que de les faire vivre sur un foie de bœuf frais, renouvelé tous les jours pendant plus d'une année, alors que dans la nature la chèvre morte est pourrie et dévorée en une semaine, c'est-à-dire laisse seulement à une génération de lucilies une chance de se développer.

Le seul point de contact entre la nature et l'expérience, la seule adéquation se produit durant ces premiers six ou huit jours, c'est-à-dire pendant la phase de croissance rapide de la première génération. Les fluctuations qui s'installent ensuite dans le bocal sont le résultat des conditions de vie bizarres, sans équivalent dans la nature, auxquelles on soumet les lucilies de laboratoire. On retombe ici sur l'erreur de Pearl, et pour la même raison : la biologie ne se découpe pas aussi facilement que la nature inerte, et ne se prête donc pas aussi facilement à des expériences de laboratoire. Les interactions du vivant ne peuvent guère être isolées pour être étudiées séparément.

La population des papillons du citronnier dont Nicholson s'est servi pour illustrer la compétition des ennemis relève de la même analyse : si les papillons étaient mis dans un bocal avec des feuilles de citronnier et leurs parasites, ils seraient vite détruits par ces derniers. Ils ne survivent dans la nature que parce que certains volent plus vite et plus loin, échappant à la traque des parasites pour un temps, et reconstituant leur population à l'endroit où ils se sont posés. Ces groupes isolés les uns des autres sont la conséquence du parasitisme, et non du groupement de citronniers en paquets compacts, comme c'était le cas des carcasses de chèvres. Les citronniers peuvent être plus ou moins densément plantés, seule compte l'aptitude de l'hôte à échapper pour un temps au parasite. Les groupes de papillons jouent alors pour les parasites le rôle des carcasses pour les lucilies, à deux nuances près : ces groupes ne sont pas morts, mais doivent être rattrapés par les parasites. D'autre part, ils doivent eux-mêmes se reproduire, et, pour certains, échapper aux parasites.

J. Hajnal [16] a proposé une analogie humaine à ces mécanismes pour la propagation d'épidémies comme celles de la rougeole, de la grippe ou de la variole. Dans une petite communauté fermée, une épidémie disparaît d'elle-même, car tous les individus meurent rapidement ou sont immunisés (d'ailleurs, les effectifs atteints suivent une courbe en « S » dans le cas de petits effectifs). Dans une grande cité, une province ou un État, où de nombreux contacts existent entre les agglomérations, de petites poches de malades subsistent qui réactivent la maladie plus ou moins régulièrement. Ainsi, dans l'actuelle épidémie de sida, ces poches sont constituées par des groupes dits « à risque », dont l'ancienneté, si l'on suit Grmek [17], est assez grande. Plus récemment, on a découvert en Amazonie un mécanisme voisin : la dispersion des populations indiennes en petites troupes serait l'une des conséquences des épidémies apportées par la conquête. On a en effet retrouvé des traces d'habitat plus compact et d'agglomérations, par exemple au sud du Venezuela. La variole et la grippe s'y seraient facilement propagées, mais auraient été ensuite arrêtées par la dispersion de l'habitat. Lorsqu'une cité ou un gros village était contaminé, certains habitants avaient le temps de fuir et transmettaient l'épidémie au bourg suivant. Mais dans un hameau de quelques familles, ou même d'une seule, tous périssaient, ce qui arrêtait la progression. A terme, seul a survécu ce type de peuplement, dont par une illusion rétrospective nous croyons qu'il représente les conditions de l'habitat précolonial. Les grandes épidémies de peste qui ont balayé l'Europe à partir de 1347 ont pu jouer un tel rôle sélectif, préservant les pays de bocage où effectivement on trouve une plus forte densité de population aux XVIIe et XVIIIe siècles. D'autre part, la lutte contre la peste devint efficace à la même époque, quand il se révéla possible d'isoler les cités atteintes, ce qui empêchait donc des fuyards de répandre le mal au-dehors [18]. A l'inverse, la peste subsista après 1700 dans le sud de l'Italie et en Asie Mineure, là où l'habitat était très groupé.

Ces mécanismes de peuplement mettent en jeu de larges aires à l'échelle de continents, qu'il s'agisse de l'Eurasie pour la peste, des Amériques pour la variole, ou de l'Australie pour les sauterelles, lucilies et papillons. Si l'on se limite à l'étude d'un milieu restreint, ou si l'on organise une expérience dans un bocal, la dynamique de la population devient indéchiffrable.

Dans le cas des sauterelles, l'hétérogénéité de l'espace est poussée à son paroxysme, ce qui explique que Birch l'ait choisi pour illustrer sa thèse. Au début de chaque saison sèche, les acridiens doivent trouver de l'herbe verte pour leur nourriture (« limitation relative des vivres » par leur accessibilité). Au cours de cette recherche, ils diffusent vers d'autres habitats qu'ils colonisent si les conditions s'y prêtent. A plus grande échelle, les criquets migrateurs emploient la même technique. Leurs essaims volent, s'abattent au hasard, et se reproduisent quand ils rencontrent de bonnes conditions, ce qui amorce de futurs essaims ; sinon, ils disparaissent sans descendance. L'irrégularité des conditions climatiques en bordure des déserts justifie de tels comportements. Tel est bien le facteur fondamental de la dynamique du peuplement, comme l'affirme Andrewartha, celui qui gouverne les effectifs. Élever une population de ces sauterelles, ou de criquets migrateurs dans un bocal reviendrait à étudier le saut chez la puce après lui avoir coupé les pattes.

A côté de ces trois cas de populations d'insectes, bien d'autres montreraient les mêmes propriétés (par exemple, les mouches tsé-tsé dans la réserve kenyane de Shyananga [19], et la méthode employée pour l'éradiquer, en diminuant la densité du gros bétail sur lequel vivent les mouches à la manière des lucilies sur les carcasses). Dans tous les cas, l'abondance et la dispersion de l'espèce considérée ne peuvent être étudiées indépendamment de son aire d'extension et des migrations (même si elles sont locales) qui adaptent sans discontinuer l'effectif à l'habitat. Quand on cherche à extrapoler les résultats d'expériences sur les animaux aux populations humaines, notamment pour définir une population limite, il faut renoncer aux bocaux. Les conclusions, en outre, ne seront valables que si l'on considère globalement la population humaine et ses migrations. C'est peu dire cependant que l'existence de nations, de frontières, de douanes et d'innombrables entraves à la liberté de circulation, pourtant considérée par la charte des Nations unies comme un droit fondamental de l'homme, emprisonne lentement l'espèce humaine dans de grands bocaux. L'enfermement qui est inepte pour l'objet de l'expérience – les drosophiles ou les lucilies – commence à acquérir de la vraisemblance pour son objectif – les hommes. Or, même en cas de contrôle sévère et efficace des migrations internationales, les marchandises, donc les vivres, circulent de plus en plus sur toute la planète, déconnectant la production des subsistances de sa consommation.

Cette vaste circulation mondiale des animaux, des marchandises et des hommes ne pouvait pas échapper à Pearl ni à Nicholson, d'autant plus qu'ils vivaient dans deux pays peuplés par des immigrés d'Europe. En utilisant leurs bocaux pour y élever les colonies de mouches, ils auraient dû pertinemment savoir qu'ils n'étudiaient pas le monde en miniature. Mais l'un, avec ses populations limites, et l'autre, avec ses pyramides des âges, ont confondu la nature avec leurs idées sur la société et sur la science. En fabriquant une nature fictive dans leurs bocaux, ils ont cru possible de séparer, dans l'évolution des populations, une composante biologique anonyme, identique pour chaque individu, d'une composante humaine personnelle. C'était aussi la conséquence d'une conception dualiste du monde : d'un côté, la physique et la biologie relevant des méthodes de la science positive, c'est-à-dire de la mesure et de lois universelles, de l'autre côté, la liberté de conscience individuelle, fondement des régimes démocratiques et de la vie sociale. Pour mieux caractériser ces deux pôles, ils ont pris pour exemple des populations de mouches : l'analyse de cette démarche va nous permettre d'abattre le dernier et le plus puissant présupposé de toutes ces études, à savoir l'existence de « populations de mouches ». De telles populations ne sont qu'une création du bocal, la dernière, mais la plus importante.

Vertige de la physique

Sur une matière aussi large que le contrôle de la fécondité et de la population, un biologiste ne peut qu'émettre des propositions très générales car elles doivent rester vraies pour l'immense majorité des dix millions d'espèces animales, des deux millions d'espèces végétales et peut-être des dizaines de millions d'espèces mal recensées de procaryotes, champignons, algues microscopiques et unicellulaires. E. Mayr a souvent expliqué comment cela entraîne le biologiste sur des voies assez éloignées des critères popperiens de falsification : « Les affirmations générales sont rarement justes en biologie de l'évolution. Même lorsqu'une chose se produit habituellement, cela ne signifie pas qu'elle se produise nécessairement toujours. Il ne faut jamais oublier l'éternel pluralisme des processus de l'évolution [20]. » Dans la même veine, F. Jacob a parlé de « bricolage », non du chercheur, mais de l'évolution elle-même [21]. Ce contexte donne plus d'importance à des principes comme ceux du darwinisme ou du néodarwinisme, qui fixent une direction au raisonnement, qu'à des lois numériques formelles comme celles de la physique. A la limite, une seule loi générale de la biologie en définit maintenant le champ : tout organisme qui se reproduit contient de l'ADN.

Pearl ne raisonne pas ainsi. Il n'émet pas un principe qu'il vérifierait ensuite sur une grande variété d'organismes. Il recherche des lois formelles, tant pour le calendrier de la croissance d'une population que pour la relation inverse entre densité et fécondité. Qui plus est, il s'attache, comme la physique newtonienne, à des lois observables mais non explicables, dont la qualité ne peut résider que dans celle de leur ajustement statistique, comme pour l'orbite des planètes. Le cas de la population allemande a montré l'impossibilité de cette précision. Plus grave même, la loi logistique semble constituer une rareté dans le règne animal. Chez Nicholson, c'est un autre caractère des méthodes de la physique qui apparaît avec la possibilité d'isoler l'action de certains facteurs, en ne faisant varier qu'eux seuls. Non seulement on admet qu'un morceau de nature, c'est-à-dire un groupe de lucilies, peut être étudié en laboratoire, mais on pense que l'on peut isoler un à un les facteurs qui expliquent l'évolution de l'effectif des populations animales en général, tout comme on isole l'action de tel ou tel constituant dans une réaction chimique.

De ce point de vue physique, les populations de mouches représentent le meilleur choix. Les mouches sont indiscernables dans le flacon (d'où le recours à un « mouchomètre » pour les compter). Contrairement aux insectes sociaux, elles ne présentent aucune différenciation de rôles, ni même de dimorphisme sexuel accusé. Suffisamment compliquées pour être comparées à des organismes humains, elles sont aussi suffisamment simples pour être traitées à la manière des atomes ou des étoiles lointaines. Le fait même que les mouches volent accentue ce côté objet céleste ou particule élémentaire, par l'abstraction de leur mouvement dans les trois dimensions. Imaginons que nos deux savants aient étudié une colonie de pucerons ou de charançons : des sous-groupes assez stables auraient vite divergé dans leurs localisations et même dans leur patrimoine génétique. L'avantage des mouches ne se limitait pas à leur impersonnalité physique. Ni Pearl, ni Nicholson n'étaient des zélateurs des sciences de la matière. L'ensemble du dispositif leur permettait plutôt d'exprimer leurs positions sur la société.

Mouches et démocratie

On s'attendrait à ce que la fascination de Pearl pour les drosophiles l'ait entraîné vers des théories biofascisantes. C'est l'inverse. Pearl a été le seul démographe d'importance à s'opposer aux théories eugéniques et racistes de l'entre-deux-guerres qui expliquaient les faibles fécondités des classes supérieures et des pays industriels par leur avance dans le cycle de vie de la race, par leur métissage, ou par une dégénérescence. A partir de 1930, Pearl est inlassablement intervenu pour démontrer que seul l'usage plus ou moins répandu de la contraception, ou du *Birth Control* comme on disait alors, expliquait les écarts de fécondité dans les pays développés. Invariablement, il a été attaqué, critiqué, ridiculisé par les Gini, les Burgdörfer [22], et autres démographes des régimes fascistes, sans que ceux des pays démocratiques prennent sa défense (ils se réfugiaient prudemment dans le doute). Son goût pour la biologie aurait dû au contraire le conduire à prêter une oreille complaisante à l'eugénique alors fort cotée outre-

Atlantique, mais il n'en fut rien. Pourquoi s'est-il alors laissé entraîner dans sa rêverie logistique ?

La réponse est d'ordre politique et mythologique : les mouches se développant tranquillement dans leur bouteille jusqu'à atteindre leur équilibre, offraient un tableau rassurant de la démocratie à l'américaine : toutes les mouches avaient les mêmes droits et devoirs, toutes étaient égales à la naissance, comme les citoyens de la démocratie idéale. L'État n'intervenait guère plus que celui de Washington : c'était ici la bouteille et sa gelée nourricière, métaphore de l'État libéral. Et, comme dans la pensée libérale, une main invisible guidait la société vers un équilibre stable, le meilleur possible. Le royaume des mouches préfigurait celui des hommes, comme celui de la terre annonçait celui des cieux. Touche de messianisme, fréquente en Amérique, qui complétait cette vision optimiste de l'évolution.

Ainsi s'expliquerait le manque d'intérêt de Pearl pour la vie individuelle des drosophiles, et, inversement, son intérêt pour celle des couples américains : avant Kinsey, il réalisa une des premières enquêtes sur la sexualité aux États-Unis [23]. Puisque la population se pliait à des régulations qui lui garantissaient un équilibre stable à terme, on pouvait défendre le libre choix de la reproduction par l'individu. La confiance dans la réalisation automatique d'un grand plan de la nature ôtait toute raison à une politique démographique. Plus brutalement, dans son ouvrage sur la contraception paru en 1939 [24], il écrivait que « l'État n'avait pas à se préoccuper de ce que les couples décidaient dans leur lit ». La société des mouches ne lui offrait pas une possibilité de comparaison terme à terme avec les humains, comme on a pu le croire de prime abord, mais un moyen d'évacuer le problème humain de la population en le convertissant en problème biologique au sens d'un automatisme mécanique : toute la liberté humaine pouvait se déployer dans ce cadre irrévocable, puisque la régulation était inévitable. Toute communication entre le niveau individuel et collectif était ainsi rompue. Le niveau collectif, c'étaient les mouches, ou plutôt, elles constituaient un matériel d'expérience non pas naturellement, mais parce qu'il fallait qu'elles jouent ce rôle de population. Une fois extraits les facteurs qu'elles devaient incarner, on pouvait s'intéresser à chaque humain sans se soucier des répercussions de sa conduite à l'échelle globale des populations. La mouche concentrait la part inhumaine de l'homme, sa fatalité démographique, et l'en délivrait aussi. Il était bon qu'elle fût un insecte virevoltant mécaniquement dans cet obscur récipient, c'était la mesure du mépris de Pearl pour le facteur collectif non maîtrisable en chacun de nous et son extériorisation. Et que dire de ce choix de la population indigène de l'Algérie pour pousser le plus loin possible le calcul, si ce n'est qu'elle devait être la plus éloignée possible de l'homme cultivé d'outre-Atlantique ? Quand on pense qu'une large partie des efforts de la biologie moderne a au contraire tendu vers la considération de l'individu biologique en tant que tel, que, par exemple, dans la théorie de l'évolution, ce sont les adaptations de chaque individu à son milieu qui comptent, et non de groupes plus difficiles à définir ! Quand on a suivi les débats opposant les tenants de la sélection de groupe à ceux de la sélection individuelle, et les partisans de la concurrence intraspécifique à ceux de la concurrence extraspécifique, on mesure le gouffre qui sépare la biologie mécanique et finaliste de Pearl de celle des professionnels d'aujourd'hui. Posée et conçue comme l'opposée de l'homme, cette mouche imaginaire de Pearl donne naissance à une population imaginaire. Puisqu'il fallait que la part collective soit prise en charge par une entité, Pearl, rompu à la démographie, a inventé une population de mouches là où n'existaient que des organismes séparés. Le bocal ne créait pas seulement une nature fictive, il engendrait aussi une population fictive.

L'invention de la population des mouches

A. Milne, parmi tant d'autres, estime que « l'écologie des insectes occupe une place à part dans le règne animal [25] ». En effet, les mammifères et les oiseaux, qui ont une régulation thermique et de meilleurs modes de conservation de leurs liquides essentiels, sont moins sensibles aux variations du climat. Le comportement des insectes peut éclairer tel ou tel processus, comme celui des épidémies de peste et de variole, mais il faut se garder de le transposer en bloc aux humains.

Au cours de la discussion, un caractère commun à toutes les populations étudiées s'est cependant dégagé : l'impossibilité de définir des équilibres, une stabilité ou une normalité de l'habitat, une régulation, et une population limite, qui couronnerait le tout. Cela contredit le sens commun et l'expérience immédiate que les humains ont de la rareté de la plupart de leurs ressources. La difficulté à comprendre la théorie d'Andrewartha vient de là. On est d'abord stupéfié par son extraordinaire simplicité, qui met logiquement mal à l'aise : le nombre d'animaux d'une population naturelle est influencé par un ensemble variable de facteurs. Il n'y a ni équilibre ni régulation de groupe, mais adaptation de chaque animal à son environnement. La distribution et l'abondance des animaux sont une seule et même chose, car soumises aux mêmes raisons, etc. L'approche de Nicholson est plus familière à notre manière d'envisager le monde et de le simplifier : partir d'une population fermée (sans migrations), parfaitement définie dans l'espace, homogène, et la soumettre successivement à des variations de facteurs bien identifiés pour rechercher les conditions de l'équilibre.

Malheureusement, aucun de ces éléments de l'expérience n'est naturel, c'est-à-dire ne constitue une bonne conceptualisation de la nature, à commencer par le plus important d'entre eux, la population. Andrewartha part de l'individu et non de la population pour définir l'environnement : « Tout ce qui en dehors de l'organisme a de l'importance pour lui dans l'univers [26]. » Définition stupéfiante pour un esprit cartésien habitué aux catégories bien tranchées, mais excellente définition programmatique. La frontière ne passe pas entre une population donnée et le reste, son prétendu environnement, mais entre l'individu, borné par sa simple peau, et l'ensemble du monde extérieur. Tout part de l'adaptation de l'individu à son entourage. L'espèce, ou la population, n'est qu'une vue de l'esprit, sauf dans le cas d'une étroite coopération entre les individus qui la composent, comme chez les insectes sociaux. A part cette exception, on peut se demander si une « population » ne résulte pas d'une abstraction, d'une projection humaine sur la nature. Il y a certes des espèces, lorsqu'on compare des organismes entre eux ou lorsqu'on étudie la reproduction, mais parler d'une « population » donne une réalité autrement concrète au regroupement, surtout si l'on adopte le point de vue de Nicholson d'un « groupe d'individus en interaction et inter-union qui n'ont normalement aucun contact avec d'autres groupes de la même espèce [27] ». On peut douter que la plupart des animaux évoqués jusqu'ici soient capables de distinguer leurs semblables des autres organismes vivants. Si c'était le cas, la difficile quête de l'accouplement sexuel n'exigerait pas tout cet appareil de parades et de rites. La drosophile est une inconnue pour la drosophile, et de même la lucilie pour la lucilie ou la sauterelle pour la sauterelle.

Lorsque Nicholson installe ses mouches dans un bocal et Pearl les siennes dans un flacon, avec un milieu homogène dans le temps et l'espace pour la nourriture et la température, lorsqu'ils évitent de leur adjoindre d'autres espèces, ils créent de toutes pièces une population, et dramatisent son opposition au milieu. Ils ne transposent pas la nature où chaque individu fait face seul à l'environnement, sans pouvoir distinguer ses semblables des autres espèces. On sait d'ailleurs que le rôle de l'individu est un pivot de la théorie de l'évolution. Sans le remaniement du patrimoine génétique à chaque génération, sans la sélection individuelle, il n'y a plus de théorie darwinienne ou néodarwinienne. Andrewartha ne met pas seulement sur le même pied tous les individus de toutes les espèces, mais aussi, presque nonchalamment, tous les facteurs de variation, tandis que Nicholson les hiérarchise pour les réduire finalement à deux types de compétition. Dans un cas, on a un système complexe dont les éléments fluctuent au rythme des influences externes, sans que l'on puisse détecter d'équilibres stables, ni séparer l'effet de chaque facteur. Dans l'autre cas, la population est isolée comme une totalité, étudiée par opposition à une nature elle-même réduite à la somme de ses constituants dont on éprouve l'action au laboratoire avant de retenir seulement les composantes qui ont eu, isolément, la plus grande influence sur les résultats de l'expérience : compétition intraspécifique et extraspécifique dans le cas de Nicholson. Le bocal, a-t-on dit, fabrique l'équilibre de l'espèce, le plafond de la population et la population limite. On pourrait ajouter qu'il fabrique aussi la population elle-même, l'idée de l'environnement d'une espèce et ultimement l'image que nous avons de la nature. Le bocal est donc bien une réduction, non de la nature, mais de notre idée de la nature. Il faut l'utiliser pour effectuer cette lecture, non pour comprendre des mécanismes prétendument naturels.

Lorsqu'au début des années 70 la question de l'équilibre global de la planète resurgira, on se souviendra de cette leçon. Malgré les critiques justifiées qui leur ont été adressées à cause de la fixation erronée de paramètres et de leurs hypothèses fantaisistes sur certaines relations de dépendance, les auteurs du rapport du Club de Rome ont eu l'immense mérite de traiter le monde, y compris les humains, comme un système en évolution, sans référence ou presque à un état d'équilibre. Le système d'équations qu'ils utilisèrent [28] s'inspirait des équations d'un réseau électrique, équations différentielles quadratiques avec délais, comme on en trouve de nombreuses dans les traités spécialisés. Il est symptomatique que, quelques années plus tard, l'étude d'équations analogues (et souvent plus simples comme l'attracteur de Hénon, ou l'équation de Feigenbaum [29]) ait conduit aux premières lois du chaos, elles aussi en contradiction avec l'idée d'un équilibre.

Reste une possibilité pour sauver l'idée de nature sur laquelle se fondent la notion de population limite et la crainte de la surpopulation : lorsque les interactions à l'intérieur de la population dépassent la simple compétition pour arriver à la collaboration et à la coordination, les arguments précédents sont battus en brèche. La population redevient un tout par la volonté des individus qui la composent, et l'environnement devient commun à l'ensemble de ses membres. De telles interactions apparaissent chez les mammifères et les oiseaux bien plus fréquemment que chez les insectes (les quelques centaines d'insectes sociaux comme les termites, fourmis, abeilles pèsent peu en regard du million d'espèces existantes). Abandonnant tout espoir de comparaison avec eux, ne peut-on pas, au contraire, mettre en continuité l'homme avec des sociétés animales plus proches de lui, plus « sociales » que les essaims de lucilies et de drosophiles ?

Chapitre 10

Le paradis social des animaux et la chute de l'homme civilisé

Quand on calcule le nombre maximal d'humains que la terre pourrait nourrir, on admet qu'ils devraient vivre dans des conditions correctes. Or on ne sait rien de la manière dont une société de trente milliards d'habitants pourrait fonctionner. La même remarque vaut pour la définition de la population limite adoptée par le FNUAP : rien ne prouve qu'en diminuant le nombre des hommes on revienne à une société supportable pour MM. Ehrlich et Cousteau. On peut dans les deux cas parler de tromperie arithmétique : sous prétexte que l'on a représenté une idée, ou un concept, par un chiffre, on croit pouvoir lui appliquer les quatre opérations de l'arithmétique, notamment le multiplier et le diviser. Or, dans une population divisée par deux, tout n'est pas divisé par deux, la taille des familles restera à peu près la même, la densité des centres-villes et la taille des grandes agglomérations aussi : avec moitié moins d'Américains, New York serait sans doute aussi peuplé et aussi pollué. Dans les deux cas, on effectue un raisonnement du type « toutes choses étant égales par ailleurs », où seul un paramètre est changé. Comme la population est le paramètre le plus souvent chiffré, elle fait les frais de tels raisonnements plus que de normal.

Dire que les changements du nombre d'habitants entraînent des changements non proportionnels pour d'autres aspects de la vie, c'est prendre en compte l'interaction entre les hommes, c'est-à-dire la société. Dans ce cas, la limite dépend d'équilibres numériques au sein des sociétés, ainsi que de l'attitude des humains eux-mêmes vis-à-vis de leur densité. On trouve une manière naïve et numérique de caractériser la cohésion sociale, une autre, nostalgique, de la rechercher dans la nature et l'antique humanité : nous leur consacrons ce chapitre. Une autre approche, plus subtile, met l'accent sur la flexibilité des comportements. Nous verrons au chapitre suivant comment elle porte un coup fatal à l'idée de population limite.

Il y a un quart de siècle, J.B. Calhoun [1] reprochait à la population limite « de ne mettre en jeu que des nombres maximaux. Par exemple Rochow prétend que les États-Unis pourraient nourrir dans leurs frontières un milliard de personnes, et donc qu'ils devraient le faire puisqu'ils le peuvent. Je ne citerai pas les nombreuses raisons pour lesquelles une telle maximisation entraînerait une réduction du niveau de vie ». Selon lui, il valait mieux rechercher un critère qui optimiserait la qualité de la vie. En plaçant au premier rang les aspects sociaux, Calhoun pensait qu'il fallait se concentrer sur les interactions sociales : « La structure des interactions par lesquelles les unités sociales sont en relation les unes avec les autres doit fournir un critère pour évaluer la qualité de la vie. » Il rejoignait ainsi un vaste courant qui considère la nature comme un ensemble de relations sociales plutôt que comme un ensemble de ressources. Le naturaliste Wynne-Edwards [2] a donné une version raffinée de cette théorie sociale de la nature, qui écarte la possibilité de définir le nombre souhaitable des hommes sur terre, ou plus exactement qui la prive d'objet.

Équilibres et optimums sociaux dans la nature

La nourriture, pense Wynne-Edwards, n'est pas le facteur le plus proche (*proximate*), mais le plus lointain (*ultimate*) de contrôle de la population. Selon lui, « la densité de population est constamment ajustée de manière à atteindre le niveau optimal d'exploitation des ressources disponibles [3] ». Un tel ajustement est rendu possible par deux forces présentes dans tout mécanisme de *feed-back* : la connaissance du niveau présent de densité, et la possibilité de faire varier de manière correspondante l'effectif de population. Quand on a cette nécessité en vue, on remarque alors qu'un très grand nombre de comportements animaux sont « épidéictiques », c'est-à-dire destinés à compter l'espèce, ou à donner une idée de sa densité actuelle. Wynne-Edwards donne une liste impressionnante d'exemples, dont se dégage nettement l'impression que tout rassemblement d'animaux a un but épidéictique. Bien entendu, la tension engendrée par la compétition pour la nourriture devrait fournir un bon indice de la densité, mais, elle entraînerait une surexploitation des ressources. Pour l'éviter, « la compétition pour les subsistances est remplacée par la compétition pour un but conventionnel et, aussi surprenant que cela puisse paraître, c'est là l'origine de l'organisation sociale, et des premières traces de comportement social [4] ». La société est tout simplement « une organisation capable de mettre en place une compétition conventionnelle... Elle est originellement instaurée pour procurer un feed-back informant la machine homéostatique... Compétition conventionnelle et société sont deux facettes presque indiscernables d'un même phénomène. Tous les animaux supérieurs, particulièrement les arthropodes et les vertébrés, ont développé des sociétés organisées qui répondent à cette définition [5] ».

Dans les six cents pages denses de son traité,

Wynne-Edwards multiplie les exemples qui lui permettent de marteler son *credo* : toutes les espèces ont développé des moyens de communication et d'identification mutuelle de leurs membres car « la sociabilité constitue une pièce indispensable de la machinerie exigée par le contrôle homéostatique de la répartition des effectifs [6] ». Sans communication et identification, pas de moyen de connaître la densité, donc pas de moyen de freiner la croissance démographique, sauf, en bout de course, par une destruction sévère de l'environnement quand l'ultime compétition pour les vivres a lieu. Wynne-Edwards fait implicitement l'hypothèse d'une sélection darwinienne de groupe. Les populations non sociables disparaîtraient ou seraient au moins sévèrement touchées par la dégradation de leur environnement, tandis que celles qui le contrôlent demeureraient à un niveau stable (homéostatique). Dans la compétition entre les deux types de population, les secondes l'emporteraient donc par sélection naturelle. C'est pourquoi ne subsistent aujourd'hui que celles qui ont su s'imposer grâce à un feed-back optimal, donc grâce à une information sur leur densité et à un ajustement en conséquence. La réaction s'opère par « la compétition pour des récompenses conventionnelles, qui, dans l'idéal, fonctionne de telle manière que la densité de population est amenée à un niveau d'équilibre optimal, où les ressources en nourriture sont utilisées au maximum possible sans entamer l'environnement [7] ». Ces conventions n'ont en effet aucun sens pour un animal isolé. Elles supposent un groupe qui les défende pour assurer sa survie à long terme, son éternité même, écrit Wynne-Edwards dans un accès de lyrisme. « Les conventions sociales sont donc en dernier ressort le moyen de remplacer la compétition directe. »

Trois de ces conventions sont particulièrement fréquentes dans la nature : les territoires, les nids en groupe et ce qu'il appelle les « leks ».

– La territorialité est la forme la plus simple de

régulation des sociétés animales. On la rencontre aussi bien chez les crabes « appelants » que chez de nombreuses espèces d'oiseaux et de rongeurs. Dans tous les cas, un couple occupe un terrain sur lequel il récolte sa subsistance. Le terrain mesure quelques mètres de diamètre pour les oiseaux-mouches, et quelques kilomètres pour les grands fauves. Le possesseur du territoire marque son droit de diverses manières, soit en chantant pour avertir les visiteurs inopportuns de sa présence, soit en perforant et retournant des feuilles d'arbre à ses frontières, soit en laissant comme les primates et les fauves des odeurs en frottant des glandes spéciales contre des arbres-bornes. La population d'une espèce territoriale reste toujours plus ou moins proportionnelle au nombre de territoires, dont de nombreuses expériences (Tinbergen [8], Kluyver [9]) ont montré que leur taille est elle-même proportionnelle aux besoins de leurs habitants.

Les groupes de nids jouent un rôle un peu plus complexe et plus symbolique. Ceux de nombreuses espèces d'oiseaux marins sont bien connus. Tout le monde a en tête ces photos de pingouins debout côte à côte gardant comme des sentinelles leurs nids disposés les uns près des autres, ou de goélands et de sternes groupés sur les falaises inaccessibles des pointes bretonne, écossaise ou galloise. L'extension du champ de nids est toujours limitée. Seuls les oiseaux qui trouvent de la place peuvent nidifier et se reproduire, si bien qu'à nouveau la population est constante d'une année à l'autre car proportionnelle au nombre des nids. On pense que ces oiseaux, incapables de contrôler un territoire sur la mer où aucun marquage n'est possible, ont trouvé ce moyen symbolique de le reconstituer. D'ailleurs, lorsque la côte devient plus accidentée, certains couples nichent seuls, contrôlant une baie ou un lac de petite dimension. On trouve aussi des nids en groupes chez des prédateurs comme les aigles ou les vautours, et bien sûr les corbeaux. Bien observés, ces derniers ont livré maints détails intéressants et curieux : ils ne tolèrent pas la construction d'un nouveau nid qu'ils s'ingénient aussitôt à détruire. D'un nid à l'autre, les vols de matériaux sont fréquents. Les repaires sont réoccupés chaque année par une bande.

– Les « leks » représentent le summum du symbolisme. Ce sont des lieux spéciaux où les mâles de l'espèce considérée s'affrontent ou plutôt se provoquent de diverses manières. Ils se réunissent longtemps et régulièrement. A la saison de la reproduction, les femelles les visitent et sont fécondées par les mâles qui ont gagné une position dominante dans le lek. Dans son bel ouvrage sur *La Signification des couleurs et des ornements chez les animaux,* Hingston [10] a démontré que les parures des mâles ne servaient pas à attirer les femelles, mais à classer les mâles entre eux, et à en exclure un grand nombre de la reproduction, et par là même un nombre important de femelles aussi.

Une dernière méthode très répandue abandonne toute référence territoriale symbolique pour ne miser que sur la hiérarchie. On la nomme souvent « pecking-order », ou ordre de becquetage, parce que les oiseaux dominants donnent des coups de bec à leurs inférieurs sans que ceux-ci répondent. Dans certaines populations, à la suite de duels, tous les animaux sont rangés en ordre hiérarchique. Lorsque la nourriture manque, les animaux de rang inférieur en sont seuls privés. La hiérarchie distingue ainsi ceux qui peuvent accéder aux ressources rares de ceux qui en sont exclus. Au lieu que tout le monde souffre et se débilite en cas de disette, ou se dispute férocement les vivres, certains mangent à satiété et d'autres meurent de faim. La même hiérarchie joue pour l'appropriation et la fécondation des femelles.

Comme la disette est assez rare, les mécanismes précédents servent surtout à réguler le nombre d'individus d'une génération à la suivante, donc la fécondité de la population. C'est pourquoi ils se concentrent autour de la reproduction : « L'habitat a un certain plafond de population, variant d'année en année. La machine homéostatique autorise seulement le nombre approprié d'individus à s'accoupler dans chaque zone, chaque année », écrit Wynne-Edwards. Les autres tombent sous le couperet de la « guillotine sociale », car « la fonction de la hiérarchie est d'identifier les individus en surnombre [11] ».

Bien plus tôt, Moffat [12] avait peut-être donné le meilleur exemple de ces mécanismes autorégulateurs. Il avait observé avec soin des communautés de mésanges dans le sud de l'Angleterre. Les mâles adultes occupaient des territoires adjacents dans un bois bien avant la saison reproductive. Par des chants, des attaques simulées, des battements d'ailes, ils définissaient les frontières de leur domaine familial. Ils trouvaient ensuite une femelle, se reproduisaient, et nourrissaient leur nichée jusqu'à ce que les oisillons s'échappent pour vivre leur vie. Si un mâle ou une femelle disparaissait, il était presque aussitôt remplacé sans changement de territoire. Une expérience menée dans l'État du Maine [13] a confirmé sur une grande échelle ce remplissage rapide en cas d'incident : plusieurs bois furent régulièrement vidés de leurs oiseaux pour mesurer la pression qu'ils exerçaient sur les insectes. Certaines espèces repeuplèrent immédiatement les bois après le ratissage, plus de dix fois de suite. Ces récupérations d'effectif étaient rendues possibles grâce à un surplus de jeunes adultes capables de se reproduire, mais ne possédant aucun territoire. Ils occupaient la lisière des bois où ils étaient plus vulnérables aux prédateurs (buses et renards), et où les essais de construction de nids échouaient pour les mêmes raisons.

Ce mécanisme autorégulateur a deux merveilleuses vertus : il maintient la population à un niveau fixe, proportionnel au nombre de territoires, et il permet une repopulation immédiate en cas de crise de mortalité, grâce au surplus d'adultes. Ce dernier point est d'une importance particulière dans la nature, où une niche écologique vide peut rapidement être occupée par une espèce concurrente. Plusieurs historiens [14] se sont inspirés de cet ingénieux procédé pour essayer d'expliquer les systèmes démographiques d'ancien régime en Europe de l'Ouest. Ce faisant, ils admettent trois règles intangibles :

– l'existence d'exploitations stables sur lesquelles vivait un seul ménage,

– l'impossibilité de cohabitation de deux couples mariés,

– la coïncidence du mariage avec la reprise d'une exploitation, et l'absence de reproduction avant le mariage.

Après examen précis des cycles de vie villageois et de l'occupation des terres, il s'avère que ces conditions contraignantes ne sont jamais complètement remplies dans les sociétés traditionnelles, car les coutumes d'héritage et l'inégalité des patrimoines s'y opposent [15]. Par exemple, dans le Bassin parisien, on trouvait bien un interdit de cohabitation des couples parents-enfants et de reproduction avant le mariage, mais pas d'exploitations familiales car les terres ou bien étaient divisées à l'extrême ou bien appartenaient à de gros cultivateurs qui engageaient des journaliers, brassiers et haricotiers (ceux qui avaient un cheval mais pas de terre). Inversement, dans le sud de la France, où l'héritage inégalitaire maintenait une petite propriété paysanne, le couple héritier cohabitait avec les parents, au point que même la disposition des maisons en témoigne encore aujourd'hui [16].

De toute façon, la théorie territoriale de Wynne-Edwards, Moffat, Hingston et autres ne vise pas à décrire le comportement des hommes par référence à celui des animaux. Cela vaut tout au plus pour l'époque de la chasse et de la cueillette, mais n'est plus possible après la généralisation de l'agriculture : « Durant les derniers trois mille ans de développement agricole et industriel, l'homme a vécu dans un monde où la productivité s'est accrue énormément, et dans lequel la croissance démographique a été capable d'échapper à toutes les restrictions imposées auparavant... La machinerie régulatrice, hautement perfectionnée, que l'homme possédait comme les autres espèces, a disparu, au point que son existence passée est même difficile à imaginer aujourd'hui.... Cependant, la menace ultime demeure et, au train où vont les choses, elle se précisera brutalement quand la demande sans cesse croissante de la population mondiale dépassera le plafond de la production mondiale. Une restauration organisée des moyens de limiter la population et de faire échec à cette extravagante élévation du niveau de vie, pour stopper l'exploitation sans vergogne des ressources avant la crise, constitue sans doute le défi biologique le plus urgent de notre époque [17] », écrit Wynne-Edwards.

L'homme s'est donc échappé du paradis terrestre où la population était gentiment régulée grâce à la communication entre individus et aux nombreux mécanismes de contrôle par le territoire, les emplacements des nids, les leks ou le pecking-order. Symptomatiquement, Wynne-Edwards insiste sur la forte impression que lui a laissée le livre de Carr-Saunders [18] qui décrit l'équilibre des chasseurs-cueilleurs avec la nature grâce à la possession de territoires distincts et au recours aux avortements et aux infanticides pour ajuster la population aux ressources du territoire. C'était le dernier moment où l'humanité appartenait encore à la nature.

Cela n'excluait d'ailleurs pas la culture et les traditions. Les groupes d'hommes primitifs comme les animaux se transmettent des apprentissages complexes et une connaissance intime des lieux. La remarquable étude de Huxley [19] sur les rituels des animaux montre la précision et la complexité des rituels des crabes ucas, au point que l'élaboration de parades nuptiales et d'intimidation remplace la sélection génétique. Quant à l'*« Ortstreue »*, c'est-à-dire la fidélité à un territoire, les exemples en sont légion, que ce soit les parcours immuables des lions et des tigres, au point que des sentiers les trahissent, les arbres sur lesquels les jaguars font leurs griffes génération après génération, et que Darwin admira en Uruguay [20], les pierres qui servent de relais ou de repères aux loups, les terriers des lièvres, lapins et petits rongeurs réoccupés chaque année pendant des lustres, bien connus des chasseurs.

Pour qui sait la déchiffrer, la nature n'apparaît pas comme un fouillis où pullulent des espèces acharnées à se faire concurrence ou à s'entre-dévorer, avec son lot de compétiteurs, de prédateurs, de proies, d'hôtes et de parasites, mais comme un lieu symbolique, soigneusement structuré en significations qui permettent à chaque espèce de vivre dans les meilleures conditions possibles après avoir investi l'espace de points nodaux et de lignes qui lui sont propres. Le même espace est ainsi partagé par des centaines de groupes étrangers qui le structurent avec leurs propres signes et rites, et y vivent comme s'ils étaient seuls au monde. Lorsque les parcours et occupations symboliques coïncident, il en résulte une coopération, comme dans les cas de mimétisme chez les insectes, ou de partage d'un territoire ou d'un lek par plusieurs espèces différentes d'oiseaux. Quand un fauve rencontre une proie, il n'attaque que les bêtes malades ou blessées, déjà repoussées hors de la communauté de leurs semblables. Le prédateur, tel que le présente par exemple P. Colinvaux [21], devient un ami de l'espèce en empêchant ainsi les épidémies de se propager ou les bêtes affaiblies de peser sur les ressources. On est à l'opposé de la compétition chère à la tradition écologique du conflit, illustrée par le célèbre principe de Gause [22] (une niche égale une espèce : c'est la raison pour laquelle cette affirmation, faite sur la foi d'une expérience sur les charançons qui mérite les mêmes critiques que celles de Pearl, soulève tant de discussions passionnées).

Ces traditions animales sont si fortes que, lorsqu'une dépopulation se produit après une catastrophe, elles ont bien du mal à être ranimées et bloquent la récupération démographique. Après l'épidémie de myxomatose, les lapins ne sont jamais vraiment parvenus à se réinstaller en France et en Angleterre comme auparavant. Même les grandes baleines de l'Atlantique Nord, que l'on ne chasse plus depuis cinquante ans, ne retrouvent pas leur effectif d'antan car elles ont perdu les habitudes qui leur rendaient l'océan familier.

Ainsi, pour Wynne-Edwards, comme pour nombre d'écologistes professionnels, l'homme est passé de l'autre côté de la nature. Son opposition à la nature, par laquelle il s'est systématiquement défini en Occident, a fini par devenir une réalité. Désormais, l'homme développé est hors de la nature. Le domaine de l'homéostasie, de l'équilibre et de l'optimum lui est interdit, et sa course fatale devrait vite cesser, comme ont disparu au cours de l'évolution toutes les espèces qui ont refusé la mesure et les régulations. Cette conception de la nature est à l'opposé de celle de Pearl, de Nicholson et même d'Andrewartha et de Birch : là où ces auteurs recherchent des mécanismes simples, ou voient seulement la main du hasard régissant la vie d'individus presque entièrement isolés face à leur environnement, l'école de la régulation imagine des relations subtiles entre tous les êtres d'une espèce. Là où les uns envisagent un maximum, ou bien même une fluctuation désordonnée, les seconds parlent d'optimum. Pearl cherche à se débarrasser des contraintes biologiques pour souligner la liberté humaine. Wynne-Edwards, Moffat, ou Huxley insistent sur le haut degré d'organisation et d'efficacité du monde animal. Pour les uns, l'homme doit organiser une société vraiment humaine après avoir pris conscience de ses limites physiques, pour les autres, la société idéale est derrière nous, au plus tard à l'époque des chasseurs-cueilleurs, mais surtout en amont, dès les premiers arthropodes, oiseaux, reptiles et mammifères. Wynne-Edwards compare souvent les comportements animaux et humains, mais toujours en se référant à une humanité primitive. L'humanité actuelle ne l'intéresse pas en tant qu'espèce biologique car elle est sortie des règles du jeu homéostatique. Parler à son sujet d'équilibre ou de population limite n'a aucun sens. Cela n'en a guère plus pour les espèces naturelles car il s'agit d'un pléonasme. Par définition, elles sont automatiquement maintenues à leur nombre optimal. La population limite n'est donc pas autre chose que l'effectif constaté.

Le réductionnisme fonctionne ici en sens inverse : Pearl ou Nicholson pensaient la nature comme une entité physique obéissant à des lois semblables à celles de la matière. Wynne-Edwards, au contraire, voit la nature comme une société humaine. Tout mystère animal est aussitôt censé cacher une conduite sociale au sens qu'il donne à ce terme, c'est-à-dire orientée vers la recherche de l'optimum de population. Si le plancton remonte à la surface de la mer et redescend à cent mètres de profondeur selon un cycle diurne, c'est pour le motif « épidéictique » d'évaluer sa densité de manière à la contrôler. Il en va de même pour les chenilles processionnaires du chêne ou pour ces papillons danaïdes qui hibernent par milliers sur un arbre isolé de la côte Pacifique. Dans un cas, la nature prend les couleurs sinistres d'une fatalité mécanique et matérielle pesant sur l'homme ; dans l'autre, elle adopte les délicats coloris d'une société idéale perturbée par l'homme. Dans un cas, le vivant n'est qu'accumulation locale de matière de tel ou tel type (les composés organiques), dans l'autre, le vivant est un tissu de relations entre les êtres au sein de leur espèce.

L'homme encadré dans la société

L'extrapolation des résultats de Pearl ou de Nicholson à l'espèce humaine souffre d'un biais matériel initial et conduit à des aberrations. Les effets de la théorie sociale de la nature sont encore pires. Ainsi, J.B. Calhoun se proposait de « formuler un mécanisme d'interaction sociale qui puisse aussi bien être appliqué à l'homme qu'à la souris [23] ». Pour cela, il partait de l'idée « épidéictique » selon laquelle l'homme comme l'animal doit faire face à des groupes de taille différente (famille, parenté, colonies de nidifieurs, agrégats de plusieurs espèces autour d'un point d'eau, troupeaux immenses, ou grandes cités). Il proposait une échelle de valeur mesurant la variabilité de ces contacts : « Au plus bas niveau de développement et de relations, un individu fait seulement face à sa société. A un niveau plus élevé, il participe simultanément à l'activité d'une ou plusieurs communautés de différentes tailles [24]. » La mesure du niveau social, c'est-à-dire, rappelons-le, du niveau d'interaction, peut donc être assimilée dans un premier temps à celle de la différenciation de la taille des groupes humains ou animaux. Or il existe une très belle régularité statistique dans la distribution de nombreux groupes observables, qu'il s'agisse de la fréquence des différents mots dans un texte, de la population des villes d'un État, ou de la fréquence des migrations à partir d'une ville donnée : c'est la loi de Zipf, dite aussi loi rang-taille (d'ailleurs formulée, comme celle de Pearl, bien plus tôt, par le géographe allemand Auerbach en 1908) [25].

Cette loi très simple et dont la généralité et la précision ont étonné nombre de savants dit que le produit de la fréquence d'un item considéré (mot, ville, genre biologique) par son rang dans l'ordre décroissant des fréquences est constant. Ainsi, si la troisième ville d'un pays donné a 100 000 habitants, la quatrième en aura 75 000 car 100 000 multiplié par 3 vaut 300 000 et 75 000 multiplié par 4 aussi. La dixième ville dans le même pays, selon cette loi, aura alors 30 000 habitants et la centième 3 000. En suivant l'argument de Calhoun, plus la taille des groupes humains se différencie, plus on doit se rapprocher de la loi de Zipf, qui figure l'optimum : « Quand toutes les communautés formant une communauté d'ordre plus large ont chacune atteint leur *climax*, en référence à leur spécialisation fonctionnelle, et quand les relations entre les communautés de divers ordres de grandeur sont à leur *climax*, on peut vraiment parler de réalisation du *climax* de la communauté[26]. » Le *climax* a ici la même signification en latin que l'homéostasie en grec, c'est-à-dire l'équilibre à l'optimum. Inversement, quand il y a trop de groupes ou d'agglomérations sans spécialisation fonctionnelle, la courbe rang-taille est renflée en son milieu, et déséquilibrée.

Calhoun observe bien une telle tendance vers l'optimum pour les quatre populations dont il étudie la répartition des groupements selon leur rang de classement : le nombre de souris dans des parcelles de même surface, rangé en ordre décroissant, donne une courbe très convexe, donc très loin de l'optimum social, ce qui est jugé normal à cause de leur faible organisation sociale. Ensuite, les groupes d'aborigènes australiens recensés par Birdsell et rangés par ordre de nombre décroissant donnent une courbe encore plus convexe, ce qui leur vaut une remarque : « Cela suggère un effort conscient des hommes primitifs pour ne pas communiquer avec leurs voisins. Peut-être un tel isolement est-il une condition préalable au développement des relations à l'intérieur même de la communauté. » Heureusement, les choses s'arrangent avec l'URSS. La courbe de ses cités classées par ordre de population et rang d'importance se rapproche cette fois de la loi de Zipf, mais « bien que la Russie soit bien plus proche du *climax* que les souris et les aborigènes, il faudra que les relations sociales s'y développent plus pour que ce pays devienne comparable aux États-Unis sous cet aspect ». Les États-Unis, quant à eux, suivent aujourd'hui, on l'aura deviné, presque parfaitement la loi de Zipf. La loi rang-taille devient l'aune du progrès et même de la perfection d'une société aussi bien animale qu'humaine.

Zipf lui-même a poussé beaucoup plus loin ce raisonnement dans son livre *National Unity and disunity*[27] publié en 1941 aux États-Unis. Sa théorie mérite d'être examinée car elle permet de comprendre à quelles conclusions sur la société aboutit une réification mathématique des relations sociales en termes d'optimum et de normes physiques. Partant de la liste des cités américaines du recensement de 1930, classées par ordre de population décroissant, Zipf note l'extrême régularité de sa loi : les populations des 1re, 2e, 3e, etc., villes sont comme les chiffres 1, 1/2, 1/3, etc. et ce jusqu'à des bourgades de 2 500 habitants qui sont à peu près en 3 000e position (New York est la plus grande ville avec 7 millions d'habitants à l'époque. On vérifie bien que 1 multiplié par 7 millions vaut à peu près 2 500 multiplié par 3 000). Une conclusion s'impose : « Peut-être l'inférence la plus évidente à tirer de cette série ordonnée de toutes les communautés de la population, c'est qu'une nation pourrait fort bien être une entité naturelle biosociale, à peu près comparable à une fourmilière, unc ruche ou une termitière. »

Pour expliquer sa loi, Zipf utilise plusieurs raisonnements analogiques qu'il développera plus amplement dans son ouvrage d'après-guerre sur le principe du moindre effort [28]. En gros, la loi serait celle qui minimiserait la somme des distances parcourues par les individus ou les marchandises : « La loi de la série harmonique est celle de l'organisation économique de l'énergie dans les masses naturelles en mouvement dans l'espace à trois dimensions sous l'action de processus vivants quels qu'ils soient [29]. » Zipf applique cette proposition aussi bien à la fréquence des mots dans *Ulysse* de Joyce qu'à la distribution des villes américaines, mais il serait bien en peine de la prouver. C'est sans doute le mathématicien Benoît Mandelbrot qui a donné la clé de cette réelle régularité rang-taille, dans un de ses premiers articles paru en 1953 [30], d'ailleurs cité par Calhoun. Il remarqua que la loi de Zipf était proche d'une loi de Pareto, ou loi puissance (une série géométrique), et apparaissait dans tout phénomène sans échelle, c'est-à-dire qui reste identique quelle que soit l'échelle à laquelle on le regarde (les tourbillons, ou les fractales). Mais ceci est une autre histoire que ne connaissait pas Zipf. Avec la formulation en « rang-taille », il est en outre impossible de faire les mathématiques correctes que permet la loi géométrique.

La loi a donc un contenu allégorique et non scientifique. Son usage n'en prend que plus d'intérêt. La progression des lois montrées par Zipf dans *National Unity and disunity* suit un rythme proche de celui employé par Pearl pour présenter ses lois logistiques. Zipf explique que des forces d'homogénéisation s'opposent à des forces de diversification. Les premières entraînent une surcharge de la courbe dans les tailles de villes intermédiaires, et les secondes, l'étirement des extrêmes. Quand une annexion se produit, l'homogénéisation domine car des cités sont rajoutées au milieu de la série, et, quand un démembrement a lieu, c'est l'inverse, avec une prépondérance des forces de diversification. Après avoir montré la loi pour les États-Unis en 1930 et expliqué sa conception de la perfection du peuplement national, Zipf aligne les courbes pour les recensements américains de 1790 à 1930. Il constate que l'on s'écarte le plus de la loi entre 1840 et 1860, juste avant la guerre de Sécession, et qu'en 1929, juste après le Vendredi noir, la loi a été le mieux ajustée de toute son histoire (ce qui laisse rêveur sur la nature d'un tel optimum). Il passe ensuite au Canada, qui se révèle moins régulier, ce que laisse supposer la coexistence de Français et d'Anglais. Puis vient le tour de l'Allemagne, pour laquelle les courbes de 1875 à 1939 sont calculées et tracées. Comme c'était déjà le cas chez Pearl, elles se révèlent très irrégulières. Zipf souligne la cassure (l'« explosion ») de 1919 : « Entre 1919 et 1925, on perd un certain nombre de communautés de plus de 2 000 habitants. Cela pourrait être compensé par un accroissement de la taille des plus grandes communautés subsistantes... Mais au contraire, il y une sérieuse évidence d'hétérogénéité depuis 1919. On remarque cependant qu'une large part de l'hétérogénéité a disparu depuis 1933...

Maintenant, en 1939, les données montrent que la courbe est beaucoup plus régulière, et l'on peut supposer que cette régularisation est due à l'annexion de l'Autriche et des Sudètes... Nous posons la question de savoir si ces forces hypothétiques qui sont derrière nos courbes ne sont pas en rapport avec les forces supposées du *Lebensraum* [31]. »

Pour employer plus crûment le langage de la nature et de ses équilibres : « Dans son amour de l'équilibre, la nature est peut être engagée pour l'instant dans la restauration des conditions plus proches de la saturation dans les territoires d'Europe de l'Est et de l'Ouest, ainsi que sur le reste du globe », tout ceci à cause du « découpage arbitraire des territoires nationaux effectué en 1919 ». Sur ce dernier point, Zipf rejoint, comme on le verra bientôt, Pearl et Carr-Saunders. Il énonce en même temps une théorie humaine et sociale terrifiante. Bien qu'elles ne fassent qu'exprimer la tendance à l'optimum des relations sociales, les lois de l'équilibre sont tellement prégnantes que « la nature peut soudainement se remettre en place avec une force quasi explosive ». Ceci parce que les liens nationaux l'emportent entièrement sur les autres, car « sur la base de nos observations, un groupement national des humains est naturel, c'est-à-dire que la nation a une justification dans le plan équilibré de la nature... A cause du formalisme de notre éducation, nous oublions que les systèmes socio-économiques sont vivants, qu'ils se reproduisent, s'accroissent ou décroissent, comme le traduisent les taux de natalité et de mortalité, avec un constant relâchement de la tension par laquelle la nature cherche selon ses voies insondables à préserver l'équilibre sur son terrain ». Tout peut dès lors entrer dans un tel système d'explication, et tout y entre d'ailleurs, notamment l'antisémitisme qui « est sans doute plus de l'ordre de la thérapie que de la maladie [32] », car bien sûr destiné à restaurer l'équilibre naturel. Plus généralement, les maux de ce monde, comme le racisme et la guerre, ne sont que des retours à l'équilibre.

Comment expliquer cependant que la crise de 1929 survienne au moment où l'optimum est atteint ? Zipf glisse sur la difficulté, emporté par son flot d'analogies. C'est un très bon biophysicien, Murray Eden, qui trouva une échappatoire : la loi de Zipf n'était qu'une étape menant vers une opposition de plus en plus grande entre groupes de petite et de très grande dimension. Au début de l'évolution, tous les groupes ont à peu près la même dimension, comme chez les souris et les aborigènes, puis les écarts se creusent et des groupes de dimension intermédiaire apparaissent, menant à la loi rang-taille. Ensuite, les petits groupes accroissent leur cohésion, ainsi que les très grands, tandis que les groupes de taille intermédiaire perdent leur influence. La simulation imaginée par Murray Eden permet d'argumenter dans ce sens : il suppose que tous les individus sont des points se déplaçant au hasard dans un espace donné. Lorsqu'ils passent à proximité les uns des autres, une interaction a lieu. Elle laisse les individus dans un état « réfractaire » au contact pendant un certain temps. A mesure que la population se densifie, les contacts sont bien sûr plus nombreux, mais aussi les moments où les individus se trouvent dans cet état réfractaire. Passé une certaine densité, la fréquence des contacts dans lesquels les individus sont disponibles, c'est-à-dire hors d'une période réfractaire, diminue. Là se trouverait l'explication du stress. Pour l'éviter, les déplacements ne doivent plus s'effectuer au hasard, mais par petits groupes : « Chaque individu doit développer une personnalité susceptible de répondre à deux niveaux, l'un diffus et impersonnel dans les affaires économiques générales, l'autre personnel et intense dans la sphère étroite où son *ego* s'affermit. Notre société matérialiste dirigée par l'économie a fait pénétrer la superficialité des contacts nécessaire à la réalisation du climax économique dans la sphère la plus intime de la vie, où cela est biologiquement incompatible...

Il est logique de supposer que le *climax* social est atteint à de plus faibles densités que le climax économique. » Le *climax* économique est effectivement assimilé dans le modèle à l'ensemble des contacts, et le *climax* social à ceux où les deux individus sont disponibles.

Par quelque bout qu'on la prenne, l'idée sociale de la nature conduit donc à un échec : soit, comme Zipf, on maintient la matérialité des relations entre individus, ce qui aboutit à une domination complète de la société, au totalitarisme, puisque seule compte la distance au modèle de la loi rang-taille. Peu importe que les individus aient une liberté personnelle et des goûts respectables. Ils ne sont que des rouages anonymes dans la machinerie sociale qui les plie à la recherche de son homéostasie mesurée par la loi rang-taille. Si vous êtes un Tchèque des Sudètes, vous êtes sacrifié à la restauration naturelle de la loi rang-taille dans le IIIe Reich. Si vous êtes juif, on vous chasse ou on vous gaze, car la force naturelle de cohésion et d'unification domine à ce moment-là l'entité biosociale nommée nation où vous résidez. Le modèle des insectes sociaux est présent entre les lignes, et ce n'est pas un hasard s'il servira bientôt de prototype à la sociobiologie.

Sinon il faut se réfugier dans la nostalgie de l'équilibre social naturel que la réalisation d'un équilibre économique a compromis par une densité trop forte. Pour Ehrlich, pour Cousteau, pour Kingsley Davis aussi, nous sommes bien au-delà du niveau d'équilibre. Cela se voit aux mille injures faites à la nature terrestre. Le retour en arrière, à un milliard d'humains pour Ehrlich, ou à 600 millions pour Cousteau est un véritable retour à la nature mythique et équilibrée par définition. Il est clairement impossible.

Que l'on adopte sur la nature un point de vue de physicien, comme Pearl et Nicholson, ou un point de vue social, comme Wynne-Edwards, on se heurte à l'impossibilité de définir ces fameux paramètres naturels au nom desquels le monde devrait être dirigé. Chacun des deux points de vue ne fait que défendre une idéologie de la nature. Le génie de Malthus a peut-être été de combiner les deux visions dans son apologue. Le développement des ressources figure le point de vue matériel, physique, mécanique que renforce encore le postulat si souvent attaqué d'un accroissement arithmétique. De l'autre côté, la multiplication du genre humain, à cause de l'impétuosité indomptable des relations sexuelles, figure la force des relations sociales au sein de l'humanité. Malthus met en scène ce conflit, non de deux forces réelles, mais de deux idéologies, de deux représentations de la nature. Il en déduit, par confrontation des deux tendances, la réalisation d'un équilibre alors que le postulat d'un équilibre est à l'origine de chacune des idéologies. Il fabrique donc bien un mythe, puisqu'il inverse les causalités, ou plutôt, transforme les prémisses en résultat de son raisonnement. Est-il possible d'échapper au dilemme des deux représentations de la nature, physique et sociale, et ne peut-on pas remettre en cause justement les postulats initiaux de l'équilibre, puisqu'on a retrouvé leur rôle ? Il suffit pour cela de se tourner vers la flexibilité biologique et sociale des sociétés humaines et animales, sur leurs possibilités d'adaptation, ce qui revient d'ailleurs à remettre en cause toute idée d'équilibre. Il faut au fond élargir la voie tracée par Andrewartha et Birch, seul moyen d'échapper à des fatalités biologiques postulées plus que réelles. On arrive ainsi à la thèse de Boserup, que l'on oppose d'habitude à celle de Malthus.

Chapitre 11

Adaptation et flexibilité : les rats, les babouins et Gaïa

Pour J.D. Calhoun [1], la nature ne ressemblait pas à un bocal d'un demi-litre, mais à une grande pièce de quatre mètres sur quatre étrangement meublée. Construite au milieu d'un champ, couverte de plaques de verre pour que l'on puisse observer facilement les quatre-vingts rats qui y vivaient enfermés, la chambre était divisée en quatre carrés, séparés les uns des autres par un grillage électrique. Une simple ouverture faisait communiquer deux des carrés, qui étaient en outre reliés chacun à l'un des carrés restants par une passerelle surélevée assez étroite franchissant le grillage électrique. Entre les deux derniers carrés, il n'existait aucune communication. Dans chaque carré, on trouvait en outre une plate-forme avec quatre caisses emplies de copeaux auxquelles on accédait par un escalier en colimaçon. La plate-forme de l'un des carrés terminaux était d'accès très difficile, celle de l'autre carré terminal, d'accès difficile, et celles des carrés centraux, d'accès aisé. Il y avait aussi au sol des récipients pleins d'eau et de curieux petits édifices ressemblant à des fusées ou à des clochers en miniature, composés d'un cylindre coiffé d'un cône. Le cylindre était en grillage fin, et une soufflerie pulsait en permanence à l'intérieur des fragments de nourriture que les rats devaient saisir au vol en passant la patte ou le museau à travers les trous du grillage.

Progressivement, la vie des rats s'organisait dans ces quatre carrés. Ils adoptaient ou subissaient un rôle particulier. Dans le carré le plus isolé, celui où la plate-forme était la plus élevée, un gros rat s'était installé avec quelques femelles et un jeune mâle soumis. Le gros mâle restait presque toujours tapi au pied de l'escalier. Il menaçait quiconque tentait de pénétrer dans son réduit. Les femelles qu'il montait régulièrement accouchaient, puis élevaient leurs portées dans les caisses de la plate-forme. De temps en temps, le jeune mâle craintif leur faisait des avances, mais il était surveillé par le mâle dominant qui le possédait alors fréquemment. Les rares moments où le maître de céans relâchait sa surveillance étaient occupés par les repas. Le gros rat se postait devant un des cylindres coniques et tentait d'attraper des bouts de nourriture à travers les grillages. Parfois, les femelles en profitaient pour franchir la passerelle et se promener ou se nourrir dans les autres carrés. Les jeunes portées se développaient et rejoignaient les rats des autres espaces quand elles avaient atteint l'âge adulte.

Il régnait une tout autre atmosphère dans les deux carrés centraux. Les caisses destinées à abriter les nids n'étaient pas entretenues. De petits ratons, parfois moribonds, gisaient abandonnés par leur mère dans les escaliers ou sur le sol. Une grande agitation s'était emparée de la gent rate. On y distinguait plusieurs comportements. De jeunes mâles agressifs se querellaient autour des mangeoires, se mordaient, attaquaient les femelles, et les montaient même en dehors des périodes fécondes. Ils couraient dans tous les sens, tentaient parfois de pénétrer dans le sanctuaire du rat dominant, succombaient souvent dans la force de l'âge au cours de combats et dévoraient parfois leurs congénères ou les ratons abandonnés. Parmi eux circulaient des sortes de zombies, des rats gras, bien portants, au poil lustré, mais évitant tout contact social, mangeant quand les autres dormaient et refusant de répondre à toute attaque ou provocation.

Enfin, un dernier groupe de rats, comble de l'horreur pour leurs observateurs de l'Amérique maccarthyste, se livraient à l'homosexualité. Dans le dernier carré, la situation était moins nette. De temps en temps, un mâle s'établissait comme mâle dominant et retenait quelques femelles, mais le plus souvent son pouvoir ne durait pas longtemps, et il cédait la place à un autre jeune mâle.

Après un peu de flottement, la situation et la population se stabilisaient pour toute la durée de l'expérience. Par leur organisation sociale, les rats avaient contrôlé leur effectif, bien en deçà des subsistances distribuées sans limite dans les cylindres grillagés. L'équilibre s'installait grâce à une spécialisation des rôles et des espaces. Dans le carré le plus protégé, tant par la seule passerelle le rattachant aux autres que par la hauteur de la plate-forme de nidification, la population se structurait en une famille avec une intense spécialisation des sexes et des âges. Il en résultait une forte croissance, et une émigration vers les autres espaces, où, au contraire, la confusion des âges et des sexes empêchait une structure familiale de se former, et interdisait pratiquement la reproduction. Il était tentant de voir dans un tel dispositif expérimental une parabole de la ville et des champs d'autrefois : en effet, jusqu'à une date récente, on mourait plus à la ville qu'à la campagne. Les villes ne se maintenaient que par un apport continu de populations rurales. Les mœurs y étaient moins strictes. On s'y mariait plus tardivement et les enfants naturels, déjà assez fréquents au XVIIIᵉ siècle, devinrent très nombreux au XIXᵉ (40 % des naissances à Paris sous Louis-Philippe [2]).

A l'exception d'une allusion voilée aux grandes cités, Calhoun ne faisait cependant aucun parallèle entre son univers bizarre et la société humaine. Point n'était nécessaire, à vrai dire, tant la parabole était claire. Le dérèglement des individus vivant dans les carrés centraux provenait visiblement de la trop forte densité à laquelle chacun s'adaptait tant bien que mal. Plus exactement, le dispositif expérimental intensifiait les interactions. En effet, d'habitude, les rats se nourrissent furtivement et solitairement. Ici, ils étaient obligés de stationner longuement devant les cylindres à air pulsé pour attraper assez de nourriture. Ils entraient alors en contact les uns avec les autres durant de nombreuses minutes. Le dispositif expérimental reproduisait fidèlement l'idée du modèle mathématique de Murray Eden dont il a été question au chapitre précédent : le stress provenait des nombreuses interactions dans un état « non réactif » au cours des repas. L'exiguïté des lieux accroissait encore la tension mais, curieusement, ne la créait pas : Calhoun explique qu'il avait eu du mal à obtenir une société diversifiée. Sans les cylindres et surtout sans le curieux dispositif de distribution de nourriture, aucune de ses expériences n'avait réussi à produire une différenciation aussi poussée des rôles.

On pourrait adresser à cette société de rats dans ses carrés la même critique qu'à celle des mouches dans leurs bocaux : leurs réactions étaient la conséquence des conditions de l'expérience. Elles ne correspondaient à aucune organisation naturelle de l'espèce, et donc ne renseignaient ni sur le comportement de la population, ni surtout sur les causes de son évolution. L'expérience des rats de Calhoun serait donc à ranger parmi les innombrables expériences qui ont pensé reconstituer les conditions de la nature dans un espace exigu, fermé et simplifié à outrance. Tout au plus, dans le cas des rats, la simplification était-elle moins extrême.

Mais on peut tirer une autre conclusion : quelle que soit l'étrangeté du dispositif, il engendre un comportement social particulier qui ne se manifesterait pas autrement. Il existe donc une réserve de flexibilité du comportement ou de l'adaptation sociale chez le rat. Plus généralement, certaines conditions de l'environnement entraînent certaines modifications sociales. Sans porter de jugement sur les vertus de la vie de famille ou sur le danger des bandes de jeunes, on peut constater que la stratification, à la manière du pecking-order, donne des probabilités de survie et de reproduction très différentes à chaque individu selon la situation qu'il occupe dans les quatre carrés. Quelle est l'amplitude de cette flexibilité ? Combien d'autres expériences aussi abracadabrantes révéleraient-elles de nouvelles configurations sociales ? Impossible d'y répondre, mais une autre question est encore plus intrigante : une fois stabilisée dans ce nouveau mode de vie, comment la population de rats s'adapterait-elle à un nouveau changement de l'espace et de la distribution des subsistances ? Soumise à une sélection génétique et à des apprentissages dans la pièce de Calhoun, elle pourrait se comporter différemment d'un groupe que l'on confronterait directement à ces nouvelles conditions. Calhoun n'a malheureusement pas continué son exploration du changement de comportement car il poursuivait d'autres buts plus directs, comme celui de démontrer l'influence nocive de la densité, donc des agglomérations, sur le comportement. Il faut se tourner vers une autre population animale, celle des singes hamadryas, pour trouver des éléments de réponse.

Les babouins hamadryas vivent en bandes aux franges du désert éthiopien. Hans Kummer [3] les a observés pendant plusieurs années. Voici comment il décrit une journée ordinaire dans leur vie : à l'aube, plus d'une centaine de ces singes achèvent leur sommeil accrochés aux parois d'une vallée desséchée qui découpe très profondément le plateau désertique du Danakil. Dormant d'un seul œil, ils réagissent à la moindre pierre qui se détache de la falaise. Avec les premiers rayons du soleil, ils s'ébrouent et gagnent le rebord du plateau où ils se disposent en petits groupes compacts séparés les uns des autres par quelques mètres. Chaque groupe comprend un mâle, une ou plusieurs femelles et de jeunes babouins. Les adultes s'épouillent consciencieusement pendant près d'une heure, les enfants courent entre les groupes. De jeunes adultes sans femelles tentent de tromper la surveillance du chef du groupe familial en courtisant l'une de ses femelles. Ces sigisbées réussissent rarement. Quand ils sont surpris par le mâle, ils s'enfuient tandis que ce dernier bat la femelle impliquée.

Progressivement, l'ensemble du groupe se segmente en bandes comprenant une dizaine de groupes familiaux. Chaque bande hésite longuement sur le chemin à prendre pour partir à la recherche de nourriture et d'eau. Quelques jeunes adultes se dirigent d'un côté puis s'immobilisent. Parfois un groupe familial les rejoint, puis d'autres jeunes partent dans une autre direction. Après plusieurs tentatives, tous les groupes acquiescent et la bande se met en mouvement. Elle chemine pendant plusieurs kilomètres, atteint un bosquet d'acacias, dont les graines constituent l'essentiel de leur nourriture. Chaque groupe choisit un arbre, y grimpe et le vide consciencieusement de ses cosses. Lorsque les babouins sont rassasiés, ils se remettent en marche pour rejoindre un point d'eau, où ils retrouvent en général d'autres bandes. Ils boivent précautionneusement, creusant dans le sable de l'oued desséché un trou où l'eau sourd, comme font les enfants sur une plage. Vers le milieu de l'après-midi, les groupes, séparément ou de concert, repartent à la recherche d'un gîte nocturne. Ils doivent en effet passer la nuit sur une falaise abrupte, comme celle où on les a découverts à l'aube. Quand ils arrivent au bas d'un site propice, ils se font reconnaître des bandes qui peuvent y être déjà installées et qui doivent les accueillir, ce qui n'est pas toujours le cas, certaines bandes seulement étant liées entre elles et acceptant de partager leur dortoir.

H. Kummer, qui a suivi à la jumelle pendant des journées entières cet emploi du temps, en donne une explication, fonctionnelle dans un premier temps : à chaque niveau, le groupe familial, la bande et la troupe, correspond une contrainte écologique spécifique qu'il optimise. La troupe est limitée par la capacité d'accueil des falaises où l'on peut dormir en groupe, et aussi par l'importance des points d'eau. L'effectif des bandes dépend de la dimension des bosquets d'acacias. Enfin, le groupe familial permet d'exploiter un arbre entier. Pour justifier cette dernière contrainte, Kummer remarque que les mâles les plus forts se nourrissent les premiers. Pour que les femelles, qui sont de plus petite taille, et *a fortiori* les enfants aient leur part, il faut qu'ils profitent de la position d'un mâle. En outre, les plus petits animaux accèdent seulement aux plus petites branches des acacias, ce qui laisse à manger à tout le monde. Les trois niveaux de groupement permettent donc de faire face à ces trois contraintes. Il existe une quatrième contrainte, la défense contre les prédateurs. A partir du moment où les hamadryas vivent en groupe, ils ont intérêt à être aussi nombreux que possible pour mieux intimider, débusquer ou faire face aux prédateurs. C'est effectivement ce qui se produit durant les marches diurnes. Les mâles encadrent le reste de la bande et, au moindre signe suspect, attaquent les fauves à l'affût. De même, la nuit, plus d'individus, c'est plus de surveillance, ou plus de possibilités d'être réveillé par le premier bruit.

Roman ? *A contrario,* imaginons comment un babouin isolé pourrait survivre : la nuit, même suspendu dans le vide, il pourrait être découvert par un fauve agile, qui ne serait pas effrayé par un seul singe. De jour, même problème pendant ses parcours. Les babouins geladas qui vivent en tout petits groupes dans les savanes plus au sud ont résolu différemment le problème : ils dorment dans les arbres et, à la moindre alerte, ils se dispersent, le plus vigoureux cherchant à attirer le poursuivant.

Pourquoi les hamadryas n'ont-ils pas adopté cette méthode ? Certes, ils courent moins vite que les geladas, mais on imagine qu'un peu de sélection naturelle aurait pu améliorer leur sprint. Cependant, il existe une meilleure raison : les geladas vivent dans un habitat plus humide où les arbres sont mieux répartis dans la savane. Ils n'ont aucun effort à faire pour trouver leur nourriture. Les hamadryas, par contre, doivent chaque jour localiser un bosquet d'acacias et un point d'eau. Le bosquet ne doit pas avoir été visité dans les jours précédents, car en chercher un autre dépasserait vite la résistance des bêtes les plus faibles, enfants et femelles gravides. Vue sous cet angle, la vie des hamadryas paraît soudain formidablement difficile : comment un ensemble de bandes informelles peut-il avoir un souvenir des lieux précédemment visités ? Comment peut-il en avoir une représentation, valable à partir de n'importe quel gîte nocturne sur les falaises ? Kummer pense que les longues hésitations avant le départ, qu'il qualifie de « démarche en pseudopode », sont en fait des tentatives de se souvenir en groupe des précédentes visites, ce qui serait facilité par le fait que les familles changent souvent de bande. Au petit matin, se trouvent donc rassemblés dans une seule bande les souvenirs des randonnées de la plupart des trajets des jours précédents. Il faut aussi empêcher que des bandes inconnues ne prélèvent de la nourriture, donc bloquer leur accès en contrôlant les gîtes nocturnes, d'où les précautions observées en les abordant le soir.

Au fond, les hamadryas font face au même problème que les sauterelles et les lucilies : comment localiser la nourriture ? Mais là où les insectes répondent par une très forte fécondité suivie d'une dispersion au hasard grâce à laquelle au moins quelques individus tombent sur de la nourriture et peuvent recommencer le processus, les singes utilisent les ressources de la mémoire et de l'effort de groupe. Pour eux, comme le voulait Wynne-Edwards, la nature commence à devenir symbolique, composée de lignes, les trajets, et de points nodaux de divers types, les bosquets, points d'eau et falaises-dortoirs. Ces éléments forment leur patrimoine culturel. Pour le conserver et surtout l'utiliser, ils doivent agir en commun. C'est une autre difficulté à laquelle on pense peu, bien que pour nous l'école constitue par exemple l'un des premiers dressages de cette nature : les animaux en groupe doivent partir ensemble, avoir faim, soif et sommeil au même moment. Les épouillages et les jeux collectifs aident d'ailleurs à une telle mise en phase.

Se peut-il que tous ces comportements soient génétiquement programmés ? Kummer découvre quelques déterminants hérités, par exemple un syndrome de dressage de la femelle par le mâle, mais la vie courante des hamadryas ne reproduit pas des séquences fixes de comportements hérités. Elle les combine selon les circonstances. Elle est flexible. C'est d'autant plus important et nécessaire que les babouins ne disposent pas d'un habitat régulier, terrier, ou nid, et qu'ils ne stockent aucune nourriture, à l'inverse de bien des mammifères. Chaque jour, ils doivent survivre en partant de rien, si ce n'est de leur mémoire. La configuration du désert de Danakil leur a fait adopter certains modes de survie, sans doute par sélection de groupe, mais elle ne les a pas bloqués dans le choix de leurs comportements. Kummer en donne deux preuves : lorsqu'il est revenu quelques années plus tard, le mode de choix des itinéraires au réveil avait changé. Au lieu de l'hésitation qu'il avait si souvent observée, maintenant, un vieux mâle prenait la direction des opérations et tous obtempéraient sans proposer d'autres solutions. De la démocratie, ou de l'oligarchie, les hamadryas étaient passés à une monarchie au sens propre du terme. La seconde preuve se trouvait dans les forêts-galeries qui viennent buter contre le plateau de Danakil. Là, des hamadryas survivaient, souvent mélangés à d'autres espèces de babouins, dans des sociétés hybrides et instables où la mortalité paraissait forte. Sans doute certains jeunes qui n'avaient pas pu former un groupe familial avaient-ils quitté le plateau pour ce milieu différent auquel ils ne s'étaient pas aussi bien adaptés.

Si intéressante qu'elle soit, la description de Kummer ne fournit pas d'éléments suffisants pour analyser la dynamique de la population d'hamadryas. On comprend que la croissance de la population soit favorable jusqu'à ce qu'un des plafonds régissant les trois niveaux soit atteint. Pour le groupe familial, le plafond est vite atteint avec la capacité du mâle à garder ses femelles et à résister à la concurrence des autres mâles. Au niveau de la troupe, l'interdiction de cohabiter écarte les bandes inconnues, qui doivent donc chercher de plus en plus loin et, en désespoir de cause, coloniser des régions moins propices comme les forêts-galeries. Mais, au niveau de la bande, ces groupes d'une dizaine de familles à la recherche d'un bosquet, on ne voit pas comment l'ajustement s'opère. Kummer ne s'en préoccupe guère, car il a découvert un autre principe autrement plus important, qui prolonge l'expérience de Calhoun, un principe de flexibilité du comportement. La limite des subsistances est toujours imaginée en reconduisant un comportement invariable, par exemple des méthodes agricoles ou industrielles immuables chez l'homme, ou une organisation en trois niveaux chez les hamadryas. Mais lorsque la densité change, les comportements changent aussi ; lorsque la pression des prédateurs change, les comportements changent aussi ; lorsque le climat change temporairement, les comportements changent aussi ; et ainsi pour tous les éléments que les hamadryas combinent pour vivre. Il paraît impossible de prévoir dans quelle direction la plupart de ces changements se produiront. *A contrario*, et c'est ce que fait Kummer, on peut seulement indiquer quels changements sont impossibles. Il cite, par exemple, le retour à une vie nocturne, pour laquelle un appareillage biologique entièrement différent devrait être reconstitué au terme d'une longue sélection.

Les deux preuves de la souplesse des comportements restent toutefois fragiles. On peut parler de régression dans le cas d'émigration vers un habitat moins adapté, et on peut mettre en doute l'observation des conditions du choix de l'itinéraire : à la jumelle, l'interprétation de Kummer ou de ses assistants peut transfigurer la situation. N'avons-nous pas employé des termes du langage politique pour parler de l'organisation de ces babouins ? Heureusement, une expérience cruciale est venue confirmer les premières preuves de Kummer. Elle a mis en évidence sur une population de macaques, assez proches des hamadryas, un changement continu de comportement, s'entretenant de lui-même après un certain temps. Cette expérience ingénieuse et même merveilleuse mérite d'être rappelée.

Les macaques en question vivaient sur Koshima [4], un îlot désert au sud du Japon. Ils se nourrissaient de fruits et de petits animaux dans la jungle. Souvent, ils se rassemblaient sur les plages pour des activités collectives comme l'épouillage, mais n'utilisaient ni la côte ni la mer pour leur subsistance. Des chercheurs japonais ont eu l'idée de modifier leur alimentation en répandant sur la plage des patates douces épluchées. Au début, les macaques n'y prêtèrent pas attention. Certains qui avaient porté une patate à leur bouche en recrachaient les morceaux à cause des grains de sable qui s'y étaient collés. Un jour cependant, une jeune femelle eut l'idée de secouer une de ces patates dans la mer, puis de la goûter. Cela lui plut. Elle recommença et, progressivement, d'autres jeunes femelles, de jeunes mâles, puis tous les macaques se mirent à laver dans la mer, d'un geste caractéristique, les patates et à les manger. La plage devint de plus en plus un lieu de séjour habituel. A l'exception des vieux mâles qui conservèrent toujours leurs anciennes habitudes, les macaques adoptèrent cette nouvelle nourriture. Les jeunes enfants, accrochés à leur mère, les accompagnaient dans l'eau au moment de laver les patates. Ils apprirent aussitôt le geste nécessaire. Ils s'habituèrent ainsi à ce nouveau milieu, commencèrent à savoir nager, et, quelques années après le début de l'expérience, ils étaient capables d'attraper des algues et des poissons. Devenue adulte, cette seconde génération, après la découverte du geste miraculeux, ne vivait plus que sur la plage et dans l'eau. Elle n'acceptait plus des aliments non salés, et quand elle prenait un fruit, le trempait longuement dans l'eau de mer. A force de nager et de pêcher, certains macaques s'éloignèrent des côtes, et on en retrouva sur une île voisine.

Comme une pichenette mettant en marche une lourde masse, les quelques patates douces jetées sur le sable avaient mis en mouvement la société des macaques. Nul ne pouvait désormais dire vers quel nouveau mode de vie elle se dirigeait, ni si une stabilisation de son évolution, c'est-à-dire de ses comportements, se produirait. Les chercheurs avaient donné la pichenette en fabriquant un hasard avec leurs patates douces, mais un tel hasard pouvait provenir de n'importe quel changement dans l'environnement, par exemple à la suite d'un tsunami ou d'une éruption volcanique. Il fallait cependant que les macaques éprouvent un quelconque intérêt pour le changement. On peut penser qu'il était plus facile pour eux de ramasser les patates que d'attraper des animaux ou de cueillir des fruits en haut des arbres, mais c'est une pure supposition matérialiste inspirée par l'idée du moindre effort. On peut aussi imaginer qu'en se nourrissant sur la plage ils n'interrompaient pas leurs interactions sociales comme lorsqu'ils partaient à la recherche de vivres, et même les renforçaient par le simple fait de rester en contact les uns avec les autres.

On a beau refuser la stabilité des comportements animaux, on la déplace d'un cran en supposant en amont des qualités stables dont dérivent la diversité et les changements observés. On pose cependant le problème en d'autres termes : au lieu d'une nature invariable contre laquelle viendraient buter des comportements fixes, on postule une nature variable façonnée par l'espèce à un moment donné, et des comportements variables de l'espèce conditionnés par l'environnement. Entre une nature objective, matérielle, hors d'atteinte de l'action du vivant, pensée sur le modèle astronomique où les corps célestes suivent des lois immuables, et des espèces dont le patrimoine génétique décrit avec précision le comportement solidifié par la sélection naturelle, les rats de Calhoun et surtout les macaques de Koshima obligent à considérer deux domaines intermédiaires, celui d'une nature que l'espèce choisit et qu'elle peut modifier comme lorsqu'elle abandonne la jungle pour la côte à Koshima, et celui d'organismes vivants dont les comportements sont flexibles à l'intérieur de larges contraintes comme ces mêmes macaques qui ne peuvent retourner à une existence nocturne, mais apprennent à nager et à attraper des poissons au gré de circonstances changeantes.

Ces deux interfaces, ou « *buffers* », entre la nature matérielle et l'organisme vivant peuvent être appelés, en première approximation, « environnement » et « société », dans le cadre qui nous concerne. Les théories atomistes de la population que nous avons discutées dans les chapitres précédents confrontaient explicitement des individus isolés à des contraintes matérielles immuables. C'était poser le problème de manière à ne pas le résoudre : un individu seul ne peut pas modifier la nature. Si l'on suit la définition de l'environnement d'Andrewartha, l'individu isolé est effectivement confronté à des contraintes entre lesquelles il se faufile mais qu'il ne peut changer. Au contraire, si l'on considère les individus en société, c'est-à-dire nombreux en interaction, et présents pour une longue durée, il faut admettre qu'ils fabriquent, en les sélectionnant, leurs contraintes, et aussi qu'ils les déplacent. L'environnement n'est plus une caractéristique différente pour chaque individu, mais une caractéristique commune au groupe au sein duquel on se reconnaît et on coopère.

Les insectes sociaux fournissent évidemment les meilleurs exemples de ces environnements spécialisés avec les ruches, les termitières et les fourmilières. Par exemple, l'intérieur de la termitière reconstitue les conditions atmosphériques qui prévalaient lorsque ces insectes sont apparus sur terre, hygrométrie à saturation et près de 5 % de gaz carbonique. L'interface a acquis une telle autonomie qu'elle finit par constituer l'essentiel de la nature pour cette espèce qui ne sort que la nuit furtivement et en colonnes pour ramasser des débris végétaux.

James Lovelock [5] a poussé plus loin cette comparaison en imaginant que la biosphère tout entière constituait un environnement du vivant, donc un espace de transition entre la nature matérielle et la vie. Par exemple, les bactéries anaérobies qui peuplèrent la terre aux tout débuts de la vie, il y a plus de trois milliards d'années, produisaient comme résidu de leur métabolisme de l'oxygène dans une atmosphère presque uniquement constituée de gaz carbonique. L'oxygène était pour elles une redoutable pollution qui les a progressivement obligées à se réfugier à l'abri de l'air libre, notamment à l'intérieur des organismes où elles mènent toujours leur vie primitive, facilitant notamment les processus digestifs (incidemment, certaines de ces bactéries produisent aussi un résidu de méthane qui suscite aujourd'hui beaucoup de craintes car il participe à l'effet de serre).

Lovelock postule que tout processus engendre un contrôle pour maintenir la vie sur terre. L'adaptation du vivant ressemblerait à celle d'un être immense qu'il nomme Gaïa. Des phénomènes aussi considérables que le volcanisme seraient même causés par ce vivant au cours d'un long cycle. Les coquilles des minuscules habitants du plancton, tombant « en neige des profondeurs » sur les fonds marins, forment des couches gigantesques de calcaire qui sont entraînées par la tectonique des plaques dans le magma. Là, le carbone se libère pour former des gaz légers dont la pression fait éclater les bouchons volcaniques. Le carbone réintègre ainsi l'atmosphère. Il est à nouveau absorbé par le plancton et à nouveau transformé en coquilles calcaires.

Le mécanisme n'est peut-être pas faux (le volcanisme a cessé sur Mars et les autres planètes où la vie n'a pas été repérée), mais il est téléonomique : il suppose une mystérieuse tension du vivant vers sa propre conservation, tendance encore moins explicable qu'un principe du moindre effort : « La propriété la plus importante de Gaïa est sa tendance à rendre optimales les conditions de toute vie terrestre », écrit Lovelock [6]. Même s'il invoque la sélection darwinienne, on ne comprend pas comment celle-ci peut avoir « pour objectif, la préservation de conditions optimales pour la vie dans toutes les circonstances ». Les macaques de Koshima optent pour une vie marine en raison de circonstances qui n'ont rien à voir avec la recherche d'un optimum. Ils vont peut-être rencontrer des concurrents dans ce nouveau milieu, ou au contraire le ponctionner au point qu'ils devront adopter d'autres comportements. Ils vont peut-être accroître leur dispersion par émigration à la nage et coloniser de nouveaux milieux où ils reprendront une vie forestière. Rien ne garantit qu'au bout du compte ils soient plus nombreux et en meilleure forme. Rien ne garantissait *a fortiori* aux bactéries anaérobies que leur production d'oxygène n'allait pas stériliser toute la planète. La croyance en des mécanismes d'ajustement optimaux est aussi magique que la croyance en l'optimum. La seule chose qui peut être avancée est la très grande adaptabilité de l'ADN à la variabilité des circonstances. Par exemple, en cas de catastrophe nucléaire ou de disparition de l'ozone stratosphérique, on peut penser que la destruction du vivant s'arrêtera au niveau où des ADN résistants apparaîtront. Mais ce niveau peut être l'homme, le rat, la mouche, la microscopique algue bleue, ou bien la simple bactérie, à partir de laquelle une nouvelle série vivante redémarrera, comme par exemple dans la fosse de Russel à l'ère secondaire [7]. Du point de vue d'une supposée Gaïa, c'est peut-être heureux, mais pour l'amateur de Mozart, des ordinateurs et de la cuisine régionale, c'est un faible réconfort d'avoir une bactérie, même très résistante, pour seule héritière.

On peut adresser à Wynne-Edwards et à Lovelock la même critique qu'à Pearl et à Nicholson : il n'y a pas d'optimum, ni d'homéostasie, ni d'équilibre optimal dynamique. Les populations varient avec leurs environnements, non seulement en densité, ce qui était le point d'Andrewartha, mais aussi dans leurs comportements sociaux. On peut prédire que certaines adaptations seront lentes (le retour des hamadryas à la vie nocturne) et d'autres plus rapides (les changements d'organisation sociale et de régime alimentaire) ; mais on ne peut pas connaître à l'avance quelles adaptations se produiront et quelles autres non, pas plus qu'on ne peut prédire le chemin pris par l'évolution du vivant.

Pour une fois, cette conclusion a une portée pour l'espèce humaine. Elle signifie que les transformations de l'environnement et de la société accompagnent l'évolution des populations. Au schéma de la fatalité malthusienne s'oppose ce qu'on appelle parfois le schéma boserupien, du nom d'Ester Boserup [8] qui, dans un célèbre ouvrage, a montré comment la croissance (la « pression ») démographique entraînait une réorganisation de la collecte et de la production des vivres. L'idée est la suivante : à tout moment, l'effectif de la population, donc de la demande de subsistance, impose des choix dans le mode de production. Cela n'a aucun sens d'envisager séparément les ressources et l'évolution de la population. Au lieu des rares points de contact entre population et subsistances au moment de la crise malthusienne, pour E. Boserup, la nature et les individus réagissent en permanence l'un sur l'autre au sein de la société et de l'environnement, ce qui redéfinit constamment tout plafond des subsistances ou toute population limite. De plus, E. Boserup a pu identifier un facteur très simple de flexibilité qui rend compte des modes de culture depuis les débuts de l'agriculture jusqu'à sa mécanisation. Au lieu d'arrêter la naturalité de l'espèce humaine au stade de la cueillette et de la chasse, comme Carr-Saunders et Wynne-Edwards,

Boserup fournit ainsi un schéma du développement de la production et de la population des origines à nos jours, ou presque.

L'idée est très simple : les hommes ne cherchent pas le meilleur rendement de leur terre, mais de leur temps de travail. On a confondu trop souvent quantité produite par hectare cultivé et quantité produite par heure de travail. Or le dernier point de vue offre une vision dynamique de l'histoire humaine : les premiers hommes obtenaient leur nourriture en travaillant moins de deux heures par jour, sans même que le qualificatif de travail ait un sens exact. Disons qu'ils employaient deux heures par jour pour tout ce qui concernait leur subsistance. De nombreux anthropologues ont constaté cette situation, que ce soit M. Sahlins [9] en Mélanésie, N. Howell chez les Dobe Kung! du Kalahari [10], ou même P. Clastres en Amazonie [11]. Dans les toutes premières formes d'agriculture, c'est-à-dire les jachères longues, le travail n'est guère plus dur. Les paysans mettent le feu à un morceau de forêt, ce qui élimine les mauvaises herbes. Les cendres constituent un engrais naturel. Avec un bâton pointu, des trous sont faits où les graines de mil, maïs, seigle, sorgho, sont déposées. Il ne reste pratiquement qu'à attendre que les céréales soient mûres, en effectuant un minimum de désherbage. Mais pour pratiquer une telle agriculture, il faut disposer d'un territoire énorme, car la forêt met plusieurs dizaines d'années à repousser avant de pouvoir être à nouveau brûlée. Au fur et à mesure que l'on trouve des populations plus denses, la durée de la jachère diminue et l'on exploite la parcelle brûlée plusieurs années de suite, ce qui oblige à des désherbages plus consistants, voire à des labours de surface à l'araire. La durée du travail journalier passe alors à quatre ou cinq heures. En progressant encore dans l'échelle des densités, les jachères se réduisent à une année sur deux ou trois (les célèbres assolements bi- et triennaux de la France traditionnelle), mais il faut alors supprimer les adventices vivaces dont l'enracinement est beaucoup plus profond, ce qui exige un labour à la charrue. On estime que le temps de travail journalier passe alors à six ou sept heures. Enfin, quand la densité est devenue très forte, on peut, grâce à l'irrigation, pratiquer deux ou trois récoltes annuelles, comme actuellement sur une partie du delta égyptien et en Chine du Sud. Les temps de travail journalier s'accroissent du fait surtout de l'entretien des systèmes d'irrigation ou de terrasses. Ils atteignent plus de dix heures dans l'enquête de Buck [12] menée en Chine durant l'entre-deux-guerres.

On peut résumer cette séquence par un petit tableau qui n'a pas la prétention d'être très exact, mais illustre le raisonnement [13] :

densité (h/km² arable)	rendement (q par hectare cultivé par récolte)	productivité (q par hectare arable)	temps journalier (heures par agriculteur)	productivité (par heure de travail)
5	8	0,4	2	4
20	8	1,6	5	1,6
125	10	10	8	0,8
250	10	20	10	1,0
500	20	40	12	1,7
France contemporaine	60	60	0,2	300

L'utilisation de plus en plus systématique des terres arables est, comme on le voit, la tendance la plus naturelle en cas d'accroissement de la densité, suivie difficilement par une amélioration des rendements par surface effectivement cultivée. On remarque aussi le changement radical que l'intégration de l'agriculture à l'industrie a entraîné à l'époque moderne dans les pays développés. Ces chiffres sont transversaux, c'est-à-dire qu'ils ne correspondent pas à un même pays au cours de son évolution, mais à divers pays dans le monde présent ou dans un passé récent. Tout le problème est de savoir si cette description peut aussi être longitudinale, c'est-à-dire si un même pays passe par les diverses étapes, et notamment si des régions qui en sont encore aujourd'hui aux premiers stades (il en existe en Afrique et en Océanie) passeront aux suivants. Pour y répondre, les notions de limite des subsistances et de population limite n'ont guère de sens : la productivité par hectare varie dans le rapport de 1 à 150. Si des blocages apparaissent, ce sera dans les deux interfaces qui joignent la nature aux hommes, l'environnement (c'est-à-dire la possibilité d'organiser le paysage autrement, de remplacer des cultures sur brûlis par des cultures permanentes, d'irriguer les champs et de faire croître plusieurs récoltes), et l'organisation sociale (c'est-à-dire ici la maîtrise de nouvelles techniques culturales, le financement des investissements, et les institutions, dont bien sûr le système de propriété). E. Boserup est plus optimiste pour l'interface environnementale que pour l'interface sociale. Elle multiplie les exemples de paysans qui, selon les circonstances, ont intensifié leurs cultures, en Europe et en Asie, ou au contraire ont fait le chemin inverse, comme les immigrés européens au Brésil et en Argentine qui sont retournés aux brûlis alors qu'ils pratiquaient dans leurs pays d'origine des cultures annuelles ou pluriannuelles. Plus généralement, Boserup remarque qu'en général plusieurs stades de culture coexistent. Par exemple, le paysan au stade de la jachère courte possède aussi un jardin sur lequel il fait pousser des légumes en culture pluriannuelle, souvent irriguée. Un changement de méthode n'est donc pas un saut brutal, mais une évolution continue par variation des proportions respectives des différents modes de culture : en quelque sorte le paysan accroîtra son jardin, et limitera ses jachères. Sur le versant social, les blocages apparaissent au contraire plus vite, à cause de la solidification des règles de propriété. Celles-ci deviennent nécessaires pour protéger et encourager les investissements en vue de la culture annuelle, désouchages (essartages dans l'Europe médiévale), construction et entretien de terrasses et de systèmes d'irrigation pour les cultures pluriannuelles, mais elles peuvent entraîner des effets pervers, car elles divisent la société en classes antagonistes, en « *have* » et « *have not* » pour reprendre la terminologie du pecking-order, et sont souvent incapables de maîtriser les changements avec leurs systèmes d'héritage.

On peut aussi opposer à E. Boserup des cas où le changement technique a été impossible. L'exemple le plus connu est fourni par la malheureuse colonie viking qui s'installa au Groenland vers le IXe siècle [14], à un moment où le climat était favorable. Au XIIIe siècle, le refroidissement entraîna l'interruption des relations commerciales avec la Norvège, la diminution des rendements et finalement la disparition de la colonie. Les squelettes petits et rachitiques retrouvés beaucoup plus tard témoignent de la dureté croissante de la vie. Ces agriculteurs n'ont pas pu effectuer un retour en arrière au stade de chasseur-cueilleur que pratiquaient leurs voisins esquimaux, sans doute faute d'en maîtriser les techniques et leurs corrélats culturels. En revanche, on peut multiplier les exemples de changements rapides des cultures, plus que des modes de culture, par exemple avec l'introduction de la pomme de terre et du maïs en Europe, ou du blé dans la plus grande partie du monde. D'ailleurs, toutes les plantes cultivées sont artificielles, résultat de longues sélections artisanales et maintenant de l'industrie génétique.

On a pu prétendre [15] que Malthus avait devancé Boserup, et que leur opposition ne résiste pas à une étude serrée des textes. En effet, pour expliquer le déroulement de la crise, dès le second chapitre de son *Essai*, Malthus écrit : « Nous supposerons que, dans un pays donné, les moyens de subsistance soient juste suffisants pour entretenir sans peine les habitants. La poussée constante de la population, que l'on voit se manifester même dans les sociétés les plus dissolues, accroît le nombre des hommes avant que les moyens de subsistance ne se soient accrus. Par conséquent, la nourriture qui auparavant faisait vivre sept millions d'hommes doit être maintenant répartie entre sept millions et demi ou huit millions. Les pauvres vivent alors nécessairement beaucoup plus mal, et nombre d'entre eux sont réduits à une extrême misère. Le nombre des travailleurs étant également en excès par rapport à l'emploi disponible sur le marché, le prix du travail ne peut qu'avoir tendance à baisser ; tandis que, dans le même temps, le prix des produits alimentaires tend à monter. Le travailleur doit donc se donner plus de peine pour gagner autant qu'auparavant. Pendant cette période de misère, les raisons de ne pas se marier et les difficultés d'entretenir une famille sont si grandes que la population stagne. Dans le même temps, le bas prix du travail, l'abondance des travailleurs, et la nécessité où ils sont d'intensifier leur activité, incitent les agriculteurs à employer davantage de main-d'œuvre sur leurs terres, afin d'opérer de nouveaux défrichements, et de fumer et amender plus à fond ce qui est déjà en culture ; jusqu'à ce qu'enfin les moyens de subsistance redeviennent à la mesure de la population, comme ils l'étaient en période initiale. La condition du travailleur étant alors passablement suffisante, les entraves à l'accroissement de population se relâchent dans une certaine mesure, et ces mêmes mouvements de recul et de progrès du bien-être se répètent [16]. »

L'extension des terres sous la pression du nombre correspond bien au schéma de Boserup que Malthus précise même dans ce cas anglais où le sol est possédé par quelques propriétaires qui emploient une masse d'ouvriers agricoles. La différence porte cependant sur une modalité essentielle : chez Malthus, la croissance de la population doit se plier à celle des moyens de subsistance, dont elle est la cause. Chez Boserup, la croissance démographique n'est pas affectée par les transformations de l'agriculture qu'elle commande, semble-t-il, sans résistance. Au terme du processus, chez Malthus, l'augmentation arithmétique de la production devient infime par rapport à celle potentielle et exponentielle de la population – Ricardo avoue d'ailleurs y avoir trouvé l'inspiration de son idée de rente –, tandis que Boserup ne parle nulle part de freins autres que légaux à la croissance de la population. Il ne faut pas non plus oublier que Malthus raisonnait dans un monde plein où les engrais artificiels étaient encore inconnus, et Boserup dans un monde ouvert en *boom* industriel, à la veille de la révolution verte. Dans un cas, la flexibilité de la production existe mais elle est faible et diminuera encore, dans l'autre, elle est quasiment infinie, répondant à tout accroissement de population. Malthus est moins radical que nombre de ses épigones qui remplaceront la croissance ralentie des subsistances par un plafond fixe, mais le résultat est à peu près le même puisque la population vient buter contre une limite des subsistances. L'extension de nouvelles techniques n'est pas assez rapide pour soulager la pression du nombre. A vrai dire, la population n'est pas supposée recourir à de nouvelles techniques, mais étendre le territoire cultivé et améliorer le rendement. Malthus décrit en fait le dernier stade traditionnel de l'agriculture avant l'arrivée des formes modernes mécanisées, sans imaginer que l'industrie va lui succéder, éliminant les raisons économiques de l'autarcie alimentaire. Boserup se situe plutôt aux premiers stades, où les transitions paraissent ne poser aucun problème technique (elle insiste notamment sur la non-coïncidence des outillages et des modes de culture dominants).

Ainsi, la différence entre les deux théories subsiste. Avec Malthus, on reste prisonnier d'une nature contraignante et peu susceptible de changements ; avec Boserup, on est entièrement dans les interfaces entre l'environnement et la société. La pression de la population et, maintenant, la mécanisation suffisent à transformer les modes culturaux et l'organisation sociale. Ce sont deux visions opposées de l'univers qui rappellent l'opposition classique de la droite et de la gauche. A droite, on ne croit pas du tout au progrès, ou un peu, ce qu'on baptise réforme ; à gauche, on pense que la société et la nature pourront être modifiées presque sans limite. A droite, la conservation des choses en l'état est le moindre mal ; à gauche, on a confiance dans les possibilités de changement des relations sociales et de la nature. Nous n'allons pas dresser selon ces distinctions un tableau des formations politiques dans la France actuelle, ni y situer les écologistes, ce qui serait pourtant amusant, mais il faut se souvenir, en lisant les positions des Anglo-Saxons, que l'optique malthusienne correspond souvent à une naturalisation et donc à une légitimation des situations acquises. L'optique boserupienne, certes plus généreuse, correspond cependant à un oubli des limites de la flexibilité, des conséquences sociales du changement et de la capacité de la nature à le supporter.

Le présent ouvrage est boserupien, en ce sens qu'il insiste sur le passage de la nature à l'homme, sur cette interface où environnement et société sont les véritables régulateurs et fixent les véritables contraintes de la population. Nous n'avons d'ailleurs plus le choix : la possibilité d'une conception globale, organique de la population mondiale a volé en éclats quand nous avons étudié les changements globaux promis par les modifications de la quantité d'ozone et de gaz carbonique, puis quand nous nous sommes penchés sur la production alimentaire mondiale. L'analogie entre la biosphère et un milieu limité devait donc être récusée. Mais il est ensuite apparu que, même dans un milieu fermé, la population limite et, plus généralement, l'idée de conditions stables n'avaient pas grand sens. La nature n'était régulière et stable que dans des bocaux ou des cages de laboratoire artificiels. Au grand air, il n'était possible d'isoler ni des milieux fermés ni des populations animales d'une espèce donnée. Le ressort même de la vie sur terre paraît être ce mélange des êtres et des échelles, comme par exemple le cycle du gaz carbonique l'a montré plus haut : cycle journalier de l'assimilation chlorophyllienne, cycle annuel du climat, cycle centenaire de la circulation océanique profonde, cycles millénaires dus aux variations de l'orbite terrestre, cycles millionnaires durant lesquels le carbone se dépose en calcaire au fond des mers avant d'être ramené à la surface par la tectonique des plaques. C'est sans doute la plus profonde et la plus mystérieuse qualité de la vie que cette continuité, et c'est en ce sens qu'on peut parler de biosphère, et non par simple analogie avec les organismes individuels, « physiologiques ».

Mais alors pourquoi tous ces errements sur la population limite, sur la limite des subsistances, sur les catastrophes menaçant l'humanité dans son nombre absolu ? Pourquoi la population fait-elle peur ? Dans les prochains chapitres, nous allons suggérer qu'il existe un fantasme démographique. La neutralité apparente du nombre arithmétique est un trompe-l'œil idéal pour mettre en scène des visions politiques du monde, particulièrement quand il s'agit d'envisager l'avenir de la population mondiale.

Cinquième partie

FANTASMES DÉMOGRAPHIQUES

Chapitre 12

Miroirs de la prévision

En 1925, le grand démographe anglais, A.M. Carr-Saunders publie pour la première fois une carte montrant la croissance des populations à l'échelle planétaire [1] (voir p. 266). Le résultat est proprement stupéfiant pour un homme d'aujourd'hui : les pays où la population s'accroît le plus vite sont, dans l'ordre, les États-Unis, l'Australie, la Nouvelle-Zélande, le Canada, la Russie, l'Afrique du Sud, l'Europe centrale et orientale, le Japon et les Caraïbes. D'autres pays dépassent aussi le 1 % de croissance annuelle, l'Angleterre, l'Argentine, la Scandinavie. On tombe à 0,5 % en Irlande, et sur la côte Pacifique de l'Amérique du Sud. Le reste du monde, c'est-à-dire l'Afrique tropicale et équatoriale, l'Asie du Sud et de l'Est, Inde et Chine comprises, stagne. En regardant à la loupe, on trouve un peu de croissance aux Philippines ou à Java, ce qui alarme, comme on le sait, depuis longtemps les Hollandais mais, dans les lieux actuels de la plus forte explosion démographique, aucun signe avant-coureur ne se manifeste.

Carr-Saunders aurait été bien surpris de voir la carte des taux de croissance en 1990 [2] (voir p. 268) : la répartition est presque exactement l'inverse de celle qu'il avait dessinée dans les années 20 : 2 % au moins de croissance annuelle dans toute l'Afrique, l'Asie du Sud et de l'Ouest, entre 1 et 2 % en Amérique latine

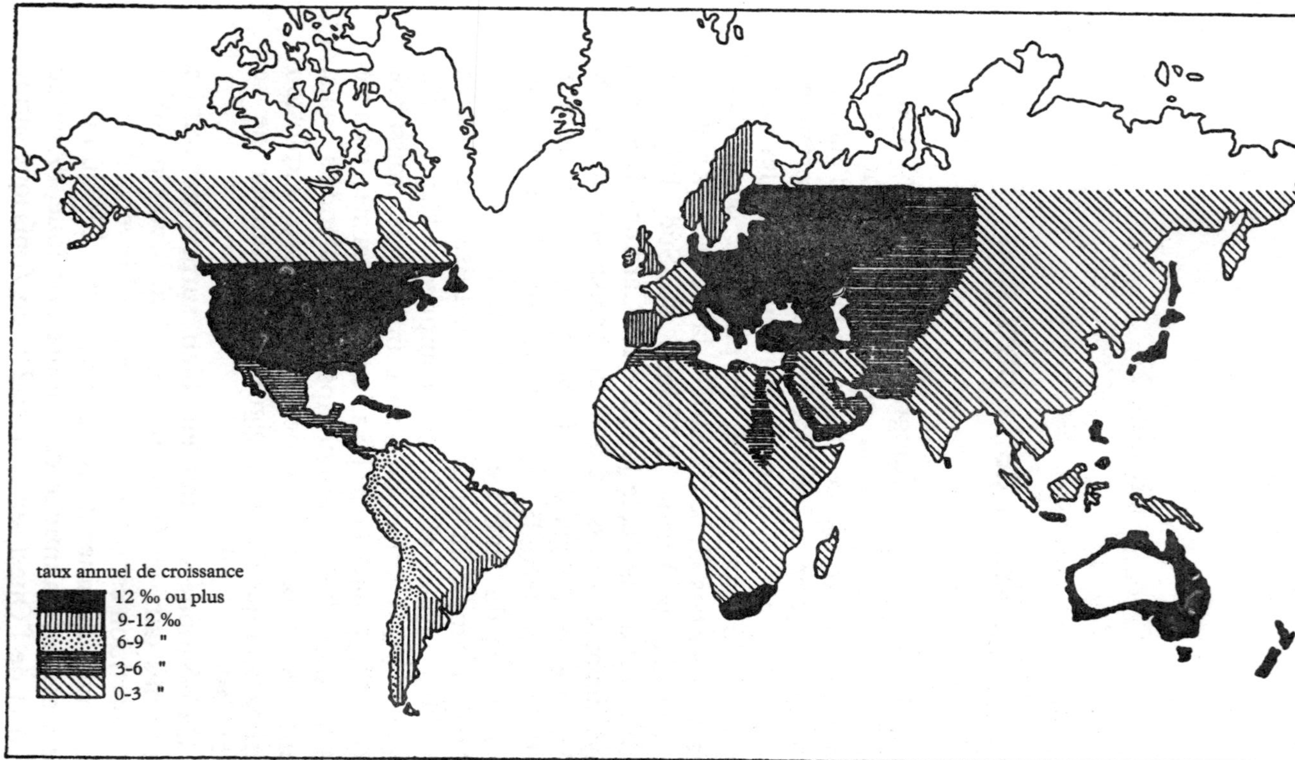

Croissance de la population en 1920 dans le monde

et dans le reste de l'Asie, et une stagnation dans tous les pays développés. Les prévisions des Nations unies pour 2025 conservent cette répartition de la croissance même si les valeurs sont plus modestes. Selon le scénario moyen établi par les Nations unies, on compterait à cette date 8,5 milliards d'habitants sur la planète. En Afrique, les taux de croissance seraient encore supérieurs à 1 %, ils n'auraient nettement régressé qu'en Amérique du Sud, et en Asie de l'Est et du Sud.

Selon que l'on retient un scénario « haut » ou « bas », la population africaine s'accroîtrait de 215 % à 275 % au cours du prochain tiers de siècle, soit entre un doublement et un triplement des effectifs en une génération, alors qu'en Asie l'augmentation ne serait que de 40 % à 75 %, et en Amérique du Sud de 50 % à 85 %. En Europe et dans les autres pays développés, la population resterait à peu près à son niveau actuel. De tels chiffres donnent l'impression que la planète est coupée en trois mondes distincts. D'abord, les pays développés qui ont maîtrisé l'évolution de leur population, puis les grands pays d'Asie et d'Amérique latine qui sont en train de réduire leur croissance et se retrouveront à terme dans la situation du premier groupe, et enfin l'Afrique, où la population semble continuer à croître sans frein. De 12,2 % de la population totale du globe aujourd'hui, l'Afrique passerait à 18,5 % en 2025, tandis que dans le même temps celle de l'Europe (avec la CEI) descendrait de 15 % à 10 %. On a l'impression d'un échange des rôles.

Plus généralement, le scénario moyen des Nations unies montre que la part des nations développées dans la population mondiale diminuerait de 23 % actuellement (en 1990), à 16 % en 2025. Mais, si l'on ose dire, il est possible de noircir la situation en repoussant la date, ou l'horizon, de la prévision, à 2050 voire 2100. A juste titre, celle de la Division de la population ne dépasse pas 2025, considérant sans

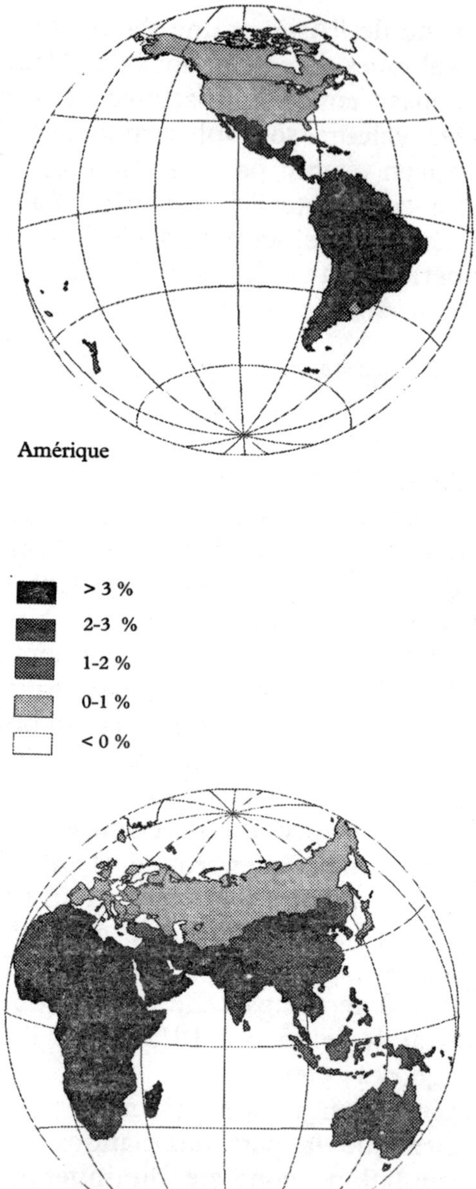

Croissance de la population entre 1985 et 1990

doute qu'au-delà elle ferait de la divination, mais d'autres institutions et certains auteurs n'hésitent pas à pousser le calcul jusqu'en 2500, date de l'extinction probable du genre humain pour le démographe J. Bourgeois-Pichat [3]. En s'en tenant à 2025, mais en modifiant cette fois la description des effectifs à cet horizon, on peut déjà obtenir des effets spectaculaires : 1 205 millions d'habitants en 1990 dans les pays développés, et 1 350 millions en 2025, à comparer aux 4 087 millions et aux 7 120 millions dans les régions en développement pour les mêmes dates. Ce qui signifie que, sur l'accroissement de 3 milliards 178 millions d'humains durant les trente-cinq années à venir, seuls 145 millions, soit moins de 5 %, concerneront les pays développés. Par cet artifice, ces derniers paraissent absents des enjeux démographiques pour les décennies à venir, le problème de population reposant entièrement sur le tiers-monde.

Précision des prévisions de population

Que valent de telles supputations à la lumière du changement radical qui s'est produit entre l'époque de Carr-Saunders et la nôtre ? Ne faut-il pas prévoir un nouveau changement radical ? Pour répondre à la première question, on peut comparer les prévisions anciennes à la situation observée depuis lors. En ne retenant que les prévisions fondées sur des méthodes objectives, on s'aperçoit dans le cas de la France que les erreurs ont été importantes : par exemple, en 1937, A. Sauvy avait prévu pour 1975 entre 33,7 et 36,2 millions de Français [4]. On en a compté, au recensement de cette année-là, 52,7 millions, un chiffre supérieur de 45 à 55 % aux prévisions, ce qui n'est pas un mince décalage pour une période de moins de quarante ans, analogue à celle qui nous sépare de 2025. On pourrait penser que la prévision effectuée en 1955 par L. Henry et R. Pressat [5] tombe plus juste puisqu'ils arrivent à une population située entre 42,2 et 46,6 millions pour 1971, soit une sous-estimation de 9 à 17 %. Mais ceci est naturel puisque l'horizon (seize ans) est plus proche dans ce cas que chez Sauvy (trente-huit ans). Pour comparer l'importance des échecs, il faut les ramener à une mesure indépendante de la durée de temps couverte par la prévision. Cela est possible en calculant un « taux annuel d'erreur », c'est-à-dire l'erreur annuelle systématique qui entraînerait en bout de parcours un décalage de 45 % dans le cas de Sauvy et de 17 % chez Henry et Pressat. Pour les principales prévisions publiées en France depuis 1928, date des premières, l'erreur moyenne sur l'ensemble est de 1 % chaque année. Dans aucune des prévisions elle n'est inférieure à 0,5 % annuellement et elle peut atteindre 1,6 %. Le plus curieux n'est pas cette imprécision, somme toute compréhensible, mais le fait que la précision ne s'améliore pas au cours du temps. Sauvy ne se trompe pas plus en 1928, 1932 ou 1937 que Henry, Pressat et Bourgeois-Pichat en 1953 et 1955, malgré des méthodes de plus en plus sophistiquées. Une course de vitesse a lieu entre le progrès des techniques de prévision et l'accroissement de la variabilité ou de l'imprévisibilité des évolutions. Ainsi, il a fallu plus d'un siècle pour que la fécondité française soit divisée par deux, mais quinze ans seulement en Chine.

Les Nations unies se sont livrées au même calcul d'erreur sur leurs prévisions de la population mondiale depuis 1963. Les erreurs sont bien plus faibles (de l'ordre de 0,1 % par an), ce qui peut paraître rassurant. Mais, d'une part, une coïncidence n'est pas à exclure et, d'autre part, l'erreur croît quand l'échelle des populations décroît : faible pour le monde entier, elle est plus élevée pour un continent donné (0,4 % pour l'Afrique, 0,2 % pour l'Asie, 0,3 % pour l'Amérique latine), et encore plus grande pour un pays particulier (proche de 1 %).

La prévision de Vauban pour le Canada en 1680 [6] est un bon exemple de coïncidence : il supposa que la population doublerait tous les trente ans. Partant de 50 000 habitants en 1700, il arriva ainsi à 6,4 millions en 1910 et 12,8 millions en 1940, chiffres presque observés (7 et 11 millions respectivement). Un Américain, F. Bonynge, en fit de même pour les États-Unis en 1852 [7], en supposant que la population doublerait tous les 31,4 ans comme on l'avait observé depuis 1800. Il trouva ainsi 96 millions de Yankees pour 1910, ce qui n'est pas loin des 91 millions que l'on compta alors, mais, en poursuivant sur sa lancée, il avança le chiffre de 700 millions pour l'an 2000. Étant donné les 250 millions actuels, on aura du mal à y parvenir dans six ans. Il ne faut donc pas exclure que l'ONU ait eu la main heureuse depuis une trentaine d'années, ni qu'elle soit moins heureuse dans les années à venir. Elle ne l'exclut pas elle-même en proposant des hypothèses « hautes » et « basses » de 9 milliards 423 millions et 7 milliards 590 millions pour la population mondiale en 2025, ce qui correspond à une fourchette d'erreur annuelle de 0,6 %.

Quand on descend au niveau des prévisions de chaque pays, la fourchette s'élève à 1 % de débattement annuel, soit la valeur trouvée pour la France. 1 % d'erreur annuelle, cela peut sembler bien modeste, et donner l'impression que la prévision des populations a atteint un haut degré de précision. Ce n'est pas le cas, car le « stock » de population actuel est important. Ainsi, si une erreur de 1 % sur la population française était uniquement imputable à une mauvaise estimation des migrations, cela signifierait qu'on aurait oublié de compter 560 000 nouveaux immigrés dans l'année, ou 560 000 départs du territoire sur la même période. En outre, les 1 % d'année en année ont un effet cumulatif : au bout de soixante-dix ans, une erreur annuelle de 1 % devient une erreur du simple au double. Au bout de cinq siècles, elle est de 1 à 140. Une certaine prudence est donc de mise (pour les auteurs de science-fiction, l'avenir démographique est au contraire grand ouvert). A l'horizon de 2100, souvent évoqué dans des travaux de prospective (T. Gaudin [7] ou l'Institut international de Vienne, l'IIASA [8]), cela donne une variation possible de 1 à 2 si l'on garde la fourchette des Nations unies (0,6 % annuels) et de 1 à 3 si l'on retient celle observée pour la France (1 % annuel). Autrement dit, cela signifie que les 12 milliards annoncés pourront aussi bien n'être que 6 ou au contraire atteindre 18. Vu sous cet angle, le fait d'annoncer qu'en 2100 la population du monde comptera entre 6 et 18 milliards d'habitants ne donne pas une information de la plus haute importance.

Imaginaire politique des projections

Les erreurs de prévision commises sur la population française font ressortir une autre propriété remarquable : de 1928 à 1955, l'erreur a toujours été une sous-estimation. Ce n'est pas un hasard. Depuis le début du siècle, l'opinion française et ses dirigeants s'inquiètent de la faible natalité, cause d'une stagnation de population à laquelle ils ont attribué la défaite de 1870, puis les difficultés des années 30 et, enfin, la défaite de 1940. Ce pessimisme, démenti par les chiffres réels de population après la Seconde Guerre mondiale, sert aussi à alarmer le gouvernement. Voilà, lui dit-on, quelle sera la conséquence à long terme d'une évolution qui n'est guère perceptible d'une année à l'autre. La prévision permet de forcer le trait, et d'ailleurs prend le nom de « projection » ou « perspective » de population, comme pour mieux souligner cette fonction idéologique. Il s'agit au fond, selon l'adage de Sauvy, de « prévoir pour ne pas voir ». Les Américains aiment parler de *self-fulfilling prophecies* [9], c'est-à-dire de prophéties autovérifiantes. Comme par exemple l'annonce de la rareté d'un produit qui pousse les consommateurs à en acheter par précaution et le fait ainsi disparaître des magasins, ce qui était annoncé. Au contraire, la prévision de population, en France, fonctionne sur le mode de la *non-self-fulfilling prophecy*, puisqu'elle a pour fonction d'alerter, et d'empêcher ce qu'elle annonce. Par exemple, de célèbres projections élaborées par l'aménagement du territoire au début des années 70 s'intitulaient « scénarios de l'impossible », indiquant leur rôle de repoussoir.

Une telle coloration de la prévision n'est bien sûr pas propre à la France. La première carte de la croissance tracée par Carr-Saunders en 1925 exprime à elle seule la vision de l'impérialisme européen du début du siècle (maintenant que l'on a pu reconstituer l'évolution des populations de plusieurs parties du monde à cette époque, on sait que la carte est inexacte. Elle représente plutôt la croissance moyenne des pays durant la seconde moitié du XIXe siècle). L'Angleterre, la France, les États-Unis et la Russie étaient destinés à peupler un monde indigène stagnant et, à quelques exceptions près, peu dense. Leurs colonies de peuplement comme l'Australie, la Nouvelle-Zélande, l'Afrique du Sud, l'Argentine et l'Uruguay, étaient les pôles actifs du remplissage des continents lointains où elles avaient débarqué. A partir de ces pôles, le peuplement d'origine européenne s'étendrait, ou bien le peuplement indigène, mieux dirigé, se développerait, comme on en voit l'amorce sur les côtes d'Arabie, dans la vallée du Nil, à Cuba et aux Philippines (alors contrôlés de très près par les États-Unis), et dans l'Asie centrale russe, puis soviétique. Côtes, voies de pénétration, régions limitrophes, la carte illustre les désirs de puissance d'une Europe et de pays récemment peuplés par les Européens. Elle est géopolitique et non démographique. Même des détails fins sont pertinents : on relève la plus forte croissance à Java (colonie hollandaise), mais on voit *a contrario* que le Japon, pourtant à quelques années de ses conquêtes en Chine, apparaît sans rayonnement, sans zones limitrophes d'extension, comme si seuls les blancs avaient le droit de se multiplier.

Raymond Pearl, le grand démographe américain, premier président de l'Union scientifique internationale pour l'étude des populations, société savante regroupant les démographes du monde entier, ne partage pas l'impérialisme tout britannique de Carr-Saunders, mais la même conception du tiers-monde. On se souvient comment il avait, en 1925, en introduction à son étude des drosophiles, ajusté une courbe en « S » à l'évolution passée de plusieurs populations et déduit la limite vers laquelle chacune tendait. Certaines, comme la France, étaient proches du plafond, d'autres en étaient plus éloignées, comme les États-Unis, pays neuf. Les résultats auxquels il parvint méritent d'être reproduits car ils livrent mieux que de longs discours sa conception du monde :

	Populations (millions) :		
Pays	en 1920	prévue pour 1980 (loi logistique)	observée en 1980
Suède	5,9	7,2	8,3
États-Unis	105,7	174,9	226,5
France	39,2	41,8	53,6
Allemagne	57,1	111,8	79,2
Algérie	4,9	5,4	18,6
Monde entier	1 620	1 850	4 415

En dehors du monde des Blancs, la population devait stagner. Le cas de l'Algérie, longuement étudié par Pearl [10], illustre bien la vision du monde au début du siècle (et après la Première Guerre mondiale). Selon les calculs de Pearl, même en prenant soin d'elle, on n'arriverait pas à élever la population algérienne de plus de 500 000 personnes en soixante années (l'accroissement annuel est actuellement de 750 000 personnes) et, à très long terme, le plafond des 5,5 millions, soit 100 000 de plus que l'effectif prévu pour 1980, constituera la limite. On mesure mieux l'erreur de prévision quand on sait qu'on compte aujourd'hui plus de 25 millions d'habitants en Algérie, malgré le départ de la population de colons. Mais Pearl ne croyait qu'à l'expansion des populations qui venaient d'Europe. Même si toutes n'étaient pas au même stade, la France, par exemple, ou la Suède, vieux pays ayant pratiquement terminé leur évolution, tandis que l'Allemagne et les États-Unis disposaient encore d'un fort potentiel démographique, la comparaison avec la réalité de l'année 1980 laisse toutefois apparaître une sous-évaluation générale, non seulement pour le tiers-monde, trois fois plus peuplé que prévu, mais pour tous les autres pays sauf l'Allemagne. R. Pearl faisait partie de ces Américains mécontents du règlement de la guerre de 1914, et qui craignaient que l'Allemagne ne cherchât à prendre sa revanche, car elle demeurait le pays le plus peuplé d'Europe après la Russie, elle-même engoncée dans sa révolution. Somnolence des populations non européennes et puissance de l'Allemagne, tels sont les deux thèmes de la vision démographique de Pearl, tout comme les impérialismes anglais et, plus faiblement, euro-américain formaient l'arrière-plan de la carte de Carr-Saunders. Dans un cas comme dans l'autre, la démographie, ou sa projection dans le futur, offrait une scène pour représenter les problèmes géopolitiques de l'heure.

Le réveil fut dur. D'une certaine manière, le planisphère de la croissance démographique actuelle, en inversant celui de Carr-Saunders, en a aussi inversé la signification. A un monde européen en expansion succède un monde développé entouré et même cerné par le dynamisme démographique de l'Asie, de l'Afrique et de l'Amérique latine. Le sentiment d'être assiégé, la peur des migrations, le renforcement des contrôles frontaliers, autant de symptômes de cette phobie : puisque à cause de notre stagnation démographique nous ne pouvons plus envisager la conquête de la planète, ce sont les populations des autres continents qui, ayant pris le relais de la croissance démographique, prendront aussi celui du peuplement et nous coloniseront à leur façon. Toute la littérature sur les hautes et basses pressions démographiques se nourrit de cet imaginaire solidement implanté depuis que Mussolini, le premier, souhaita l'explosion de la population... des Italiens dans le monde.

En fait, les lézardes n'ont pas tardé à apparaître dans le modèle impérialiste du peuplement d'origine européenne. Si, à la fin du XIXe siècle, l'historien et politologue américain Fiske pouvait encore espérer que « 700 millions d'Anglo-Saxons aillent reconquérir les tropiques [11] », Carr-Saunders a déjà quelques doutes. Même si les taux de croissance paraissent encore favorables aux Européens, la guerre de 14-18 a prélevé un lourd tribut : « Les races blanches ne maintiennent plus leur position », écrit-il, confessant que sa carte relevait plus du passé et du rêve que de la réalité de 1925. Le fait est d'autant plus regrettable que « la plus grande partie des régions presque vides où l'homme blanc peut vivre font partie de l'Empire britannique [12] ». Dix ans plus tard, préfaçant le remarquable *Struggle for population* de D. Glass [13], Carr-Saunders commence à perdre espoir en citant le discours du chancelier de l'Échiquier : « Je constate la diminution constante du taux de natalité en Angleterre avec une grande anxiété. Je sais qu'actuellement la population dépasse l'effectif que nous pouvons entretenir, et que les Dominions ont les mêmes difficultés avec le chômage. Mais j'ai le sentiment que le temps où cette situation se retournera n'est pas éloigné. Alors les nations de l'Empire britannique demanderont des citoyens de bonne extraction [*of the right breed*] que nous ne serons pas en mesure de leur procurer. Si aujourd'hui nous donnons un peu à ceux qui reproduisent la race, cet argent ne sera pas perdu. » La Seconde Guerre mondiale mettra un point final aux rêves de domination universelle que caressait encore l'Angleterre des années 30. Les deux États dominants qui émergeront du conflit reprendront à leur compte ces rêves de puissance au nom de la paix, *pax americana* contre *pax sovietica*. Aussitôt les prévisions de population vont le révéler.

Dès 1944, sous les auspices de la Société des nations, dont ce sera la dernière grande publication, une équipe de démographes de Princeton compose un ouvrage intitulé *Future Population of Europe and the Soviet Union* [14]. Il s'agit pour ces savants de dresser un panorama de la population européenne pour les vingt-cinq années à venir (jusqu'en 1970 donc), en utilisant les méthodes statistiques et démographiques les plus sophistiquées : « En contraste, les projections précédentes ont été faites sur la base d'hypothèses plutôt arbitraires, celles d'une mortalité invariable, ou d'un nombre fixe de naissances, ou bien ont tenté d'extrapoler l'expérience de pays particuliers. » Ces spécialistes utilisent un modèle général qui tient compte de l'expérience de tous les pays européens censés suivre avec plus ou moins de retard ou de rapidité un schéma commun de baisse de la fécondité et de l'allongement de la durée de la vie. Inutile d'entrer dans le détail de leurs ajustements statistiques raffinés. Puisque 1970 est derrière nous, nous pouvons comparer la prévision à la réalité pays par pays. Il faut bien qualifier le résultat de *hit-parade* de l'erreur (voir tableau page suivante).

L'erreur globale est imposante pour presque tous les pays, mais l'erreur annuelle moyenne sur la période conserve l'ordre de grandeur déjà constaté de 0,7 en moyenne. Pour la France, où l'on a commis en moyenne depuis 1927 une erreur annuelle de 1 %, l'imprécision des résultats est un peu supérieure (1,3 %).

Quand on compare âge par âge les effectifs prévus pour 1970 par l'équipe américaine aux effectifs réellement observés à cette date, on comprend mieux les causes de l'échec : la poursuite de la baisse de fécondité avait été postulée comme s'il s'agissait d'une tendance irrémédiable, alors que le *baby-boom* a retourné la situation après la guerre. L'équipe de Princeton prévoyait ainsi, pour 1970, 1 700 000 enfants

Comparaison entre les prévisions de Princeton pour 1970 et les populations observées cette même année (en millions)

Pays	Prévision de Princeton pour 1970	Population réelle en 1970	Écart (%)
Autriche	6,3	7,4	19,4
Belgique	7,8	9,7	24,4
Bulgarie	7,8	8,5	8,9
Danemark	4,0	4,9	22,5
Espagne	27,8	33,8	21,6
Finlande	3,9	4,6	17,9
France	36,9	50,8	37,7
Grèce	8,6	8,8	2,3
Hongrie	9,3	10,3	10,8
Italie	49,5	53,7	8,5
Norvège	2,9	3,9	34,5
Pays-Bas	10,0	13,0	30,0
Pologne	41,4 (26,9)*	32,3	20,0
Portugal	9,1	8,7	−4,4
Allemagne (RFA + RDA)	69,8	77,8	17,3
Roumanie	25,3 (17,7)	20,3	14,5
Royaume-Uni	46,8	55,4	18,3
Suède	5,8	8,0	37,9
Suisse	3,9	6,2	58,9
Tchécoslovaquie	14,9 (11,8)	14,3	21,1
URSS	251	242,8	−3,2
Yougoslavie	18,5	20,4	10,3

* Entre parenthèses, chiffres rectifiés en proportion des changements territoriaux de 1945.

français âgés de moins de cinq ans alors que l'on en a compté 4 200 000 à cette époque : les naissances annuelles avaient même été évaluées à moins du tiers de celles qui ont réellement eu lieu. Pour donner une idée de ce décalage, il faut rappeler que les natalistes actuels hurlent à la dépopulation quand les naissances tombent de 10 % au-dessous de la barre des 800 000 par an. La France ne représente pas une erreur exceptionnelle dans la prévision de Princeton : l'erreur a été aussi importante pour la plupart des pays européens touchés par le *baby-boom*.

Seconde cause importante d'erreur, l'oubli des migrations. Cela peut paraître curieux puisque des pays qui étaient censés se dépeupler auraient dû attirer les excès de populations de pays en croissance. C'est oublier que, pour les savants de cette époque, il ne pouvait pas exister de populations importantes en expansion en dehors de celles d'origine européenne. On vivait les derniers moments de la croyance en l'apathie démographique du tiers-monde. Or, dans les années qui ont suivi la fin de la guerre et la prévision de Princeton, les migrations se sont développées à partir de pays européens mais aussi à partir de l'Afrique et de l'Asie. Elles sont la cause des écarts les plus importants à la prévision : les pays où la sous-estimation a été la plus marquée sont ceux qui ont reçu le plus de migrants, la France, la Suisse, la Belgique, les Pays-Bas et la Suède. Ceux où l'erreur a été la moindre, sont les pays d'émigration où les départs ont équilibré la sous-estimation de la fécondité d'après-guerre : l'Italie, la Grèce, le Portugal et la Yougoslavie. Tout ceci n'épuise cependant pas les causes d'erreur de la prévision. Certains pays de l'Ouest, malgré une faible immigration, ont eu une population nettement plus nombreuse que prévue, c'est le cas du Royaume-Uni et de la Scandinavie. Pour d'autres, à l'Est, comme la Bulgarie, ou surtout la Russie, malgré l'absence d'émigration, l'évolution réelle ne s'est pas beaucoup écartée de la prévision.

Autrement dit, systématiquement, la population des pays de l'Ouest a été sous-estimée et celle de l'URSS surestimée, les pays de l'Est occupant une position intermédiaire. Est-ce un hasard si la population soviétique a été bien prévue tandis que les autres ont été sous-estimées de 20 % en moyenne ? Le titre de l'ouvrage de Princeton, *La Population future de l'Europe et de l'Union soviétique* semble déjà souligner ce résultat en résonnant comme un avertissement. En Europe, en 1945, il y a désormais deux groupes de pays, l'URSS au bon dynamisme démographique, et les nations de l'Ouest en déclin. Une carte tirée de l'ouvrage en dit plus long que tous les chiffres (voir p. 281). Elle représente le renouvellement prévu de la main-d'œuvre entre 1955 et 1960 (nouveaux arrivants pour cent départs), donc le facteur travail, essentiel pour la croissance économique d'alors. La plus forte valeur apparaît en URSS dont la couleur noire dégouline sur les futures démocraties populaires qui ont elles-mêmes un indice élevé. A l'opposé, pâles et comme sans défense, la France, la Suède ou l'Angleterre, n'assurent plus le renouvellement de leur force de travail.

La guerre n'est pas encore achevée, mais l'Allemagne qui formait le rempart de l'Europe à l'est est pratiquement au tapis. Les Russes peuvent désormais déferler à la suite de leur victorieuse Armée rouge. L'ouvrage de Princeton, avec tout le raffinement de ses ajustements mathématiques de taux de fécondité et de mortalité, ne fait que mettre en scène, immédiatement, ce péril russe vu du côté américain. Il sous-estime la natalité future des occidentaux, il surestime celle des Russes. Logiquement, de telles hypothèses mènent sans calcul complexe à une suprématie de la population soviétique. Mais l'astuce de la prévision consiste à dissimuler ce grossier contraste derrière des calculs compliqués. Le schéma retenu par Princeton n'est ni faux, ni truqué, ni malhonnête.

Nouveaux travailleurs mâles (15-64 ans) pour 100 départs : prévision de 1944 pour 1955-1960

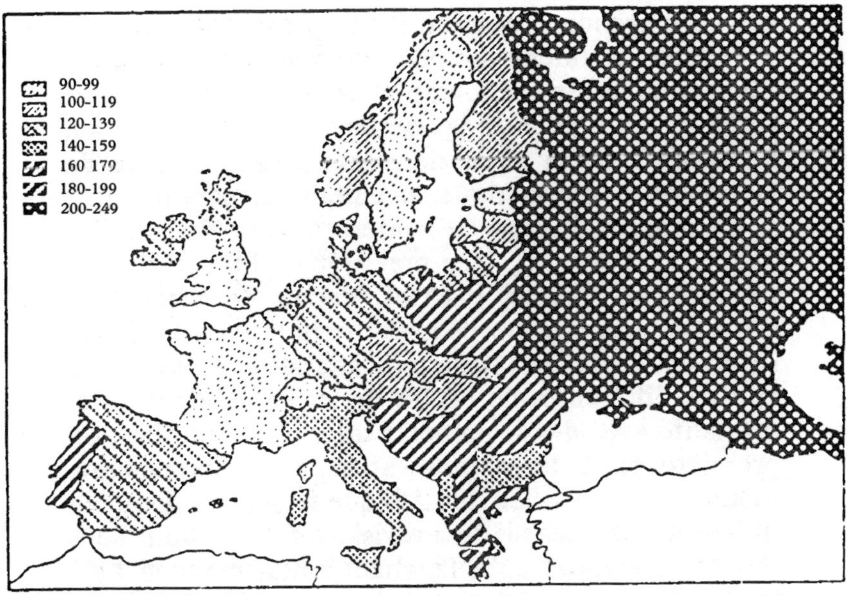

Fac-similé de l'une des cartes de la prévision démographique effectuée en 1944 par la société des Nations et l'université de Princeton

Il mène seulement au résultat secrètement souhaité : on le retient sans peine. Si, par exemple, l'analyse statistique avait entraîné l'inverse, soit une très forte croissance de la population en Europe occidentale, on aurait sans doute recherché un autre modèle qui n'aboutisse pas à ce fâcheux résultat pour la politique de l'heure. Plus ou moins inconsciemment, la sélection du modèle de prévision s'opère en fonction de ses résultats, qui doivent frapper par leur évidence, et non de sa méthodologie, qui peut toujours être discutée.

La prévision de Princeton peut être qualifiée de dernière grande projection idéologique. Peu de mois après, les premières bombes atomiques explosaient, reléguant l'arme démographique au rang des vieux tromblons. La peur de la bombe, de sa dissémination, la stratégie de la dissuasion envahissent l'espace de la prévision géopolitique, occultant la population.

La crainte écologique remet au goût du jour les jongleries d'effectifs. Une prévision de l'Institut international de Vienne, l'IIASA, datant de l'été 1993, offre un exemple de ce renouveau [15] (voir p. 283) : cet institut propose plusieurs scénarios combinant des vitesses différentes de déclin de la fécondité et de la mortalité avec des hypothèses de migration. Mais, en première page de sa publication, il commence par montrer une prévision de l'Afrique seule, pour laquelle un dispositif spécial de prévision a été ajouté sous forme d'une catastrophe fauchant brutalement en 2060 le tiers de la population. Ni la date ni l'ampleur de la catastrophe ne sont fixées par des considérations rigoureuses. L'une et l'autre servent seulement à victimiser ce continent. Puisqu'on pense qu'il est mal parti, on en tire les conséquences et, en les montrant, on accentue l'impression que la situation est dangereuse. Pourquoi la catastrophe n'aurait-elle pas lieu en Amérique à cause de la déforestation, ou en Europe après des pluies acides, voire en Asie, après un effondrement des rendements de la révolution verte ? Un seul continent est pris à partie. Est-ce

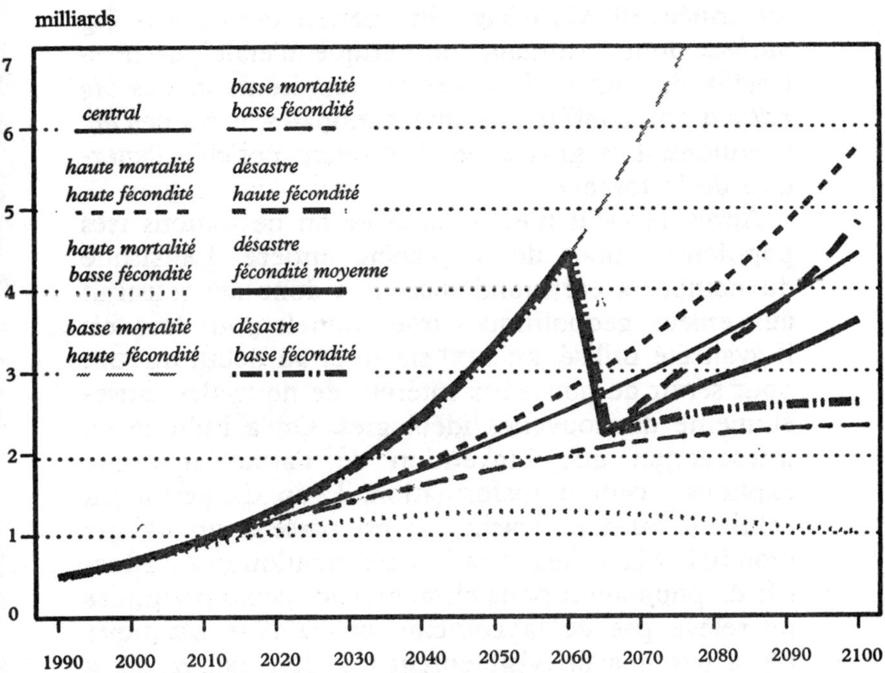

Projection de la population africaine jusqu'en 2100

parce que l'Afrique est un lieu de résistance à la baisse de la fécondité, à l'extension des régimes démocratiques, à la croissance des rendements, au développement de l'économie, qu'on la punit symboliquement en lui infligeant une bonne catastrophe ? Environnement et écologie s'unissent ici pour restaurer la vieille idéologie de la puissance du nombre, mais à un niveau qui dépasse la géopolitique. Dans les années 30, Carr-Saunders parlait encore des *big nations* dont l'avantage numérique n'était pas mystérieux du tout : « Derrière les représentants des *big nations* aux conférences internationales, il y a des *big* bataillons. Les gros effectifs rendent possible l'exercice de la force. »

Après 1950, il n'est plus question de nations très populeuses, mais de la planète entière. Le risque du nombre a été mondialisé. Il a donc été soustrait aux enjeux géopolitiques traditionnels pour lesquels il avait été utilisé, au XIXe siècle et au début du XXe, pour servir de nouveaux intérêts, de nouvelles causes et même de nouvelles idéologies. On a indiqué en introduction que l'invention de l'arme atomique expliquait cette transformation. D'un danger local, celui du puissant voisin, on est passé à un danger mondial. Mais l'exploitation systématique des effectifs de population pour alimenter les peurs politiques ne relève pas de la coïncidence, et l'ère atomique n'y a pas mis fin visiblement : il doit exister, dans le fait même de compter les hommes, un vice caché, une capacité latente à engendrer la crainte. Le défaut que nous avons cherché en vain du côté de la population limite mondiale, puis du côté de l'effectif limite des populations animales dans un milieu restreint, résiderait donc encore en amont dans le fait même de postuler une population. Ce serait l'un des moyens métaphoriques d'évoquer un danger, comme si tout homme ne pouvait qu'éprouver de la crainte à l'énoncé chiffré de la multitude. Cette interprétation s'impose quand on se penche sur l'histoire des chiffres de population, et plus précisément sur celle de la science des populations : la démographie. Elle appelle une interprétation politique des craintes actuelles : tel est l'objet du prochain chapitre et, si nous le remplissons, la dernière étape de notre enquête.

Chapitre 13

Le mythe des nombres

Les démographes, qui ne sont pas d'accord sur grand-chose, reconnaissent pourtant tous que J. Graunt a fondé leur discipline en publiant à Londres, en 1662, ses *Observations naturelles et politiques* [1]. L'ouvrage marque aussi la naissance de l'arithmétique politique : première table de mortalité, premières comparaisons des populations et de leurs accroissements entre villes ou entre États, première apparition de risques de mortalité selon l'année et la cause, etc. A la fin du chapitre le plus important et le plus novateur, qui contient la première table de mortalité des temps modernes, on lit : « Nous allons maintenant chercher en combien de temps la cité de Londres, selon la proportion ordinaire des naissances et des morts, double sa population féconde. Je réponds : en sept ans environ, ou en huit ans (en tenant compte des pestes). Donc puisqu'il y a 24 000 couples féconds, c'est-à-dire un huitième du total, il s'ensuit qu'en huit fois huit ans la population entière de la cité doublera sans l'apport d'étrangers. Ce qui ne contredit pas notre calcul de sa croissance dans le rapport de 2 à 5 en 56 ans, en comptant cet apport.

Suivant cette proportion, un couple, soit Adam et Ève, doublant tous les 64 ans pendant les 5 610 années qui sont l'âge du monde suivant les Écritures, produira une population beaucoup plus nombreuse que celle qui existe actuellement. Donc le monde n'a pas plus de 100 000 ans comme certains prétentieux l'imaginent, et n'est pas plus vieux que ne le font les Écritures. »

Ce qui semble d'abord une simple vérification de la croissance urbaine se mue en validation des Écritures. Graunt n'est pas seul à reculer l'horizon numérique : s'il s'occupe du passé le plus reculé de l'humanité, son ami W. Petty, célèbre arithméticien, savant et homme politique en qui Marx voyait le précurseur de l'Économie politique, annexe l'avenir le plus lointain dans ses essais d'arithmétique politique [2] : « Si la population double en 360 ans, les 320 000 000 évalués par les savants (d'après les différentes proportions des nations du monde, les chiffres de leur population et de bons comptes rendus du nombre des habitants dans plusieurs d'entre elles) et qui peuplent maintenant la surface de la terre, s'accroîtront d'ici 2 000 ans de façon qu'il y ait une personne pour deux acres de terrain dans la partie habitable de la terre. Et alors, suivant la prédiction des Écritures, il y aura des guerres et de grands massacres. » Petty se propose d'éclairer plusieurs questions, les unes pratiques – « combien de personnes vivent de leur terre, combien vivent de leurs fortunes mobilières et du commerce, combien vivent de l'art et du travail, combien d'aumônes, combien de postes et d'emplois publics, et combien d'escroqueries et de vols » – les autres plus théoriques – « une conjecture sur le nombre d'années au bout duquel l'Angleterre et l'Irlande seront entièrement peuplées, comme aussi toute l'Amérique, et enfin toute la terre habitable », « quel endroit du globe terrestre serait le plus convenable pour y établir un Empire général et universel », et « si le système entier du monde a été fait pour l'usage des habitants de notre terre ».

Sa réponse n'est pas optimiste. Elle anticipe les grandes déclarations ultérieures sur l'évolution de la population mondiale avec plus de franchise et peut-être plus d'exactitude : le doublement tous les 360 ans pendant 2 000 ans mène à une population de 20 milliards d'humains, fondée sur les possibilités de production de la terre (un peu plus de cent personnes au km^2 en moyenne). Au moment où l'on atteint ce chiffre, l'apocalypse se déclenche car « une population de 20 milliards est trop considérable pour être nourrie sur 50 milliards d'acres (comme il y a peu ou point de pays qui soient peuplés dans la même proportion) ». Il faut en conséquence renoncer à l'idée d'établir un gouvernement universel, c'est-à-dire renoncer à ce que l'humanité prenne vraiment un sens concret. Le système entier du globe n'est donc pas fait pour soutenir une société éternelle d'humains, mais représente une brève épreuve commençant avec Adam 3 000 ans avant le Christ et s'achevant 2 000 ans après le XVIIe siècle.

Petty est à maints égards plus sérieux que ses successeurs en prévision démographique : il estime le futur lointain à partir d'un passé aussi lointain, qu'il discute longuement dans son essai. Il associe l'idée de population du monde à celle d'un régime politique mondial, tout comme l'idée géographique d'Angleterre et d'Irlande, à celle de la couronne royale. Il montre bien que sa science est intégrée à un problème religieux plus large, celui de la destinée humaine et des temps derniers, c'est-à-dire de l'eschatologie, sans laquelle la prévision à long terme n'a pas de signification (Petty n'est donc pas un prophète déguisé en savant mais, comme il le répète plusieurs fois, un chrétien soucieux de prouver la vérité des Écritures). Qu'il partage avec Graunt une lecture démographique de la Bible n'est donc pas un hasard mais, pourrait-on dire, l'ultime vérité des projections de population à long terme.

En ce milieu du XVIIe siècle, quand les dernières convulsions des guerres de religion cessent, avec la restauration anglaise de 1660 et les traités de paix qui mettent fin en 1648 à la guerre de Trente Ans, les régimes absolus font passer la gestion des populations dans leurs attributions [3]. Désormais, la population entre dans l'espace politique. Les enfants de Dieu deviennent ceux du Roi, prélude aux enfants de la patrie. Le lent mouvement de sécularisation, si l'on entend par là le déplacement des pouvoirs de la divinité vers ceux du souverain, s'accélère. Bacon, dans son traité sur la vieillesse, range pour la première fois la vie et la mort dans les sciences naturelles, donc sous la dépendance des actions matérielles et politiques des hommes, alors qu'elles relevaient auparavant de la Providence et de la grâce, domaine des actions religieuses et magiques. Cette réaffectation entraîne, on le sait, un renouveau de l'astrologie : la superstition récupère une partie de ce que la religion abandonne au pouvoir temporel [4].

L'arithmétique politique participe ainsi au renforcement des monarchies européennes. Elle en est beaucoup plus la justification que l'outil malgré ses prétentions. Désormais la santé et la richesse des sujets dépendent de la qualité du gouvernement et de la sollicitude des souverains. Il faut pour cela un nouvel appareil de gestion qui évalue, répertorie et calcule. Les écrits de Graunt, de Petty et des autres arithméticiens sont truffés de chiffres et de règles de trois sur tous les sujets possibles en se conformant au grand principe de Hobbes selon lequel « les opérations (arithmétiques) ne s'appliquent pas seulement aux nombres, mais à toutes les espèces de choses qui peuvent être additionnées les unes aux autres.... Les auteurs qui traitent de politique additionnent les pactes pour trouver les devoirs des hommes, les juristes additionnent ensemble les lois et les faits pour trouver ce qui est juste ou injuste dans la conduite des particuliers. En somme, si l'addition et la soustraction ont leur place en quelque domaine que ce soit, la raison y a aussi sa place. Et là où elles n'ont pas leur place, la raison n'a rien à faire [5] ».

Il n'y a aucune preuve que les rois d'Angleterre dont Petty fut l'ami aient jamais suivi ses recommandations chiffrées, mais les traités d'arithmétique politique justifiaient des pratiques comptables plus humbles. Elles les inséraient dans une vaste logique participant au pouvoir, à la science et à la religion, du moins allégoriquement. Les écrits des arithméticiens reflètent bien ces trois ordres de références. Ils contiennent une infinité de calculs et de détails sur l'État de la ville de Londres, du royaume d'Angleterre et de sa dépendance irlandaise, les préoccupations courantes de la royauté. En proportion plus réduite, on y trouve aussi l'énoncé de propositions scientifiques, assez souvent fantaisistes, comme celle où Petty proportionne les risques de décès au carré de l'âge atteint, et plus rarement encore de la religion avec des démonstrations comme celles qui viennent d'être citées. Il est symptomatique que, dans ce dernier cas, ce soit toujours la population mondiale qui soit visée. Elle devient le symbole d'une humanité qui ne se reconnaît plus dans le corps glorieux du Christ. La population matérialise l'idée d'humanité. Son développement, comme sa fin eschatologique, représente concrètement la perspective choisie par Dieu pour les hommes : Hobbes aurait pu ajouter la religion à sa liste des utilisateurs de l'arithmétique.

Il est remarquable que la première version de l'*Essai* de Malthus, bien que parue cent trente-six ans après les *Observations* de Graunt, reste dans la même ligne théologique. Si les deux séries concurrentes, arithmétique pour les subsistances et géométrique pour la population, nous ont donné tant de fil à retordre dans les chapitres précédents, c'est sans doute parce qu'elles sont une parabole religieuse et non un modèle économétrique. Le titre complet de l'*Essai* incite à le penser : *Essai sur le principe de population en tant qu'il influe sur le progrès futur de la société avec des remarques sur les théories de M. Godwin, de M. Condorcet et d'autres auteurs.* Malthus veut illustrer par ce principe le rôle du mal dans la création et sa nécessité pour l'avancement de l'homme. Il ne consacre que les treize premières pages de l'*Essai* à exposer son modèle économique, il occupe les trente-huit suivantes à relire l'Histoire humaine à la lueur de ce constat, et les quatre-vingt-quatorze dernières, soit près des deux tiers, à discuter la perfectibilité de l'homme en réfutant Godwin, Condorcet, Adam Smith, Wallace et Price.

Les deux derniers chapitres de l'*Essai* placent même le principe de population au cœur de la religion en en faisant l'instrument de Dieu pour développer les corps et les esprits. Le raisonnement est à peu près le suivant : le monde et la vie ne sont « que le puissant processus institué par Dieu, non pour éprouver, mais pour créer et façonner l'esprit, le faire surgir de la matière inerte et chaotique, pour sublimer en âme la poussière de la terre, pour faire jaillir une étincelle éthérée de la motte d'argile ». Pour amorcer et entretenir le processus, dès la naissance de l'homme, Dieu lui fait sentir les besoins du corps : « Le sauvage dormirait éternellement sous son arbre s'il n'était sorti de sa torpeur par les affres de la faim ou les morsures du froid. Les efforts qu'il entreprend pour échapper à ces maux en cherchant de la nourriture et en construisant de ses mains un abri sont les exercices qui forment et maintiennent en activité ses facultés, lesquelles, autrement, sombreraient dans l'apathie. » Et, parmi ces efforts, « la nécessité de se nourrir pour se maintenir en vie suscite probablement une plus grande quantité d'effort qu'aucun autre besoin du corps et de l'esprit... Nos esprits ne voient aucun lien intelligible entre la semence et la plante ou l'arbre qui en sort. Le Créateur suprême pourrait assurément susciter des plantes de toutes sortes, pour l'usage de ses créatures, sans recourir à ces petits morceaux de matière que nous nommons semences ou même sans l'aide du travail et des soins de l'homme ». Labourages et semences, ce détour bizarre et complexe de la production des vivres, ont été voulus par Dieu pour « inciter l'homme à l'action et former son esprit au raisonnement [6] ».

Mais, à la longue, l'homme pourrait trouver des moyens paresseux de survivre grâce aux recettes que les nécessités des premiers temps ont fait découvrir à ses ancêtres. Heureusement, le principe de population est là pour éviter ce relâchement funeste : « Pour fournir des stimulations les plus constantes et pour pousser l'homme à servir les desseins bienveillants de la Providence en cultivant toute la terre, il a été prescrit que la population s'accroîtrait beaucoup plus vite que les subsistances. » Le malthusien actuel a de quoi s'étouffer à ce stade : son maître à penser n'avait en vue que le peuplement complet de la terre, comme Petty, et pensait donc au jugement dernier. S'il a dépeint la terrible concurrence des subsistances et de la population, ce n'est pas pour l'interrompre, ou pour montrer qu'elle conduisait à une catastrophe, mais pour la laisser œuvrer comme moteur : sans la pression du manque de vivres, l'humanité serait restée dans un état complet de sauvagerie et de sous-peuplement : « Nous pouvons affirmer avec assurance que le monde n'aurait pas été peuplé sans la supériorité du pouvoir multiplicateur de la population sur celui des moyens de subsistance. Puisque, malgré la force et la constance avec laquelle ce stimulus agit sur l'homme pour le pousser à cultiver la terre, nous constatons pourtant que l'agriculture avance très lentement, nous sommes en droit de conclure qu'un stimulus plus faible aurait été insuffisant. Même sous l'action de cette stimulation permanente, les sauvages occuperont pendant longtemps encore les régions de la plus grande fertilité naturelle avant de se convertir à l'élevage ou à l'agriculture. Si population et subsistances avaient augmenté au même rythme, il est vraisemblable que l'homme n'aurait peut-être jamais émergé de l'état sauvage. » Mais le principe de population est heureusement là pour « agir constamment sur l'homme comme un puissant stimulus qui le pousse à davantage cultiver la terre et le met ainsi à même d'entretenir une population accrue ».

Malthus, prosélyte de la croissance démographique ; on croit rêver ! Il suffisait pourtant de prêter attention au titre souvent pris comme une allusion critique à l'idée de progrès alors que, au contraire, Malthus y adhère profondément, pour la raison que l'homme doit réaliser son destin sur terre avant de gagner les cieux. L'hymne au progrès ne se limite pas à la production de la subsistance sous la pression de la nécessité, mais s'étend au développement de l'esprit lui-même : « Les difficultés de la vie contribuent à produire les gens de talent » ; ou encore : « Les esprits les plus accomplis paraissent façonnés par leurs efforts vers une pensée originale. » En résumé, « le mal paraît nécessaire pour engendrer l'effort, et l'effort nécessaire pour engendrer l'esprit » ; le mal, c'est-à-dire la souffrance, la faim et le froid. On ne doit donc voir aucun mystère à la création du mal par Dieu qui n'est que bonté. Il lui était nécessaire de donner à l'humanité un instrument pour réaliser son destin et cet instrument, c'est le mal, moteur du progrès. La théorie malthusienne est donc fondamentalement et intrinsèquement eschatologique : s'il n'y avait pas à réaliser un peuplement total de la terre pour arriver au jugement dernier, si l'humanité n'avait aucune téléologie, le principe de population serait incompréhensible, et sans objet.

La fonction de prédiction à long terme de l'évolution de la population du monde n'est ni descriptive ni protectrice ; elle est intégratrice, c'est-à-dire qu'elle donne une place et une signification à l'évolution de l'humanité et à une foule de problèmes qui ont surgi lorsque la population fut sécularisée, lorsque, comme le voulut Bacon, la mort et la naissance devinrent naturelles. Autrement dit, cette fonction n'a pas pour but de dire la vérité, mais de rendre l'univers compréhensible. Elle joue le même rôle que ce chaman cuna du Panama dont C. Lévi-Strauss analyse la longue incantation destinée à délivrer une femme qui souffre et saigne anormalement avant d'accoucher [7]. Le récit du voyage et de la lutte du chaman décrit en réalité l'origine de la douleur et du dérèglement, puis une exploration du vagin et de l'utérus pour aider la délivrance. Il réintègre la douleur incompréhensible par la femme à l'ordre supposé d'un monde que régissent les forces auxquelles elle croit. « Que la mythologie du chaman ne corresponde pas à une réalité objective n'a pas d'importance : la malade y croit et elle est membre d'une société qui y croit. Les esprits protecteurs et les esprits malfaisants, les monstres surnaturels et les animaux magiques font partie d'un système cohérent qui fonde la conception indigène de l'univers. La malade les accepte, ou plus exactement, elle ne les a jamais mis en doute. Ce qu'elle n'accepte pas, ce sont les douleurs incohérentes et arbitraires, qui, elles, constituent un élément étranger à son système, mais que, par l'appel au mythe, le chaman va replacer dans un ensemble où tout se tient... Le chaman fournit à sa malade un langage, dans lequel peuvent s'exprimer immédiatement des états informulés et autrement informulables. Et c'est le passage à cette expression verbale (qui permet, en même temps, de vivre sous une forme ordonnée et intelligible une expérience actuelle, mais, sans cela, anarchique et ineffable) qui provoque le déblocage du processus physiologique, c'est-à-dire la réorganisation dans un sens favorable de la séquence dont le malade subit le déroulement. »

Le recours à une population mondiale, l'évocation de son destin dans deux, trois ou quatre générations (les prévisions à l'horizon 2100 par exemple), appartiennent à ce fonctionnement mythique. Il ne s'agit pas de tenter de comprendre ce qui se passera réellement, et qui est hors d'atteinte de l'esprit humain ou supposerait un manque grave de liberté des humains, mais de réorganiser dans un tableau cohérent un ensemble de phénomènes incompréhensibles ou inquiétants, un malaise de la civilisation. Les présupposés que l'analyse des prévisions démographiques plus anciennes a chaque fois ramenés à la surface confirment cette fonction de la prévision à long terme : offrir un système pour penser les évolutions confuses de l'heure présente – équivalentes aux douleurs incompréhensibles de la femme cuna – au sein des grandes peurs que chaque changement politique mondial suscite – équivalentes aux monstres et esprits de la pensée indigène. Quelle est alors la fonction intégratrice des peurs actuelles ?

Si le retour de la population au domaine biblique et donc à la religion est clairement visé par Graunt et Petty, puis par Malthus, une telle opération est aujourd'hui inutile et n'accroîtrait pas la signification des événements ou des peurs présentes. Après Malthus, Darwin a bouleversé le récit des origines. En substituant à la téléologie chrétienne un parcours au hasard et une évolution sans direction, il a invalidé le récit biblique et plongé l'histoire humaine dans l'immense espace de l'histoire naturelle. La révolution darwinienne a eu un impact formidable sur la conception des populations. La question est si ample qu'elle justifierait à elle seule tout un ouvrage : dans le moule évolutionniste se sont développés l'eugénisme et le darwinisme social, dont le racisme du IIIe Reich et le fascisme de Mussolini ont été l'une des conséquences. Burgdörfer à Berlin en publiant son *Volk ohne Jugend* [8] et Gini en éditant à Rome sa *Nascita, evoluzione e morte delle nazioni* [9] ont été parmi les auteurs les plus représentatifs de la nouvelle synthèse démographique, où le parcours des civilisations puis des races remplace celui de l'humanité biblique, le répète à petite échelle, créant des îlots de sens dans une histoire générale de l'humanité devenue informe et réduite aux connexions paléontologiques avec les grands singes. Mais cette synthèse a volé en éclats à son tour à la fin de la Seconde Guerre mondiale avec la condamnation du racisme et l'exaltation de l'unité des hommes, de leur égalité de droits et de devoirs, et de leur patrimoine commun.

Peut-on retrouver dans la peur de l'explosion démographique les éléments d'une réorganisation des troubles présents au moyen des mythes actuels ? Avons-nous affaire à un tableau d'ensemble, rendant pensable et logique ce qui de prime abord ne le paraissait pas ? Il n'est déjà pas facile de retrouver dans l'arithmétique de Petty et de Graunt la fonction intégratrice de la prévision de population, en identifiant la connexion entre calcul et religion. Il est encore plus difficile, surtout avec les lectures actuelles de Malthus, de retrouver la même fonction eschatologique dans l'*Essai sur la population*. Sans le recul du temps, il paraît alors impossible de décoder de tels fonctionnements, car cela supposerait que l'on ait cessé de croire aux mythes de sa propre époque. Il est seulement vraisemblable que l'on se trouve en face de la même recherche de signification au détriment ou plutôt au mépris de la vérité. Peut-on cependant cerner le non-dit des craintes de surpopulation d'aujourd'hui, non-dit qui prendrait la place de la peur d'un monde sans anglais « *of the right breed* » pour Carr-Saunders, celle de la peur de l'Union soviétique au sortir de la guerre de 1939-1945 pour les prévisions de Princeton, ou enfin celle de l'Afrique pour l'étude de l'IIASA ?

L'IIASA nous met sur la piste : en stigmatisant l'Afrique, il signifie que la portion la plus dangereuse de l'humanité est formée de pauvres d'une autre race. Ne sommes-nous pas en face d'une immense peur des pauvres du tiers-monde, et de leur invasion, retranscrivant ainsi la peur des eugénistes des années 1900 face à la pullulation des prolétaires de leur pays, et plus encore face à leur ascension dans la société ? La récurrence du thème de l'invasion à partir du sud, aux États-Unis comme en Europe, la montée de la phobie des migrations dans les pays occidentaux, y compris aux États-Unis, dont c'est pourtant un mythe fondateur, la répugnance de plus en plus grande à naturaliser, à permettre les mariages mixtes que l'on observe particulièrement en France, iraient dans le sens de cette interprétation. L'accent mis sur le fait que l'accroissement futur de la population se produira presque uniquement dans les pays en développement tout comme l'augmentation de la pollution, notamment pour les dépenses en énergie, augmente les craintes.

Plus encore, nous sommes confrontés à une rationalisation de la peur que les pays pauvres se développent, qu'après le Japon et les quatre dragons l'immense Chine et peut-être le sous-continent indien et l'Indonésie deviennent des concurrents économiques redoutables pour l'Europe et les États-Unis, ce que reflète déjà la peur des délocalisations industrielles. On ne peut expliquer autrement l'insistance que mettent tous les organismes internationaux et les auteurs malthusiens à comparer les pays développés aux pays en développement, le Nord au Sud. Aucune de leurs études ne suppose à aucun moment que d'ici à 2025 ou 2050 le classement entre pays développés et pays « en développement » puisse évoluer. Tous, imperturbablement, classent aussi loin qu'on puisse aller dans le futur, l'Albanie et la Roumanie parmi les nations développées, le Brésil, la Thaïlande ou la Chine parmi les sous-développées. L'utilisation récente des termes Nord et Sud à la place de « développés » et « sous-développés » fossilise encore plus la coupure. Or tout indique que le classement en nations développées et nations en développement va connaître de profonds changements. La croissance démographique redevient donc la métaphore par excellence de la croissance économique et de la puissance politique, sous forme d'une crainte d'une influence grandissante de pays autres que l'Europe et l'Amérique du Nord. Cette peur s'exprime sous la forme allégorique d'une atteinte à la santé de la planète, alors qu'il s'agit d'une atteinte aux privilèges des riches, et d'une arrivée de nouveaux convives, non pas affamés, mais solidement nantis, à ce fameux banquet de la nature.

Pour mieux en prendre conscience, il faut projeter les changements de classement, c'est-à-dire prévoir quels pays se rangeront en 2025 parmi les nations développées et lesquels parmi celles en développement. Les projections démographiques sont toujours effectuées dans un univers aseptisé où rien ne change à part la population. Il n'est pas étonnant qu'elles conduisent à des résultats qui paraissent catastrophiques. Or, non seulement l'économie et la société changeront, mais aussi la composition des groupes de nations et même les critères de définition de ces groupes : par exemple, l'Europe des douze ne sera certainement plus composée de douze nations en 2025. De même, le groupe des pays en développement aura perdu quelques membres [10].

Développement et sous-développement en 2025

Rien n'est plus déprimant que ces pyramides des âges dessinées par le FNUAP [11] où l'on voit d'un côté une masse gigantesque formée par les jeunes et les adultes des pays en développement en 2025, et, de l'autre, dans un mince fuseau, la population plus âgée des pays développés à la même époque : 7,1 milliards en face de 1,35 milliard selon l'esquisse moyenne des Nations unies. La même fatalité est inscrite année après année dans les chiffres que publie la division de population, avec une ventilation invariable entre « développés » et « en développement », aussi invariable que le regroupement par continent. Pourtant la situation évolue vite dans de nombreux pays. La logique voudrait que, chaque année, ou pour ne pas vivre dans un perpétuel changement, tous les cinq ans, on réexamine la situation de chaque nation avant de la classer dans l'un des deux groupes.

Pour cela, il faudrait une définition précise du sous-développement, à laquelle on a depuis longtemps renoncé. Pour que la classification conserve un sens, on évoque cependant plusieurs critères concurrents, le revenu moyen par habitant, le niveau de développement humain, et même la fécondité. La division de la population des Nations unies semble préférer ce dernier critère quand elle reprend encore en 1989 les conclusions du *World population prospects* de 1962 : « Il est très pertinent de distinguer seulement deux types de régions ou de pays, considérés selon divers critères comme développés ou en développement.

Aucun critère, que ce soit le revenu moyen par tête, l'urbanisation, l'alphabétisation, l'industrialisation, etc., ne définit plus précisément cette dichotomie que le niveau de fécondité. A de rares exceptions près, on peut dire que là où le taux brut de reproduction dépasse 2 (c'est-à-dire un indice de fécondité de 4,1), le pays est en développement, et que, lorsqu'il est au-dessous, le pays est développé. Il y a aussi des différences de mortalité entre les deux types de pays, mais elles sont moins marquées qu'auparavant [12]. »

Essayons donc à tour de rôle ces critères en 2025 en commençant par le revenu par tête (ce qui ne signifie aucunement que c'est le meilleur critère) :

Actuellement les deux groupes de pays se distinguent assez bien selon cet indicateur. En prenant les valeurs du revenu moyen observées en 1989 [13], ils se répartissent ainsi en utilisant leur affectation actuelle :

	Revenu moyen		
	de 0 à 2 500 $	de 2 500 à 7 500 $	plus de 7 500 $
Pays en développement	89	12	6
Pays développés	4	6	24

Si on oublie quelques pays du Golfe avec d'extravagants revenus pour une population infime, la difficulté est localisée en dessous de 7 500 $, et plus encore en dessous de 2 500 $. Les quatre pays développés actuels qui s'y trouvent sont, dans l'ordre croissant, l'Albanie (1 200 $), la Pologne (1 760 $), la Bulgarie (2 320 $) et la Yougoslavie (2 490 $). Le Gabon, le Brésil, l'Uruguay et, bien sûr, l'Arabie Saoudite, la Libye, la Corée sont au-dessus de 2 500 $. En plaçant la barre à 1 750 $, on sauve la Pologne et l'on ne rejette que l'Albanie, mais, en sens inverse, on admet dans le groupe des « développés », outre les pays déjà cités, l'Algérie, l'Afrique du Sud, l'île Maurice, le Costa Rica, le Mexique, Panama, l'Argentine, le Chili, le Venezuela, l'Iran, l'Irak, la Malaisie, soit 540 millions de personnes en 1990. Pour effectuer la répartition en 2025, on a gardé la même frontière de 1750 en dollars constants et on a extrapolé le revenu par habitant en conservant le taux de croissance observé sur la période 1979-1989 jusqu'en 2025, ce qui est simpliste, mais trompe moins sur la marchandise que des modèles aux hypothèses difficiles à apprécier (on remarquera que la population et non l'économie est projetée à long terme par les organismes nationaux et internationaux). Avec ce procédé, plus d'une cinquantaine de pays quittent le sous-développement, dont la Chine, ce qui n'est pas très étonnant étant donné ses performances récentes. Aux 1 350 millions d'habitants des pays anciennement développés se joignent alors 952 millions d'habitants de pays actuellement classés en développement mais jouissant d'un revenu supérieur à 1 750 $, et 2 300 millions d'habitants de pays où le revenu moyen, inférieur à 1 750 $ en 1990, le dépasse avant 2025. Avec ces définitions, il y aurait, en 2025, 4 700 millions de personnes dans les pays développés, et 3 865 millions (45,6 %) dans les pays en développement. Les deux pyramides tracées côte à côte n'ont plus rien d'effrayant dans leur contraste. L'une, celle des développés, a une base un peu plus étroite que l'autre, mais aucune ne menace ou n'écrase l'autre, ni ne chancelle sur sa base.

Bien sûr, le critère du revenu est insuffisant et trompeur, comme chacun sait, par exemple dans le cas des pays pétroliers. On peut retenir l'idée développée dans l'exercice qui précède, mais non sa réalisation numérique. Une méthode plus moderne et plus attentive aux richesses non matérielles consisterait à utiliser l'indice de développement humain (IDH) [14]. Le programme des Nations unies pour le développement (PNUD) classe dans le groupe des pays à développement humain élevé ceux dont l'indice dépasse la valeur de 800. Cinquante-trois pays sont dans cette situation en 1990 : tous les pays développés, y compris l'Albanie, qui est en 49e position, et une série de pays habituellement classés dans le groupe en développement : dans l'ordre, Uruguay, Corée, Chili, Costa Rica, Argentine, Venezuela, Mexique, Malaisie, en tout 220 millions de personnes en 1990. Le PNUD donne aussi, pour la plupart des pays, l'évolution de l'IDH de 1970 à 1985. Étant donné la manière tordue dont l'IDH est défini, il est assez difficile d'extrapoler l'évolution, mais il n'est pas déraisonnable de la reconduire de 1985 à 2025 au même rythme qu'avant [15]. Nombre de pays passent alors au-dessus de la barre des 800 et deviennent des pays développés, si l'on appelle ainsi ceux qui ont un « développement humain élevé », selon le PNUD. Au total, 3 250 millions de personnes de pays considérés actuellement en développement entreraient ainsi dans le groupe des pays développés en 2025, exactement le même nombre qu'avec le critère du revenu moyen, mais pas tout à fait les mêmes pays : le Pérou, les Philippines, le Sri Lanka par exemple, mais non le Maroc, ni l'Afrique du Sud.

Dans les deux cas, resteraient du côté des pays en développement le sous-continent indien et presque toute l'Afrique, tandis que l'Amérique du Sud, la Chine, l'Indonésie, et le Proche-Orient se joindraient aux pays industrialisés. Cette vision n'est pas étonnante. Elle recoupe bien les évolutions de la fécondité, de la croissance économique, et les progrès de l'éducation.

Reste à essayer un dernier critère, celui qui a les faveurs de la Division de la population : une fécondité inférieure à 4,1 enfants par femme. Il est très facile de faire le classement, puisque la même division publie les valeurs observées de la fécondité avant 1990 et prévues pour ses projections après cette date jusqu'en 2025. Dès 1990, de nombreux pays considérés encore comme en développement ont une fécondité inférieure à 4,1 enfants par femme, à commencer par la Chine. Au total, dès maintenant, 3 milliards

400 millions de personnes devraient être reclassées du groupe des pays en développement dans celui des pays développés. Il ne resterait alors que 1 890 millions de personnes dans le groupe des pays en développement, soit seulement 36 % de la population mondiale. En 2025, plus aucun pays, d'après la projection moyenne des Nations unies [16], ne devrait dépasser une fécondité de 4,1 enfants par femme, et donc plus aucun pays ne figurerait dans le groupe des nations en développement si l'on s'en tient au critère que préfère la Division de la population. C'est à souhaiter, bien sûr.

La méthode fondée sur le revenu moyen est donc moins sommaire qu'il ne paraît de prime abord. Nous avons seulement du mal à accepter cette idée pourtant simple que la coupure entre pays développés et en développement, loin de se renforcer, se brouillera dans les années à venir. Cela ne signifie pas que l'éventail des revenus moyens se resserrera entre les pays, mais qu'un plus grand nombre de pays aura franchi un seuil minimal en termes de dignité humaine (ce que veut mesurer l'IDH) et en termes de revenu par tête. A côté des anciennes nations d'Europe et du Japon, ainsi que de l'Amérique du Nord, on trouvera toutes les races, tous les continents et toutes les origines. C'est sans doute cette image qui est la plus difficile à admettre pour nombre d'hommes de la rue et d'experts qui préfèrent reconduire indéfiniment leurs vieilles catégories de classement qui leur procuraient sans doute une satisfaction psychologique. Le changement de catégorie change aussi l'image de l'avenir. En considérant le Brésil, la Chine ou le Mexique comme des pays développés, on change aussi les jugements portés sur leurs politiques économique et écologique.

C'est dire à quel point les catégories de pensée et les classements figés constituent l'un des plus gros obstacles à la compréhension de la situation mondiale des ressources et de la population.

Chapitre 14

Nature, société, population

Si l'on avait voulu prouver aux anciens Romains ou Grecs par des observations et des calculs que leurs dieux n'existaient pas, ils auraient pouffé de rire. Une telle idée n'avait pas de sens pour eux. L'existence des dieux n'était pas un acquis, mais un donné qui structurait dès l'enfance l'organisation du monde sensible et des relations entre les êtres, des liens familiaux à l'esclavage, de l'organisation domestique aux formes du pouvoir politique. Les dieux étaient coextensifs au monde sensible, uns et multiples, partout et nulle part comme ils sont décrits dans les beaux livres de Walter Otto [1] pour la Grèce et de Erik Hornung [2] pour l'Égypte. Si l'on dit aujourd'hui que la population mondiale ou que les subsistances mondiales n'existent pas, et ne sont que des vues de l'esprit dépourvues de toute réalité, on encourt les mêmes réactions de scepticisme : la population mondiale, les subsistances mondiales, les ressources, les réserves, comme les dieux des anciens, nous permettent de rationaliser le monde. Ils constituent des éléments importants du « désenchantement du monde » pour reprendre la formule de Max Weber [3] : « L'intellectualisation et la rationalisation croissante ne signifient donc nullement une connaissance générale croissante des conditions dans lesquelles nous vivons. Elles signifient bien plutôt que nous savons ou que nous croyons qu'à chaque instant nous pourrions, pourvu seulement que nous le voulions, nous prouver qu'il n'existe en principe aucune puissance mystérieuse et imprévisible qui interfère dans le cours de la vie ; bref que nous pouvons maîtriser toutes choses par la prévision. Mais cela revient à désenchanter le monde. Il ne s'agit plus pour nous, comme pour le sauvage qui croit à l'existence de ces puissances, de faire appel à des moyens magiques en vue de maîtriser les esprits et de les implorer, mais de recourir à la technique et à la prévision. » Au premier degré, Max Weber semble exalter le positivisme, mais avec le terme « nous croyons », il s'en désolidarise brusquement : les procédures rationnelles de la prévision et les modèles mécaniques de la technique épuisent la signification du monde de la même manière que les dieux, les esprits et les mythes chez les primitifs ou les anciens. Au fond, Weber les met sur le même pied et leur accorde la même fonction d'élucidation et de compréhension du monde, indépendamment de leur vérité intrinsèque et de leur adéquation à la réalité. Certes, quand il faut comprendre le fonctionnement d'objets créés par l'homme, d'outils – Weber prend l'exemple d'un tramway –, la croyance en l'élucidation est parfaitement justifiée, mais quand, de la même manière, la quantification et le calcul sont appliqués pour prévoir une « population mondiale », « la multitude des dieux antiques sortent de leurs tombes, sous la forme de puissances impersonnelles parce que désenchantées et s'efforcent à nouveau de faire retomber notre vie en leur pouvoir tout en reprenant leurs luttes éternelles », comme l'écrit encore Weber [4].

Les raisonnements millénaristes de Graunt et de Petty, comme ceux de Malthus (une fois dégagés de leur gangue réaliste), représentent des étapes dans ce désenchantement, avant le point d'aboutissement moderne, totalement désenchanté, mais aussi totalement soumis aux mêmes sortilèges que la pensée enchantée d'autrefois. Devons-nous simplement constater que nous avons échangé nos dieux et nos rites, et considérer avec scepticisme leur maniement sous la houlette des grandes institutions internationales ? Devons-nous y croire comme les anciens croyaient à leurs dieux parce que nous n'avons pas d'autres moyens d'expliquer et surtout de nous expliquer le monde ? Parce que nos contemporains y croient et fondent leurs actions sur cette croyance, pouvons-nous y échapper si nous voulons vivre dans cette société ? Mais, même dans ce cas, pouvons-nous participer au monde désenchanté sur un mode désabusé, à distance de ceux qui y croient ? La réponse se trouve peut-être dans l'attitude de Max Weber : puisqu'il diagnostique le désenchantement, puisqu'il le rapproche des anciens systèmes de pensée magique, il est capable de s'en distancier au nom même des principes de la rationalisation du monde. Puisque nous savons que nous pouvons expliquer toute chose, ne nous contentons pas d'y croire, mais mettons ce savoir au travail pour produire effectivement l'explication. On y parviendra certainement dans le cas du tramway, mais non dans celui de l'avenir de la population mondiale. Utilisons alors les procédures de calcul et combinons les observations pour vérifier si elles produisent ou non le résultat annoncé. Prenons la rationalité, sur laquelle les prévisions mondialistes disent s'appuyer, à son propre jeu et finalement à son propre piège en revenant aux sources mêmes de la démographie, c'est-à-dire à l'arithmétique politique.

C'est ce que nous avons tenté dans ce livre. Il fallait d'abord autant que possible replacer chaque chiffre de population ou de subsistances, de ressources, ou de pollution, en situation, l'éclater en ses composantes, par exemple en ne prenant pas en considération l'augmentation de la production agricole mondiale, mais celle de chaque pays ou de chaque région et de chaque culture importante. Il fallait aussi, en sens inverse, rapprocher chaque indication particulière de la totalité qu'elle affirmait représenter car l'assimilation du tout à la partie fonctionne dans les deux sens. Après avoir lu par exemple que la remontée des sels dégradait rapidement les terres irriguées, nous avons cherché à déterminer où, avec quelle intensité, quelle extension, et selon quels critères de mesure. Ou bien, après avoir entendu mentionner la désertification du Sahel, nous avons replacé les quelques années de sécheresse dans plusieurs décennies de fluctuations climatiques, qui les précédaient ou les encadraient.

Replacer un chiffre dans sa série ou le séparer en ses composantes suppose que l'on maîtrise bien les tenants et les aboutissants du chiffre en question. C'est au fond un travail final de polissage au sein d'affirmations bien contrôlées. Telle n'est pas la situation sur les grands sujets où la population est invoquée comme cause ou victime potentielle. Il faut aller plus loin en inscrivant le chiffre dans le processus global qui l'a fait apparaître, c'est-à-dire en suivant la genèse et le destin ultérieur de la quantité ou du fait qu'il décrit. On a vu par exemple que la productivité primaire de l'agriculture, c'est-à-dire la quantité de matière vivante directement produite par le rayonnement solaire, devait être comparée en amont à ce rayonnement, et en aval à la quantité récoltée par les hommes, ou ingérée par des herbivores, eux-mêmes proies de carnivores, ou à la quantité qui, en pourrissant, rejoint et entretient l'humus. Encore en aval, une partie de ces calories emmagasinées puis triées, aboutissait dans nos assiettes. En confrontant au moyen de diverses sources ces diverses étapes (mesures du rayonnement solaire moyen, production végétale des écosystèmes, production de l'agriculture régionale ou mondiale, nombre de calories d'origine animale et végétale consommées), on a reconstitué le circuit et ses pertes. Ici, le modèle écologique des cycles est particulièrement utile, comme celui d'une comptabilité nationale étendue à la nature et à la société. Il permet de constater des incohérences, de mesurer des pertes entre deux étapes, d'apprécier les ordres de grandeur et les interdépendances. Ce n'est pas seulement une reprise des thèmes chers à l'arithmétique politique, mais aussi une tentative de réaliser le vieux rêve de Fernand Braudel quand il étudiait la civilisation matérielle [5] : idéalement, raconter l'histoire de chaque goutte d'eau, de chaque gramme de fer, de chaque grain d'argile et non celle des hommes qui les mobilisent et qui en constituent alors l'envers.

Accorder ce poids aux choses et aux chiffres qui les traduisent ne revient pas pour autant à céder aux mirages du nombre. De la confrontation de plusieurs sources à plusieurs stades du parcours de la matière organique ou minérale, naît au contraire une série d'interrogations et d'énigmes. Autant le chiffre isolé se veut définitif et global, opposant une fin de non-recevoir à tout doute ultérieur, autant l'enchaînement de chiffres d'origines diverses, captant différentes étapes d'un processus, suggère des hypothèses et questionne les concepts et les méthodes mis en œuvre pour traiter le processus. Dans le passage minutieux des faits de nature aux faits de société, cette méthode est essentielle : elle permet de suivre pas à pas le saut de la nature sauvage à une nature localisée et comme apprivoisée dans quelques champs, puis à un laboratoire, et de là aux observations épidémiologiques ou cliniques qui conduisent à la prise en compte de groupes plus larges, de populations entières, de leur structure sociale, et au bout du compte de leurs politiques et institutions. Le fil doit être conservé. Tout saut brusque, tout écart entre un maillon et le suivant est, en règle générale, l'occasion de supputations injustifiées et d'extrapolations hypothétiques.

Cette façon d'opérer ne se réduit pas à une simple critique des données. Il est certes important de savoir comment un chiffre est récolté, par qui, selon quelles conventions (par exemple, les impôts fonciers mènent à des dissimulations de surfaces cultivées dans plusieurs pays, et ceux sur la production à des sous-déclarations de rendement), mais on doit supposer qu'une telle critique est toujours faite avant de fournir une donnée. Ici, l'objectif n'est pas de déconstruire le chiffre élémentaire, ni de décomposer les processus que les chiffres photographient à différents stades. Il s'agit de rendre compréhensibles les cheminements, de permettre à chaque lecteur, avec quelques annuaires statistiques et une calculette pour effectuer les règles de trois, d'explorer la planète et de vérifier ce que tant de sources nous en disent sans opérer cette confrontation minimale.

Un exemple tiré de l'ouvrage de S. Brunet sur la faim dans le monde illustre cette démarche et surtout l'importance de ne pas s'arrêter en chemin [6]. Cet auteur démonte le piège où étaient tombés vingt-cinq prix Nobel en signant une déclaration pour lutter contre la faim dans le monde, prétendument responsable chaque année de 50 millions de décès alors qu'il n'en était mort que 48 millions au total cette même année. S. Brunet veut alors chiffrer l'ampleur réelle de la faim dans le monde. Elle fait appel à une étude de la banque mondiale qu'elle commente ainsi : « A partir d'une estimation de la répartition des revenus au sein d'un pays donné, la Banque Mondiale répartit les disponibilités alimentaires au sein de chaque tranche de revenus en partant du principe que les revenus les plus bas se caractérisent par une alimentation insuffisante ou inadéquate. Les calculs effectués sont infiniment complexes. Ils permettent, etc. » On est d'accord jusqu'à l'avant-dernière phrase, puis, soudain, au nom de calculs « infiniment complexes », tout nous échappe. Or il n'existe pas de savoir si transcendant en matière de nutrition et de mesure de l'alimentation qu'il justifie le passage par une boîte noire. Tout doit pouvoir être expliqué avec une relative facilité. En général, quand on ouvre de telles boîtes noires, on tombe sur un coefficient miracle qui comble d'un coup l'écart entre les données biologiques et les données sociales. Dans de tels domaines où n'existe aucune théorie scientifique précise, aucun argument d'autorité ne peut être retenu.

En refusant ainsi les mystères d'une supposée

technique ou d'un supposé savoir, tant pour le rétrécissement du trou d'ozone que pour le changement climatique, tant pour les disponibilités en vivres que pour l'évolution de la population, nous avons vu apparaître des procédés de « réenchantement », par lesquels les entités désincarnées comme les subsistances et la population retrouvaient une force magique. Les mêmes procédés sont souvent revenus, en particulier trois d'entre eux : en premier, l'utilisation d'un seul nombre pour appuyer raisonnement et prévision ; en second lieu, le mélange des champs scientifiques par le transfert des méthodes ou résultats de l'un dans un autre ; et enfin, la confusion des échelles d'observation, c'est-à-dire le fait de prendre le tout pour la partie, ou inversement. Approfondir la nature et l'usage des trois procédés fournit un guide de lecture symétrique à l'arithmétique politique : au lieu de refaire un parcours, de le reconstituer à partir des éléments sommaires qui vous sont donnés, parfois seulement les points de départ et d'arrivée comme dans le cas de l'arithmétique politique, on concentre au contraire l'attention sur les embranchements dangereux, ceux où l'on risque de prendre une mauvaise direction. On propose ainsi un guide négatif là où l'arithmétique politique en procure un positif. L'avantage vient de ce que les trois types de détournement du raisonnement sont très fréquents, facilement détectables, et que l'on risque soi-même de les commettre à tout instant dans une démarche positive.

Le premier type, c'est-à-dire la production et l'usage d'un seul nombre, est en effet si fréquent que l'on finit par ne plus prendre garde à ses dangers et à la fiction qu'il suscite. Détaillons un cas exemplaire choisi dans *Avant que nature meure* de J. Dorst [7], un ouvrage largement lu et respecté, qu'on a déjà commenté plus haut. Dorst brosse un tableau assez sombre des conséquences de l'activité humaine et de la croissance démographique sur la nature : « La faim est un problème aussi vieux que l'humanité, écrit-il.

En Europe, l'Histoire, de l'Antiquité au Moyen Age, est jalonnée de famines jusqu'au siècle dernier. Il y en eut treize en France au cours du XVe siècle, autant au siècle suivant. En Orient, celles-ci sont tragiquement classiques, et la Chine seule en connut 1 828 depuis le début de l'ère chrétienne. » Voilà de quoi justifier une limite naturelle aux subsistances. La récurrence des famines au cours de l'Histoire prouve la résistance de la nature à l'expansion humaine. Pour lancer un message de cette importance, on doit être attentif à la qualité de la preuve. Comment établir par exemple que « 1 828 famines ont éclaté en Chine depuis le début de l'ère chrétienne » ? Arrêtons-nous sur les difficultés que soulève une affirmation aussi précise dans le temps et dans l'espace.

Pour commencer, que signifie la mort du Christ dans l'histoire chinoise ? Même à Rome, elle passa inaperçue. Il fallut attendre des centaines d'années pour que le christianisme se transforme en une religion universelle, triomphe de ses rivales et finalement convertisse l'empereur Constantin. Les Chinois apprirent cette histoire bien des siècles plus tard quand des nestoriens gagnèrent à leur cause l'Asie centrale. Le début de l'ère chrétienne, qui ne représente rien dans l'histoire de la Chine, est un curieux point de départ pour un comptage des famines chinoises. J. Dorst aurait pu écrire : « Au cours des deux derniers millénaires », au lieu de prendre le début de l'ère chrétienne pour référence, mais il n'aurait plus été possible alors d'annoncer 1 828 famines. La précision voulue du chiffre entraîne une aberration dans les conditions de sa production.

Si l'on écarte cette origine problématique, une seconde difficulté se présente : que faut-il entendre par « la Chine » au cours de deux précédents millénaires ? Les frontières du pays ont fluctué. Il y eût parfois deux Chine, l'une au nord et l'autre au sud, comme à l'époque gengiskhanide [8], sans compter les périodes de troubles durant lesquelles le pays éclatait en provinces dont les seigneurs de la guerre luttaient les uns contre les autres. Même quand un seul empereur dirigeait le pays, le statut de plusieurs provinces demeurait incertain. Le Tibet n'a été annexé qu'en 1960. Les marges mongoles, la Mandchourie et le Sin-k'iang, furent longtemps dominés par d'autres princes et d'autres peuples dont les Chinois craignaient les incursions. Comment être certain que chacune des 1 828 famines annoncées s'est produite sur le territoire chinois ?

Supposons cependant que la difficulté soit contournée en prenant une définition de la Chine, dans ses frontières actuelles, et qu'il ait été possible de recueillir les traces de toutes les famines sur ce territoire depuis 2 000 ans, chez tous les peuples qui l'ont dominé à un moment ou à un autre, Turcs, Huns Hephtalites, Mongols, Mandchous, Petchenègues, Thaïs, etc. Une dernière difficulté redoutable demeure : comment définit-on une famine ? Le fait qu'un certain nombre de personnes meurent de faim, dira-t-on. Mais combien de personnes ou quelle proportion de la population ? Est-il établi que, lors d'une famine, la mortalité soit directement imputable à la faim [9] ? En fait, on ne meurt presque jamais de faim. On meurt des maladies causées par la faim. Quelle proportion des décès est alors directement imputable à la faim ? Est-ce par exemple le destin de tous ceux qui souffrent de la faim ? Confrontés à ce problème de mesure, les historiens de l'âge classique ont préféré parler de « crises », car les troubles civils et politiques et les épidémies accompagnent souvent les famines : une guerre comme celle de Trente Ans en Allemagne désorganise les cultures, entraînant famine et maladies, mais, inversement, une disette pousse à la jacquerie, et jette sur les chemins une foule de miséreux prêts à la sédition car ils n'ont que leur vie à sauver. Reste à définir une année de crise par rapport à une année « normale ». Les historiens-démographes ont décidé d'appeler « année de crise », toute année où les décès sont au moins trois fois plus nombreux que durant les années calmes. Pourquoi trois fois ? Qu'est-ce qu'une année calme ? L'arbitraire est en fait moins grand qu'il n'y paraît. En choisissant une définition différente (par exemple un niveau de mortalité quatre fois supérieur, ou des années « calmes » comptées sur une plus longue période), on obtient des résultats comparables, car le phénomène apparaît avec netteté sur les courbes de mortalité.

Dorst s'est-il inspiré de ces débats pour compter le nombre de famines ? Peut-être a-t-il omis de le préciser afin de rester lisible par un large public, car sinon, il lui aurait fallu écrire : « Au cours des deux derniers millénaires, la Chine, dans ses frontières actuelles, a connu 1 828 crises (pendant lesquelles on a observé localement des mortalités au moins trois fois supérieures au niveau habituel). » Cette reformulation n'arrange pas vraiment la situation car on bute toujours sur cet invraisemblable « 1 828 ». Comment une valeur aussi précise a-t-elle pu être établie pour un pays dont le chiffre de la mortalité au cours des trente dernières années est encore objet de discussions acharnées [10] ? Pour être sûr qu'il y a eu 1 828 famines, il faudrait connaître localement, c'est-à-dire dans chaque province de Chine et, pour les plus grandes, dans chaque district, la mortalité chaque année depuis deux mille ans. Soyons nets : c'est impossible. Puisqu'on ne peut accorder le moindre crédit à l'affirmation de J. Dorst, elle ne fournit donc pas une preuve de la menace malthusienne.

Il faut lire avec circonspection cette *Nature dénaturée* qui semble avoir le chiffre mal chiffré. Que penser, par exemple, de la phrase suivante : « A l'heure actuelle, l'érosion toucherait en Chine 160 millions d'hectares ? » Comment cette érosion est-elle définie pour obtenir ce chiffrement précis, sur quelle durée ? Quand on sait qu'en 1990 les terres arables occupent seulement 96,5 millions d'hectares en Chine, auraient-elles toutes disparu par suite de l'érosion ? S'il s'agit au contraire de la moitié des 309 millions d'hectares de déserts et de hautes montagnes [11], est-ce vraiment grave pour la survie des Chinois ? Quand il quitte les migrations d'oiseaux, qui sont sa spécialité, pour étudier le peuplement de la planète, le directeur du Muséum se transforme en représentant typique de ces scientifiques qui basculent sans transition de leurs recherches spécialisées au messianisme planétaire et à la prophétie apocalyptique.

A la place de J. Dorst, on aurait d'ailleurs aussi bien pu prendre le commandant Cousteau. Il n'est pas question de lui chercher querelle sur les habitudes du requin-marteau ou de la raie manta, mais de déterminer sur quoi se fonde exactement son affirmation plusieurs fois répétée et déjà mentionnée plus haut selon laquelle la terre ne peut nourrir que 600 ou 700 millions d'humains [12].

Cousteau et Dorst ne sont pas des cas isolés. Par une sorte de malédiction, un jour ou l'autre, des biologistes, des démographes, des généticiens qui ont fait progresser le savoir dans leur spécialité veulent délivrer un message à l'humanité. Le grand statisticien et généticien R. Fisher ne put s'empêcher d'ajouter à son remarquable *Genetical theory of natural selection* [13] un huitième et dernier chapitre intitulé *Man and the society*, véritable bric-à-brac des lieux communs racistes de son époque, depuis le déclin et la dégénérescence des élites, jusqu'à l'appel aux valeureux barbares chargés de redonner de la pureté au sang et à la civilisation. En 1935, Alexis Carrel, prix Nobel de médecine, conclut aussi son ouvrage *L'Homme cet inconnu* [14], par un chapitre intitulé « La reconstruction de l'homme », où l'on trouve la première recommandation d'élimination systématique, au nom de l'eugénisme, de populations entières dans « un établissement euthanasique pourvu de gaz appropriés ». Plus récemment, E.O. Wilson, spécialiste mondial des fourmis, professeur à Harvard et directeur du musée de zoologie de la même université, terminait sa grande étude sur la sociobiologie [15] par un chapitre intitulé : « Man : from sociobiology to sociology » qui, bien que l'auteur l'ait en partie désavoué par la suite, sert de bible à tous les nazillons du monde quand ils veulent afficher leurs prétentions intellectuelles. Et n'oublions pas les rêveries de Wynne-Edwards sur l'instinct de propriété et de territorialité dans les premières sociétés humaines, dont maints exemples ont été donnés dans les chapitres précédents, ni les idées de Konrad Lorenz sur l'agression [16], ou celles de Darwin, dans *The Descent of man* [17] et dans son dernier ouvrage sur l'expression des sentiments chez l'homme et l'animal.

Il n'y a pas pour autant une malédiction du biologiste, puisque dans leur grande majorité ceux-ci ne se sont jamais laissé tenter par ces extrapolations de la nature à la société ; mais le risque existe à cause de la proximité entre la biologie et les problèmes humains. Dans le sens contraire, on trouve aussi des sociologues et des démographes qui s'aventurent en biologie, que ce soit Pearl avec ses mouches, ou Calhoun avec ses rats. Si Darwin s'avance parfois sur le terrain social, Marx, plus imprudent, s'enflamme de manière romantique pour l'*Origine des espèces* [18], et s'entiche un temps, malgré les réserves d'Engels, pour l'incroyable théorie anthropo-géologique de Trémaux, selon laquelle les terrains porteraient des organismes d'autant plus évolués qu'ils sont plus récents : l'homme occidental apparaît et prospère sur les limons du quaternaire, tandis que le Slave se trouve sur des terrains tertiaires, et l'Africain sur les boucliers de roche protozoïque [19].

On touche ici au second procédé qui favorise le retour des anciens enchantements : la confusion des champs scientifiques et de leurs méthodologies. Certes la biologie est plus proche des disciplines sociales que la physique ou les mathématiques, mais le saut à faire reste considérable. Pour y parvenir, chaque côté schématise, résume, globalise. Pour le sociologue ou le démographe, l'ensemble des processus physiques et biologiques étudiés dans les sciences de la nature devient une « nature » idéalisée, douée de propriétés générales remarquables telles que la stabilité des États, le renouvellement des éléments au cours de cycles équilibrés, l'existence de ressources et de limites. Du côté des biologistes, on simplifie la société au point qu'elle se réduit à une somme d'individus indifférenciés, appelés en bloc « population ». Là où l'on trouvait des Américains, des Pakistanais, des Koweïtiens, des Zaïrois, et parmi eux des Zaïrois très riches comme le président Mobutu, et d'autres très pauvres mourant jeunes, il y a maintenant une « population » dont les caractères renvoient à la biologie et même à la physique : sa densité, son accroissement, son renouvellement par différence de fécondité et de mortalité. De l'autre côté, la nature est aussi prise « en bloc », à l'échelle de la biosphère. C'est une chose de ranger tous les cycles et processus complexes et plus ou moins interdépendants sous la rubrique de la nature, c'en est une autre d'ériger cette nature en une entité globale et cohérente.

Une fois cette double réduction réalisée, l'écart peut être plus facilement comblé entre les sciences de la nature et les sciences de la société, puisqu'on les a refaçonnées à cette fin. Transfigurée, la nature apparaît comme un paradis calme, régulier et régulateur tandis que la population mondiale devient une bête d'apocalypse dont la croissance incontrôlée menace le fragile équilibre naturel.

La parabole de la piscine et du nénuphar qui sert de préface à l'édition française du célèbre rapport du Club de Rome sur les limites de la croissance illustre ce schéma de manière exemplaire [20]. La piscine du club est construite en dur. Alimentée en eau renouvelable, elle est faite pour l'éternité. A l'intérieur, le nénuphar double de surface tous les jours. De taille insignifiante au début, il occupe la moitié de la piscine l'avant-dernier jour. Le lendemain, après un dernier doublement, il occupe toute la piscine et ne peut plus continuer à croître. La piscine, donc la nature, se remettra vite de cet épisode, car elle en a vu d'autres au cours des trois milliards d'années de présence de la vie sur Terre, mais le nénuphar disparaîtra, sans doute vite remplacé par d'autres espèces : autrement dit, l'humanité sera la première victime de son inconscience.

La rhétorique malthusienne est elle-même fidèle à ce schéma. La nature représentée par la production agricole augmente d'une unité par génération, tandis que la société, assimilée à sa population totale, double dans le même intervalle de temps. La course de ces deux progressions, l'une arithmétique, l'autre géométrique, se termine par une collision fatale quand la population dépasse son niveau de subsistance.

Dans un cas comme dans l'autre, l'argument repose entièrement sur la simplification initiale des deux domaines que l'on tente de relier, la biologie et la société. Les ressources ne sont pas « limitées » comme on a eu l'occasion de le discuter. Il n'existe pas plus d'explosion démographique que de surpopulation humaine générale de la planète, comme on l'a aussi montré antérieurement. L'évoquer, c'est mettre en mouvement un théâtre de marionnettes où Polichinelle-nature s'oppose à Gnafron-population, et prendre pour la réalité un dispositif que l'on a en fait construit dans l'intention de rapprocher la nature de la société.

On peut comparer cette attitude à la construction d'un pont sur un fleuve : sur la rive biologique, un promontoire s'avance, l'écologie, et il se termine par une pile, la « nature ». Sur l'autre rive, celle de la sociologie, de l'économie et de l'anthropologie s'avance aussi un promontoire constitué par la démographie (la plus « biologique » des sciences sociales, dit-on parfois), et couronné aussi par une pile, la « population mondiale ». La jonction entre les deux piles est assurée par la nouvelle théorie malthusienne qu'on peut représenter par le tablier du pont. Une fois le pont construit, les marchandises circulent entre les deux rives. A partir du promontoire de la sociologie et de la démographie, les « populations » empruntent le pont, pour être étudiées de l'autre côté, celui de la biologie, sous forme de populations « animales », modèles réduits de la population humaine, susceptibles d'illustrer son destin probable et de préciser les mécanismes qui la conduisent sur la pente fatale. Notre discussion serrée des expériences et des observations sur les populations d'insectes, de rats et de singes a insisté sur le caractère imaginaire de la destinée humaine qu'elles proposent. Contaminée par une vision bien particulière de la société, l'écologie des populations s'est longtemps débattue dans ce flot d'analogies, de métaphores et d'images humaines, avant de proposer des analyses autonomes grâce à une remise en question de la plupart de ses concepts issus des sciences sociales, grâce notamment à Andrewartha et aux travaux récents de l'éthologie. On observe aujourd'hui une circulation inverse : des concepts remarquables, issus de l'écologie savante dans l'étude des étangs, des récifs, ou des bosquets, donc parfaitement adaptés à la connaissance de petits « écosystèmes » sur de brèves périodes, mais parfaitement inadaptés à celle de nations entières, de la planète et des rapports de force qui s'y nouent entre les groupes humains au fil de l'Histoire, empruntent en sens inverse le pont pour passer de la rive biologique à la rive sociale et pour expliquer le destin des sociétés par la nature.

On transpose ainsi, sans précautions, à l'ensemble des sociétés humaines, le concept de population limite, qui mesure l'effectif de libellules ou de moustiques qu'un étang peut nourrir sans puiser dans des constituants minéraux ou organiques qu'il ne pourrait renouveler, ou le concept de « *sustainability* » qui décrit la stabilité des cycles de matières et de vie à long terme. Ces concepts parlent certes à l'imagination, mais c'est bien leur seule caractéristique, car ainsi dépaysés ou, au vrai sens du terme, « dénaturés » dans la société, ils deviennent de simples slogans. Derrière eux se profilent des hybrides encore moins définissables comme le « développement durable », un développement économique qui ne puiserait pas dans les ressources non renouvelables, et qui est en fait une tentative de biologisation de l'économie politique.

Même s'ils ont une origine sérieuse, ces concepts devenus vagues induisent des raisonnements encore plus vagues, qui à leur tour engendrent des craintes irrationnelles : conséquences mortelles des rayons ultraviolets passant au travers de la couche d'ozone, qui s'est amincie, réchauffement « global » du climat et montée des océans noyant les deltas les plus populeux en raison de la concentration croissante de gaz carbonique dans l'atmosphère, dégradation des sols limitant les rendements agricoles et conduisant à terme à la famine planétaire, épuisement des ressources en énergie, pollutions irrémédiables, etc. De grandes conférences comme celle de Rio en 1992, des accords solennels comme le protocole de Montréal destiné à limiter le trou dans la couche d'ozone, ou comme la convention sur la biodiversité pour protéger les espèces en voie de disparition, couronnent cet échafaudage et achèvent de lui donner sa respectabilité scientifique. Pour éviter ces développements métaphoriques, il faut prêter la plus grande attention au franchissement du « pont », car c'est à ce moment que les sauts conceptuels et méthodologiques les plus importants ont lieu.

Au cours du passage d'une rive à l'autre, les termes scientifiques se cristallisent. Alors que dans leur domaine d'origine ils font l'objet d'âpres discussions entre spécialistes, ils sont, par le miracle de leur dépaysement, métamorphosés en évidences et en vérités indiscutables : les populations animales deviennent une catégorie objective. Peu importe que de nombreuses bêtes ne soient même pas capables de reconnaître leurs congénères. La population limite d'un pays, aux structures agraires variées, aux végétations et aux climats distincts, aux relations commerciales importantes avec le reste du monde, devient l'un de ses attributs, au même titre que l'hymne national ou le drapeau, bien que l'on ne sache même pas la calculer pour un petit champ de soja ou un étang de taille modeste. Tous les débats internes au domaine d'origine du concept sont oubliés, comme s'ils s'étaient soldés par des accords définitifs, et comme si la transposition elle-même était une opération toujours légitime. Dans ce tour de passe-passe, les catégories de la société sont réifiées par les concepts de la nature.

Pour que la circulation des termes entre le biologique et le social ne soulève pas les interrogations normales dans toute tentative d'application d'une idée ou d'un concept d'un domaine à un autre domaine très différent, on se sert de deux procédés de camouflage : le recours aux méthodes de la physique et la confusion des échelles.

Par le terme de méthodes, le sociologue qui fait de la biologie ou le biologiste qui se lance dans la sociologie entendent toujours celles de la science physique, ou du moins les prennent pour modèle. Le sociologue qui convoque la biologie le fait en ingénieur ou en astronome. De même, le biologiste qui transpose ses résultats à l'humanité utilise les termes de la physique. Ni l'un ni l'autre n'adoptent le langage de leur propre science (ils savent qu'ils seraient taxés de réductionnisme), ni celui de l'autre science (ils seraient pris pour des novices naïfs). Ils choisissent donc un tiers langage, celui de la physique dont l'épistémologie a débordé son domaine pour devenir la langue véhiculaire, le pidgin de toutes les disciplines. Quand Dorst parle de 1 828 famines, ou bien de 160 millions d'hectares érodés, quand Cousteau lâche le chiffre de 600 millions d'humains, ils nimbent d'une aura physico-mathématique des objets qui ne pourraient jamais prétendre à ce statut. Le chiffre ne joue pas seulement un rôle magique, il réfère à la scientificité de la physique : le biologiste, dans son travail, utilise rarement les nombres et les lois numériques, le sociologue en est tout aussi avare, même si des méthodologies précises, taxinomiques dans un cas, statistiques dans l'autre peuvent jouer un rôle. Assener un chiffre global, c'est alors non seulement signifier une scientificité de type admirable par référence à la physique, mais aussi que toute discussion est close et ne pourra être rouverte que sous le contrôle de procédures dignes de la physique la plus exigeante.

Le sociologue fabrique aussi des expériences de type physique en s'imaginant faire de la biologie. Il croit pouvoir reconstituer en laboratoire les conditions de la nature, et raisonner en termes de lois numériques générales, alors que les biologistes savent pertinemment qu'ils ne peuvent pas transporter la nature dans leur laboratoire, et ont abandonné depuis longtemps la recherche de régularités numériques en elles-mêmes. C'est comme si un Chinois et un Allemand, voulant discuter ensemble, cherchaient à se parler en arabe, langue dont ils n'ont qu'une vague idée. Entre le biologiste, ou l'écologiste, et le sociologue, ou le démographe, les méthodes de la physique jouent le rôle de l'arabe.

L'ironie suprême, si l'on peut dire, c'est que les physiciens eux-mêmes ont renoncé depuis longtemps à cette conception mécaniste de leur science. Les débats sur la mécanique quantique, sur la structure du vide et de la matière, sur l'interférence des observateurs et des observations mériteraient d'être médités. La physique ancienne, et même imaginaire, qu'utilisent le biologiste et le sociologue pour s'introduire chacun dans le champ de l'autre, est aussi loin de la science que le pidgin de l'anglais de Virginia Woolf.

Comment raccorder alors les phénomènes naturels et les faits sociaux ? Comment comprendre les conséquences très visibles de l'activité humaine sur l'environnement et, inversement, les influences de changements naturels sur la société ? Que ces relations soient mal analysées ne signifie pas qu'elles n'existent pas : les chlorofluorocarbones s'accumulent bien dans les vortex polaires, la couche d'ozone diminue bien en épaisseur aux latitudes tempérées, les ultraviolets atteignent bien en plus grand nombre le sol terrestre, et quand des organismes sont soumis à des ultraviolets, la fréquence des mutations et des cancers s'accroît bien. Doit-on conclure à un risque important pour l'humanité ? La tendance est de répondre affirmativement. Or tout dépend des proportions en jeu à chaque stade et de la possibilité de passer des observations du laboratoire à la société. Ce n'est pas impossible, puisque, par exemple, les entreprises pharmaceutiques testent sur des animaux de laboratoire leurs produits avant de passer à l'homme, mais c'est difficile, car, contrairement aux médicaments, l'ozone ne se consomme pas en petites pilules dont le nombre serait prescrit sur ordonnance. Le réchauffement climatique, l'intensification de l'agriculture, la déforestation, la diversité des espèces, la pollution urbaine posent des problèmes analogues et, comme on l'a vu, ne relèvent d'aucun schéma causal évident.

Le deuxième moyen de camoufler le changement de discipline de référence est, on l'a dit, la confusion des échelles. C'est aussi le troisième et dernier procédé classique pour égarer un raisonnement rationnel. La confusion d'échelle apparaît, par exemple, lorsqu'on parle de la population mondiale comme de celle d'une localité (le fameux village planétaire sans doute), ou lorsque les outils de l'écologie locale sont appliqués à des nations et à des continents. En réalité, la confusion abolit la différence entre le groupe et l'individu. Elle s'opère dans le langage par l'emploi de termes et de schémas équivalents ou voisins pour la population et pour la personne isolée (la mort individuelle a pour reflet la mortalité collective, et la naissance, la fécondité ; de même qu'un individu est d'abord jeune, puis vieillit, on parle de vieillissement des populations, ou des « jeunes » populations du tiers-monde). Sur un registre plus large, on assimile identité individuelle et identité collective (du contrôle d'identité à l'« identité de la France »). De telles confusions permettent d'évacuer les facteurs embarrassants. Ainsi, en mêlant les individus dans une même population, on abolit leurs différences, ce qui permet de se consacrer à la recherche des causes « naturelles » des maux humains, au lieu de se pencher sur les rapports de force entre les individus et les groupes d'individus.

Le découpage destiné à constituer des populations crée des catégories (on regroupe les gens d'un même âge dans une « classe d'âge » qui n'a guère de réalité, à part chez certains « groupes de circoncision » dans des populations primitives, ou chez certaines amicales d'anciens du service militaire) et simultanément en efface d'autres. Additionner tous les humains comme le fait le démographe, c'est déjà reconnaître qu'ils sont égaux. Alors qu'elle est indéniable d'un point de vue moral ou politique (droit de vote, valeur sacrée de la personne, antiracisme), cette pétition est inexacte du point de vue social et économique, car les individus réels sont très profondément inégaux. Les rassembler sous une seule rubrique (« la population de la France », ou « la population des personnes âgées ») évacue les différences sociales de la discussion, et privilégie au contraire les facteurs physiques et biologiques. En outre, l'analogie entre individu et population fausse nos perceptions. On imagine une population « vieillissante » sous les traits d'un rassemblement de personnes aux visages ridés et aux cheveux blancs, alors que si l'on se rend en Allemagne, dont la population est l'une des plus vieillies du monde, on ne voit rien de semblable.

Il se peut même que la confusion des échelles ne soit pas seulement un excès de langage, mais une caractéristique des systèmes vivants par opposition à la matière inerte. En transposant les phénomènes individuels en phénomènes de population, on abolit alors la relation d'échelle à échelle, l'interpénétration et la continuité qui mettent en communication le moindre être vivant avec la biosphère, ce qui réciproquement interdit de considérer une partie de la biosphère indépendamment de l'ensemble : la subsistance d'un pays donné ne peut être analysée sans considérer le commerce international des vivres. Le comportement des lucilies devient incompréhensible si on les observe sur un seul cadavre de chèvre. Les rats du Dr Calhoun dans leur enclos ou les drosophiles de Pearl dans leur bocal deviennent de pures fantasmagories car on les a hermétiquement isolés du reste de la nature. A l'aube de la biologie moderne, Goethe avait posé ce problème dans sa *Métamorphose des plantes* [21], quand il critiquait le réductionnisme de l'anatomie : « Lorsque les objets naturels, et surtout les êtres vivants, nous apparaissent de façon telle que nous souhaitons comprendre leur nature et leur activité dans l'ensemble, nous croyons parvenir au mieux à cette connaissance en les dissociant en leurs parties, et cette voie en effet est réellement propre à nous mener très loin. Qu'il nous soit permis de rappeler en quelques mots aux amis de la science comment la chimie et l'anatomie ont contribué à la compréhension et à une vue d'ensemble de la nature. Mais constamment poursuivis, ces efforts de dissociation ont aussi bien des inconvénients. Le vivant est bien décomposé en ses éléments, mais à partir de ceux-ci, on ne peut le reconstituer et lui rendre la vie. Ceci est déjà vrai pour de nombreux corps inertes, et à plus forte raison pour l'organique. » Il est paradoxal que l'écologie, dont le projet concorde avec celui de Goethe, s'en soit détournée en passant à des considérations sur l'avenir de la population mondiale et de la planète. Certes le trou d'ozone illustre l'unité de la planète et l'interdépendance des hommes et des lieux du globe entier puisque le brumisateur que manie un Américain entraînera peut-être un cancer de la peau chez un Australien. Mais point n'était besoin de recourir à l'ozone pour mettre en évidence des chaînes mondiales : l'accumulation de DDT aux pôles, la présence de déchets sur toutes les mers et les cendres des éruptions volcaniques se dispersant sur l'ensemble des continents en donnent d'aussi bonnes illustrations. Avec l'ozone, un facteur essentiel s'ajoute, la mort possible pour les hommes. C'est malheureusement pour cette causalité hypothétique que l'écologie mondialiste trahit les principes de l'écologie scientifique en effectuant un saut d'échelle injustifié, en abandonnant ce qui constitue son principe de base, l'étude des relations entre les êtres vivants, pour extrapoler sans raison suffisante des résultats de laboratoire sur l'exposition aux rayonnements ultraviolets à la terre entière.

Les trois procédés qui réenchantent le monde ne sont pas, par hasard seulement, trois procédés rhétoriques, trois types de métaphore, synecdoques pour les changements d'échelle et pour les passages d'un domaine scientifique à un autre, et métonymie dans l'appel à un seul nombre pour caractériser une substance. Une rhétorique dont le but est de suggérer une signification, s'appelle aussi une idéologie : les peurs et leurs explications, que nous avons étudiées, découvrent ainsi leur unité. Elles expriment la formation d'une nouvelle idéologie. Il est d'usage de déplorer la fin des idéologies. On ferait mieux de prêter plus d'attention à celles qui sont en gestation, car les groupes humains ne vivent jamais sans idéologie, même s'ils le croient. Or les raisonnements et les concepts de l'écologie mondialiste, tout comme son registre de métaphores correspondent à une nouvelle idéologie sédimentant l'état actuel des rapports humains : l'interaction généralisée correspond au marché libéral, la circulation du gaz carbonique et des CFC sur toute la planète renvoie en écho à la libre circulation des marchandises recommandée par le GATT. La crainte d'intenses migrations internationales s'inscrit dans la même perspective. A la fusion de tous les croyants dans la chrétienté ou l'Islam, à celle de tous les travailleurs dans le prolétariat, répond l'humanité de tous les hommes face à la biosphère. On pourrait pousser plus loin les analogies, par exemple entre la baisse tendancielle du taux de profit et la hausse de la proportion de CO_2, ou entre la plus-value et la pollution. On tomberait cependant vite dans l'arbitraire, car l'idéologie écologiste est en voie de cristallisation. Ses canons ne sont pas encore fixés de façon définitive, mais font l'objet de négociations féroces entre des tendances allant de l'écologie profonde à l'environnementalisme technologique. La population mondiale, les subsistances, l'avenir des terres agricoles, la pollution, l'environnement et l'écologie scientifique apparaissent comme des points focaux sur lesquels cette idéologie naissante se teste, se forme et s'essaye à diverses combinaisons dans la recherche d'une nouvelle intelligibilité du monde ou, pour reprendre le mot de l'un des protagonistes de l'opération, dans la recherche d'un nouveau contrat naturel.

Notes

Introduction

1. Fabre-Luce (A.), *Six milliards d'insectes*, Arthaud, Paris, 1962. Un livre qui vaut mieux que son titre. A. Fabre-Luce a quelques défauts sauf celui d'être inintelligent. On trouve par exemple au chapitre « Les capitalistes d'hommes », une liste des astuces employées par les « natalistes » pour discréditer les thèses malthusiennes : « 1) Emploi du mot malthusien tantôt dans un sens démographique, tantôt dans un sens économique (lequel n'a jamais été dans la pensée de Malthus) », « 2) Présentation de tout accroissement de population comme un phénomène naturellement bénéfique », « 3) Invention d'un danger de dépeuplement inexistant », « 4) Exagération des difficultés provoquées par le vieillissement de la population », « 5) Présentation de l'urbanisation et de l'industrialisation comme suffisant à provoquer automatiquement la limitation des naissances », « 6) Surpopulation », « 7) Substitution de problèmes théoriques de production à des problèmes économico-politiques réels », « 8) Invention de fausses lois biologiques ». L'opposition des natalistes est tellement grossière qu'*a contrario* elle donne du poids aux thèses malthusiennes, et réciproquement. La critique des thèses malthusiennes ne peut avoir quelque portée que si elle est effectuée d'un point de vue non nataliste et non populationniste. Il est nécessaire de renvoyer ces deux idéologies dos à dos, et non de les opposer l'une à l'autre. C'est pourquoi nous avons consacré un ouvrage à la critique des arguments natalistes (*Marianne et les lapins : l'obsession démographique*, Hachette, Paris, 1993) avant d'examiner ici l'argumentation malthusienne.

2. Lesourne (J.), « L'immigration : une dimension majeure du XXIe siècle européen », *Le Débat,* Paris, 1985.

Cet article est intéressant car l'auteur met en chiffres ses inquiétudes, ce qui n'est pas fréquent. Nous avons analysé la légitimité de ses chiffres par rapport aux tendances actuelles ainsi que le vocabulaire utilisé dans la description des migrations futures dans : « Immigration et culture », in *Confluences méditerranéennes,* n° 5, 1993.

Chapitre 1

1. Malthus (T.R.), *Essai sur le principe de population,* Londres, 1798. On utilise ici la traduction publiée en 1980 par l'INED à Paris.
2. *Population, resources and the environment : the critical challenge,* UNFPA, New York, 1991.
3. *Ibid.*, p. 71.
4. Ehrlich (P.), *La Bombe P*, Fayard, Paris, 1972 ; traduction de l'ouvrage *The Population bomb*, Ballantine Press, New York, 1971.
5. Ehrlich (P.) et (A.), *The Population explosion*, Simon & Schuster, New York, 1990.
6. Ehrlich (P.) et (A.), *Healing the planet,* Addison-Wesley, Readings, Mass., 1991.
7. *Ibid.*, p. 13.
8. *The Population explosion*, *op. cit.*, voir aussi note 12 de la p. 17.
9. « Demain la terre », dossier n° 11 du *Nouvel Observateur*, Paris, 1992.
10. Citation donnée par J. Daniel dans « Demain la terre », *ibid.*
11. Bouthoul (G.), *La Surpopulation*, Payot, Paris, 1964, p. 145.
12. « Statement » adopté à la conférence de Dagomy (à côté de Sotchi sur la mer Noire où a eu lieu le congrès de Pugwash en 1988). Parmi les signataires, outre l'inévitable Ehrlich, figurent notamment les biologistes Ernst Mayr et Edward Wilson.
13. L'appel d'Heidelberg a été rédigé lors d'un colloque sur les substances dangereuses qui s'est tenu à Heidelberg en mai 1992. Les scientifiques redoutaient qu'au nom de l'environnement on freine la recherche scientifique. L'auteur qui participait à la réunion a tenté d'empêcher que le soi-disant risque démographique soit mentionné. Le

rationalisme qu'affichaient les participants était souvent de façade : ils souhaitaient détourner l'attaque contre la science vers d'autres boucs émissaires. La population mondiale en a fait les frais. Aux deux prix Nobel présents à Heidelberg se sont ajoutés durant le mois suivant soixante-six autres prix Nobel pour signer l'appel. Une critique des positions « scientistes » de l'appel a été faite par Lecourt (D.), *L'Appel d'Heidelberg*, Hachette, Paris, 1993. A notre avis, elle prend trop au sérieux le rationalisme affiché par les participants.

14. Dorst (J.), *Avant que nature meure*, Delachaux et Niestlé, Neuchâtel, 1962.

15. Meadows (D.H.), Meadows (D.L.), Randers (J.) et Behrens (W.W.), *Halte à la croissance*, Fayard, Paris, 1972 ; traduction de *The Limits to growth*, MIT Press, Cambridge, Mass., 1972.

16. Forrester (J.), *Urban dynamics*, MIT Press, Cambridge, Mass., 1967. Chez le même éditeur, *World dynamics*, 1970.

17. Dorst (J.), *op. cit.*, p. 21.

18. Lovelock (J.), *La terre est un être vivant. L'hypothèse Gaïa*, Flammarion, Paris, 1986 ; traduction de *Gaïa : a new look at life on earth* paru en 1979. Le nom de Gaïa, l'antique déesse de la terre Gée, a été suggéré à Lovelock par son voisin à la campagne, le futur prix Nobel de littérature, William Golding, dont le roman philosophique *Sa Majesté des Mouches* n'est pas tendre pour la vie en société.

19. Odum (E.P.), *Fundamentals of ecology*, W.B. Saunders, Philadelphie, 1971. La troisième édition de ce livre parue avant la montée en puissance des mouvements écologistes qui a suivi la parution du rapport du club de Rome est encore relativement neutre. On trouve cependant quelques curieux jugements de valeur comme celui de la p. 56 : « Il devient de plus en plus évident que la densité optimale de population pour l'homme doit être limitée par la qualité de l'espace de vie (c'est-à-dire le Lebensraum) et non par le nombre de calories disponibles. Le monde peut nourrir beaucoup plus d'êtres à sang chaud que d'humains de qualité ayant une chance raisonnable de liberté et de bonheur. »

20. Tort (P.), *Physique de l'État : examen du corps politique de Hobbes*, Vrin, Paris, 1978. Le même thème est

abordé par Le Bras (H.), « Démocratie et démographie », in *Revue européenne des sciences sociales*, n° 4, 1993.

21. Leroy-Beaulieu (P.), *La Question de la population*, Félix Alcan, Paris, 1913.

22. Ehrlich (P.) et (A.), *The Population explosion*, *op. cit.*, p. 40.

23. Higgins (G.M.), Kassam (A.H.), Naiken (L.), Fisher (G.) et Shah (M.M.), *Potential population supporting capacities of lands in developing world,* Technical Report FPA.INT.513, FAO, Rome, 1983. Des mêmes auteurs : *People, land and food production : potentials in developing world*, IIASA, Laxenburg, 1984. Discussion intéressante de ce modèle et d'autres analogues par Srinivasan (T.N.), « Population growth and food : an assessment of issues, models, and projections », in *Population, food and rural development*, Lee (R.E) et al., Clarendon Press, Oxford, 1988.

24. Ehrlich (P.) et (A.), *The Population explosion*, *op. cit.*, p. 40.

25. *Ibid.*, p. 39.

26. Clark (C.), *Population growth and land use*, Macmillan, Londres, 1967.

27. Ehrlich (P.) et (A.), *The Population explosion, op. cit.*, p. 67.

28. *Ibid.*, p. 39.

29. Davis (K.), « Populations and resources : facts and interpretations », in *Resources, environment and population*, Davis (K.) et Bernstam (M.S.), éd., Oxford University Press, New York, 1991.

30. Malthus (T.R.), *op. cit.* Le passage disparut des dernières éditions de l'essai.

31. Mill (J. Stuart), *Principles of political economy with some of their applications to social philosophy*, J.M. Robson, Londres, 1965, fac-similé de l'édition originale.

32. *Population, resources and the environment : the critical challenge, op. cit.*, p. 21.

33. Ehrlich (P.), *The Population bomb, op. cit.*, p. 15.

Chapitre 2

1. Hughes (J.D.), *Ecology in ancient civilizations*, New Mexico University Press, Albuquerque, 1975.

2. Biraben (J.N.), « Essai sur l'évolution du nombre des hommes », in *Population,* n° 1, 1979. Et Durand (J.D.), « Historical estimates of world population : an evaluation », in *Population and development review,* n° 3, 1977. Une synthèse récente a été opérée par El Badry (M.) : « La croissance de la population mondiale, passé, présent et avenir », in *Conséquences de la croissance démographique rapide dans les pays en développement,* Blanchet (D.) et Horlacher (D.E.), éd., INED, Paris, 1991.

3. Diop-Maes (M.L.), « Recherche sur la population de l'Afrique noire », thèse, Paris I, 1983, 264 p.

4. Une discussion approfondie de l'évolution de la population romaine à partir de l'Empire, ainsi que des sources sur lesquelles reposent les évaluations a été effectuée par Salmon (P.), « Population et dépopulation dans l'Empire romain », in *Latomus* (revue d'études latines), Bruxelles, 1974.

5. Grousset (R.), *L'Empire des steppes : Attila, Gengis Khan, Tamerlan,* Payot, Paris, 1965.

6. *World resources 1992-1993,* Oxford University Press, New York, 1993.

7. « World Population Prospects », in *Population studies,* n° 106, Nations unies, New York, 1989.

8. *Rapport mondial sur le développement humain,* Programme des Nations unies pour le développement, Economica, Paris, 1992.

9. Humana (C.), *The World guide to human rights,* Facts on file, New York, 1986.

10. Annuaire de la FAO, *Production,* 1991, vol. 45, FAO, Rome, 1992.

11. Braudel (F.), *Civilisation matérielle, économie et capitalisme, XVe-XVIIe siècle,* Armand Colin, Paris, 1979. Et Wallerstein (I.), *Geopolitics and geoculture,* Cambridge University Press, Cambridge, 1991.

12. Dumont (A.), *Dépopulation et civilisation,* réédition et préface d'A. Béjin, Economica, Paris, 1990.

13. « World population prospects », in *Population studies, op. cit.*

Chapitre 3

1. « Scientific assessment of stratospheric ozone », World Meteorological Org. et PNUE, Nairobi, 1991.

2. *One earth, one future : our changing global environment*, National Academy of Sciences, Washington, 1990.

3. *World resources 1992-1993*, Oxford University Press, New York, 1993, p. 200 et ss.

4. Brown (L.) *et al.*, *State of the world*, W.W. Norton, New York, 1993.

5. Jones (R.), Wrigley (T.), *Ozone depletion : health and environmental consequences*, Wiley and sons, New York, 1989.

6. « Vital statistics of the United States, 1988 », U.S. Department of Health and Human Services, Nat. Cent. for Health, Washington, 1991.

7. « Statistiques des causes médicales de décès en 1988 », INSERM, Paris, 1992.

8. « Patterns of cancer in five continents », Institut international du cancer, OMS, Lyon, 1993.

9. Voir la discussion dans ce chapitre sur *World resources 1992-1993*, *op. cit.*, consacré aux émissions de gaz atmosphériques.

10. *Ibid.*, tableau 24.2.

Chapitre 4

1. Keeling (C.D.), « A three dimensional model of atmospheric CO_2 transport, based on observed winds : observational data and preliminary results », in *Aspects of climate variability in the Pacific and Western Americas*, Geophysical Monograph, vol. 55, Washington, 1989.

2. Duplessy (J.C.), Morel (P.), *Gros temps sur la planète*, Odile Jacob, Paris, 1990.

3. Odum (E.P.), *Fundamentals of ecology*, Saunders, Philadelphie, 1971, donne un excellent graphique (p. 41) de l'irradiation selon la longueur d'onde et le type de rayonnement (direct, atmosphérique, réflexion sur les nuages, sur la végétation, etc.).

4. Duplessy (J.C.), Morel (P.), *op. cit.*, p. 138.

5. Imbrie (J.) et (K.P.), *Ice ages : solving the mystery*, Macmillan, Londres, 1979.

6. Excellent graphique de l'analyse spectrale dans Duplessy (J.C.) et Morel (P.), *op. cit.*

7. Lorius (C.), « Archives glaciaires : climats passés et effet de serre », in *Le Courrier du CNRS*, n° 76, 1990,

donne un résumé de ses découvertes et notamment un graphique de la variation de température et de la concentration de CO_2 depuis 150 000 ans où les deux courbes sont presque exactement parallèles.

8. Nombreuses discussions sur ce point, par exemple dans *One earth, one future* publié par l'Académie des sciences américaines, dans l'ouvrage cité de Duplessy et Morel, et dans le dernier livre revigorant de Claude Allègre, *Écologie des villes, écologie des champs*, Fayard, Paris, 1993.

9. Duplessy (J.C.), Morel (P.), *op. cit.*

10. *One earth, one future, op. cit.*, pp. 69-71.

11. Ehrlich (P.) et (A.), *The Population explosion*, Simon & Schuster, New York, 1990.

12. Duplessy (J.C.), Morel (P.), *op. cit.*

13. Mercer (J.), « West Antarctic ice sheet and CO_2 greenhouse effect : a threat of disaster », in *Nature*, n° 271, 1978.

14. Glantz (M.H.), « On the interactions between climate and society », in *Resources, environment and population*, Davis (K.) et Bernstam (M.S.), éd., Oxford University Press, New York, 1991.

15. Barraclough (S.L.), *An End to hunger ?*, UNRISD, Genève, 1991.

Chapitre 5

1. *World resources 1992-1993,* Oxford University Press, New York, 1993, p. 207 : deux indices sont proposés, l'un par l'IPPC et l'autre par World Resources Institute. Ils donnent des résultats très voisins : en fixant à 1 l'indice du CO_2, le méthane est compté à 15 et les CFC à 10 250 dans le système World Resources et, respectivement, à 1, 21 et 5 873 dans le système IPPC.

2. Annuaire de la FAO, *Production,* 1991, vol. 45, FAO, Rome, 1992.

3. Hao (W.M.), Crutzen (P.J.), « Estimates of annual and regional releases of CO_2 and other trace gazes to the atmosphere from fires in the tropics », in *Fire in the tropical biota : ecosystem processes and global challenges*, Goldammer (J.G.), éd., Springer, Berlin, 1990.

4. Seiler (W.), Crutzen (P.J.), « Estimates of gross and net fluxes of carbon between the biosphere and the

atmosphere from biomass burning », in *Climatic change*, n° 2, 1980.

5. Andreae (M.O.), « Biomass burning in the tropics : impact on environmental quality and global climate », in *Resources, environment and population*, Davis (K.) et Bernstam (M.S.), éd., Oxford University Press, New York, 1991.

6. *World resources 1992-1993, op. cit.*

7. *Ibid.*, tableau 24.2, p. 348.

8. Données du World Resources Institute et de la division de population des Nations unies.

9. Gimpel (J.), *La Révolution industrielle du Moyen Age*, Le Seuil, Paris, 1965.

10. Lovins (A.), « Energy, people and industrialization », in *Resources, environment and population*, *op. cit.*

11. *Ibid.*

12. Données extraites de *World resources 1992-1993, op. cit.* et de « World population Prospects », in *Population studies,* n° 106, Nations unies, New York, 1989.

13. Kanoh (T.), « Toward dematerialization and decarbonization », in *Science and sustainability*, IIASA, Laxenburg, 1992.

14. *Ibid.*

15. Lovins (A.), *op. cit.*

16. Colombo (U.), « Sustainable energy development », in *Science and sustainability*, *op. cit.*

17. *Conséquences de la croissance démographique rapide dans les pays en développement*, Blanchet (D.) et Horlacher (D.E.), éd., INED, Paris, 1991.

18. Commoner (B.), « Croissance démographique rapide et pression sur l'environnement », in *Conséquences de la croissance démographique rapide dans les pays en développement, op. cit.*

19. *Ibid.*

20. Ehrlich (P.), *The Population bomb*, Ballantine Press, New York, 1971.

21. Andelson (R.V.), *Commons without tragedy*, Sheapeard-Walwyn, Londres, 1991. Cet ouvrage exprime un courant original de la pensée politique de la nature dans la ligne du philosophe et économiste Henry George, plaidant pour une approche en termes de droits et de devoirs. Le titre réfère au retentissant article de Garrett Hardin, « The tragedy of the commons », in *Science,* n° 162, 1968.

22. Meadows (D.H.), Meadows (D.L.), Randers (J.) et Behrens (W.W.), *The Limits to growth*, MIT Press, Cambridge, Mass., 1972. Trad. fr. *Halte à la croissance*, Fayard, Paris, 1972.
23. Hayek (F.), *Scientisme et sciences sociales*, Plon, Paris, 1953 ; traduction de *Scientism and the study of society*, paru en 1952.
24. Chiffres tirés des annuaires de l'énergie publiés chaque année par le CPDP (Comité professionnel du pétrole), à Rueil-Malmaison.

Chapitre 6

1. *Changing economy in Indonesia : population trends 1795-1942*, vol. 11, Royal Tropical Institute (KIT), Amsterdam, 1991.
2. Lardinois (R.), éd., *Crises et famines aux Indes*, éditions du CNRS, Paris, 1992.
3. Cité par Marei (S.), in *The World food problem*, Longman, Londres, 1976.
4. Meadows (D.H.), Meadows (D.L.), Randers (J.) et Behrens (W.W.), *Halte à la croissance*, Fayard, Paris, 1972.
5. Sarouma (E.), dans la préface du rapport FNUAP-IIASA-FAO, *Land, food, people*, FAO, Rome, 1984.
6. Cité par Barraclough (S.), *An End to hunger ?*, UNRISD, Genève, 1991.
7. Brown (L.) et al., *State of the world 1993*, W.W. Norton, New York, 1993.
8. *Ibid.*, p. 12.
9. *Population, resources and the environment : the critical challenge*, UNFPA, New York, 1991, p. 6 et ss.
10. Ehrlich (P.) et (A.), *Healing the planet*, Addison-Wesley, Readings, Mass., 1991, p. 160.
11. *Ibid.*, p. 193.
12. *Population, resources and the environment*, *op. cit.*
13. *Ibid.*, p. 21.
14. *Healing the planet*, *op. cit.*, p. 203.
15. El Hinnawi (E.), *Environmental refugees*, PNUE, Nairobi, 1985.
16. Myers (N.), *Environment and security*, W.W. Norton, New York, 1992.
17. *Healing the planet*, *op. cit.*, p. 34.

18. *An End to hunger ?*, *op. cit.*, p. 209.
19. Brown (J.), Maurer (B.), « Macro-ecology : the division of food and space among species on continents », in *Science*, n° 243, 1989.
20. Odum (E.P.), *Fundamentals of ecology*, W.B. Saunders, Philadelphie, 1971, p. 51.
21. Annuaire de la FAO, *Production*, 1991, vol. 45, FAO, Rome, 1992.
22. Normes données par le *Agricultural Handbook*, n° 8, U.S. Dept. of Agr., Washington, 1963.
23. *Fundamentals of ecology*, *op. cit.*, p. 46.
24. *Production*, *op. cit.*
25. *Healing the planet*, *op. cit.*, p. 211 : « Personne ne sait de combien la récolte est réduite par les mauvaises herbes, les parasites et le gaspillage pendant et après la récolte. » P. Ehrlich lance alors une proportion entre 25 % et 50 %, et suppose un 40 % sans plus de justifications. Voici comment naissent des statistiques : il suffira ensuite de citer P. Ehrlich pour justifier ces 40 %.
26. *World resources 1992-1993*, Oxford University Press, New York, 1993, tableau 18-3 : « Livestock populations and grain consumed as feed ».
27. Kates (R.) et al., *The Hunger report : 1988*, Brown University, Providence, Rhode Island, 1988. Ce rapport sert de base aux calculs de P. Ehrlich sur le nombre d'humains qui pourraient vivre d'une *« full but healthy diet »* sur la production alimentaire actuelle (p. 67 de *The Population explosion*, Simon & Schuster, New York, 1990).
28. Les chiffres figurent dans tous les annuaires de la FAO, notamment dans *Production*, 1991, vol. 45, *op. cit.*
29. *Ibid.*
30. *Ibid.*
31. Publiés dans *World resources 1992-1993*, *op. cit.*, et dans l'annuaire de la FAO, *Production*, *op. cit.*

Chapitre 7

1. *Population, resources and the environment : the critical challenge*, UNFPA, New York, 1991, p. 34.
2. Barraclough (S.L.), *An End to hunger ?*, UNRISD, Genève, 1991. Cet ouvrage remarquable reprend des études de terrain menées depuis plus de 10 ans par l'UNRISD,

c'est-à-dire l'Institut de recherche sur le développement des Nations unies. Nous lui empruntons les exemples du Mexique et du Bangladesh. Le problème de la faim dans le monde est essentiellement social et se retrouve dans chaque pays : 20 millions de personnes en souffriraient aux États-Unis (*Hunger in America : the growing epidemic*, Wesleyan University Press, Middletown, Connecticut, 1985).

3. Dans ce chapitre, nous confronterons l'analyse des différents systèmes continentaux de production des vivres aux données récoltées à l'échelle nationale sur l'ensemble du globe et publiées dans quatre annuaires de référence, celui de la FAO (*Production,* 1991, vol. 45, FAO, Rome, 1992), celui de l'office des Nations unies s'occupant de population (« World population prospects », in *Population studies,* n° 106, Nations unies, New York, 1989), le *World resources 1992-1993* (Oxford University Press, New York, 1993) de la fondation portant le même nom, et l'annuaire du programme des Nations unies pour le développement (PNUD, *Rapport mondial sur le développement humain 1991,* Economica, Paris, 1992). Nous citerons exactement les données utilisées, mais, étant donné la bonne qualité et la lisibilité de ces annuaires, nous n'indiquerons pas dans chaque cas le tableau ni la page d'où le ou les chiffres sont extraits.

4. *An End to hunger ?, op. cit.*, p. 12-25.

5. Hossein Farzin (Y.), « Food import dependence in Somalia », in *World bank discussion papers,* n° 23, Washington, 1988. On trouve aussi plusieurs analyses en ce sens : George (S.), *Famine et pouvoir dans le monde,* IEDES-PUF, Paris, 1989.

6. Durand-Dastes (F.), *Systèmes d'utilisation d'eau dans le monde,* Armand Colin, Paris, 1977.

7. Table 22-1 de *World resources 1992-1993, op. cit.*

8. *Ibid.*, p. 329.

9. Falkenmark (M.), « Fresh water : time for a modified approach », *Ambio,* n° 15, pp. 192-200 et « Rapid population growth and water scarcity : the predicaments of tomorrow's Africa », in *Resources, environment and population, op. cit.*

10. Très bonne analyse critique des modèles d'ajustement des vivres aux populations dans : Srinivasan (T.N.), « Population growth and food : an assessment of issues, models and projections », in *Population, food and rural*

development, Lee (R.E.) et al., Clarendon Press, Oxford, 1988.

11. *Profiles of food security in Eastern India*, CRESSIDA, Calcutta, 1987.

12. Chiffres rétrospectifs dans les volumes 34 à 45 de l'annuaire de la FAO.

13. Chiffres tirés de Delpeuch (B.), *L'Enjeu alimentaire Nord-Sud*, Syros, Paris, 1992. Ce petit ouvrage synthétique contient une remarquable documentation qui permet de tordre le cou à beaucoup d'idées reçues. Plus généralement, la réflexion sur les causalités politiques et sociales est plus avancée du côté des problèmes alimentaires que de celui des problèmes démographiques.

14. Srinivasan (T.N.), *op. cit.*

15. Ruttan (V.W.), Hayami (Y.), « Croissance démographique rapide et changement technique et institutionnel », in *Conséquences de la croissance démographique rapide dans les pays en développement*, Blanchet (D.) et Horlacher (D.E.), éd., INED, Paris, 1991.

16. Le livre de Luc Ferry, *Le Nouvel Ordre écologique*, Grasset, 1992, montre quels enjeux philosophiques et politiques s'expriment dans ces différentes composantes de l'écologie.

Chapitre 8

1. Malthus (T.R.), *Essai sur le principe de population*, ch. I, INED, Paris, 1980.

2. Dorst (J.), *Avant que nature meure*, Delachaux et Niestlé, Neuchâtel, 1962, p. 42.

3. Odum (E.P.), *Fundamentals of ecology*, W.B. Saunders, Philadelphie, 1971.

4. Pearl (R.), *The Biology of population growth*, A. Knopf, New York, 1925.

5. *Ibid.*, p. 27.

6. *Ibid.*, p. 42.

7. *Ibid.*, p. 44.

8. *Ibid.*, p. 13.

9. *Ibid.*, p. 59.

10. *Ibid.*, p. 19.

11. Kuhn (T.), *La Révolution copernicienne*, Fayard, 1973.

12. Pearl (R.), « The influence of density of population upon egg production in Drosophilia Melanogaster », in *J. of exp. Zool.*, n° 65, pp. 17-42, 1932.
13. Nicholson (A.J.), « The self-adjustement of populations to change », in *Population studies : animal ecology and demography*, The Biological laboratory, Cold Spring Harbor, 1957, p. 155. Ce colloque, aussi connu sous le nom de « colloque de Cold Spring Harbor », a marqué un tournant dans les réflexions sur les populations animales par l'ampleur et la vigueur des thèses qui s'y opposèrent, et la variété des disciplines mises en cause. Nous retrouverons d'autres contributions à ce colloque dans les prochaines pages sous la référence : colloque de Cold Spring Harbor.
14. Nicholson (A.J.), *op. cit.*, p. 165.
15. Nicholson (A.J.), « The balance of animal populations », in *J. of Anim. Ecol.*, n° 2, pp. 132-178, 1933.
16. Watt (K.E.), « Studies on population productivity. Three approaches to the optimum yield problem in population of tribolium confusum », in *Ecol. Monog.*, n° 25, pp. 269-90, 1955.
17. Slobodkin (L.B.), Richman (S.), « The effect of removal of fixed percentage of the newborn on size and variability in populations of Daphnia pulicaria », in *Limnology and Oceanography*, n° 1, pp. 209-237, 1956.
18. Lewontin (R.C.), « The adaptations of populations to varying environments », in colloque de Cold Spring Harbor, *op. cit.*
19. Nicholson (A.J.), Bayley (V.A.), *The Balance of animal populations*, Proc. Zool. Soc. Lond., II, n° 3, pp. 551-599.
20. Pimentel (D.) dans la discussion de la contribution de Nicholson au colloque de Cold Spring Harbor, *op. cit.*, p. 173.

Chapitre 9

1. Cooper (E.N.) et Dobzhanski (T.) dans une note d'*Ecology*, n° 37, 1956.
2. Knibbs (H.) (*Scientia*, vol. 12, p. 495) écrit : « Aucun artifice de l'agriculture, pas même la possible diminution de la taille de l'homme de manière à diminuer la

quantité de nourriture par personne ne peut répondre à la gravité de la situation. D'aucune manière, un accroissement de population de 1 % par an ne peut durer cinq siècles. »

3. Maynard-Smith (J.), « Fertility, mating behavior and sexual selection in Drosophila subobscura », in *J. of Genet.*, n° 54, pp. 261-279, 1956. Et Pianka (E.R.), *Evolutionary ecology*, Harper, New York, 1974.

4. Busnel (R.G.), *Acoustic behavior of animals*, Elsevier, Amsterdam, 1963. Et Marler (P.R.), Hamilton (W.J.), *Mechanisms of animal behavior*, Wiley and sons, New York, 1966.

5. Dobzhanski (T.), Wallace (B.), « The Genetics of homeostasis in drosophila », in *Proc. Nat. Ac. Sciences*, n° 39, Washington, 1953. Et Dobzhanski (T.), Levene (H.), « Development of heterosis through natural selection in experimental population of drosophila pseudoobscura », in *Am. Nat.*, n° 85, 1951. On trouve une généralisation de ces comportements analysée dans : Lewontin (R.C.), « The adaptations of populations to varying environments », in colloque de Cold Spring Harbor, *op. cit.*

6. Expériences de Birch (L.C.) dans la contribution de Andrewartha (H.G.), « The use of conceptual models in population ecology », in colloque de Cold Spring Harbor, *op. cit.*, p. 236. Et Andrewartha (H.G.) et Birch (L.C.), *The Distribution and abundance of animals*, Chicago University Press, Chicago, 1954.

7. Bettelheim (B.), *Survivre*, Hachette, coll. Pluriel, Paris, 1978.

8. Birch (L.C.), « The role of weather in determining the distribution and the abundance of animals », in colloque de Cold Spring Harbor, *op. cit.*

9. Andrewartha (H.G.), *op. cit.*

10. Thomson (W.R.), « The fundamental theory of natural and biological control », *Ann. Rev. of Entom.*, n° 1, pp. 379-402, 1956.

11. Andrewartha (H.G.), *op. cit.*

12. Weismann (A.), *Studies in the theory of descent*, Sampson, Low et al., Londres, 1882 (traductions des écrits de 1875 et 1876 publiés en Allemagne).

13. Gould (S.J.), *Wonderful life : The burgess shale and the nature of History*, W.W. Norton, New York, 1989.

14. Schwerdtfeger (F.), « Über die Ursachen des Mas-

senwechsels der Insekten », *Zool. Ang. Ent.*, n° 28, pp. 254-303, 1942.
15. Milne (A.), « Theories of natural control of insect populations », in colloque de Cold Spring Harbor, *op. cit.*
16. Hajnal (J.) lors de la discussion de la contribution d'Andrewartha au colloque de Cold Spring Harbor, *op. cit.*
17. Grmek (M.), *Histoire du sida*, Payot, Paris, 1989.
18. Biraben (J.N.), *Les Hommes devant la peste*, Mouton, Paris, 1970.
19. Wynne-Edwards (V.C.), *Animal dispersion in relation to social behaviour*, Oliver and Boyd, Londres, 1962.
20. Mayr (E.), *Darwin et la pensée moderne de l'évolution*, Odile Jacob, Paris, 1993, p. 182.
21. Jacob (F.), « Evolution and Tinkering », in *Science*, n° 196, 1977.
22. Voir sur cette controverse : Le Bras (H.), « L'histoire secrète de la fécondité », in *Le Débat*, pp. 76-101, 1981.
23. Pearl (R.), « Human behavior and the birth rate », in *The Biology of population growth*, A. Knopf, New York, 1925, dernier chapitre relatant l'enquête sur le comportement sexuel menée par R. Pearl.
24. Pearl (R.), *The Natural History of population*, Oxford University Press, Oxford, 1939.
25. Milne (A.), *op. cit.*
26. Andrewartha (H.G.), *op. cit.*
27. Nicholson (A.J.), « The self-adjustement of populations to change », in colloque de Cold Spring Harbor, *op. cit.*, p. 153.
28. Meadows (D.H.), Meadows (D.L.), Randers (J.) et Behrens (W.W.), *Halte à la croissance*, Fayard, Paris, 1972.
29. Les articles de Hénon et de Feigenbaum ont été republiés ainsi que la plupart des articles fondateurs de la nouvelle théorie du chaos dans : *Universality in chaos*, Predrag Cvitanovic, éd., Adam Hilger, Bristol, 1989.

Chapitre 10

1. Calhoun (J.B.), « Social welfare as a variable in population dynamics », in colloque de Cold Spring Harbor, *op. cit.*
2. Wynne-Edwards (V.C.), *Animal dispersion in relation to social behaviour*, Oliver and Boyd, Londres, 1962.
3. *Ibid.*, p. 13.

4. *Ibid.*, p. 14.
5. *Ibid.*, p. 15.
6. *Ibid.*, p. 129.
7. *Ibid.*, p. 132.
8. Tinbergen (N.), *Social Behaviour in animals*, Allen, Londres, 1953.
9. Kluyver (H.N.), Tinbergen (N.), « Territory and the regulation of density in the titmice », Arch. Neerd. Zool., n° 10, pp. 265-289, 1953.
10. Hingston (R.W.G.), *The Meaning of animal colour and adornement*, Oliver and Boyd, Londres, 1933.
11. Wynne-Edwards (V.C.), *op. cit.*, p. 139.
12. Moffat (C.B.), « The Spring rivalry of birds : some view on the limit to multiplication », in *Irish naturalist*, n° 12, pp. 152-166, 1903.
13. Wynne-Edwards (V.C.), *op. cit.*, p. 148.
14. Dupâquier (J.), « De l'animal à l'homme : le mécanisme autorégulateur des populations traditionnelles », in *Revue de l'Institut de sociologie*, n° 2, 1972.
15. Yver (J.), *Égalité entre héritiers et exclusion des enfants dotés*, Sirey, Paris, 1966.
16. Collomp (A.), *La Maison du père*, PUF, Paris, 1983.
17. Wynne Edwards (V.C.), *op. cit.*, p. 220.
18. *Ibid.*, p. 21.
19. Huxley (J.), *Le Comportement rituel chez l'homme et l'animal*, Gallimard, Paris, 1971.
20. Darwin (C.), *The Voyage of the Beagle*, édition Everyman, Dutton, 1959 (première édition en 1838).
21. Colinvaux (P.), *Les Manèges de la vie*, Le Seuil, Paris, 1982.
22. Gause (G.F.), « Ecology of populations », in *Quart. Rev. of Biol.*, n° 7, pp. 27-46, 1932 et n° 11, pp. 320-336, 1936. Gause a aussi publié un ouvrage qui montre bien l'étroite connexion entre les théories biologiques des populations et les idées politiques : *The Struggle for existence*, William & Wilkins, Baltimore, 1934.
23. Calhoun (J.B.), *op. cit.*
24. *Ibid.*, p. 339.
25. Le Bras (H.), « Population et migrations », in *Encyclopédie économique*, Greffe (X.), Mairesse (J.), Reiffers (J.L.), éd., Economica, Paris, 1990.
26. Calhoun (J.B.), *op. cit.*, p. 343.
27. Zipf (G.K.), *National Unity and disunity : the nation*

as a biosocial organism, The Principia Press, Bloomington, Indiana, 1941.

28. Zipf (G.K.), *Human Behaviour and the principle of least effort*, Addison-Wesley, Readings, Mass., 1949.

29. Zipf (G.K.), *National Unity and disunity*, *op. cit.*, p. 348.

30. Mandelbrot (B.), « An informational theory of the statistical structure of the language », in *Communication theory*, W. Jackson, éd., Academic Press, New York, 1953.

31. Zipf (G.K.), *National Unity and disunity*, *op. cit.*, pp. 141-145.

32. *Ibid.*, p. 368.

Chapitre 11

1. Calhoun (J.D.), « Population density and social pathology », in *Scientific American*, n° 2, pp. 139-148, 1962.

2. Chevalier (L.), *Classes laborieuses, classes dangereuses à Paris pendant la première moitié du* XIX*e siècle*, PUF, Paris, 1958.

3. Kummer (H.), *Primate Societies*, Aldine-Atherton, Chicago, 1971.

4. Kawai (M.), « Newly acquired precultural behavior of the natural troop of Japanese monkeys on Koshima islet », *Primates,* n°6, pp. 1-30, 1965.

5. Lovelock (J.), *La terre est un être vivant. L'hypothèse Gaïa*, Flammarion, Paris, 1986.

6. *Ibid.*, p. 149.

7. Gould (S.J.), *Wonderful life : the burgess shale and the nature of History*, W.W. Norton, New York, 1989.

8. Boserup (E.), *Évolution agraire et Pression démographique*, Flammarion, Paris, 1970 ; traduction de *The Conditions of agricultural growth*, Allen and Unwin, Londres, 1965.

9. Sahlins (M.), *Age de pierre, âge d'abondance*, Gallimard, Paris, 1975 ; traduction de *Stone Ages economics* paru en 1972.

10. Howell (N.), *The Demography of the Dobe Kung*, Academic Press, New York, 1976.

11. Clastres (P.), *La Société contre l'État*, Éd. de Minuit, Paris, 1975.

12. Lossing Buck (J.), *Land utilization in China*, 3 tomes, Shanghai, 1937.

13. Toute une école d'économie rurale a adopté les idées de E. Boserup, notamment, H.P. Binswanger, V.W. Ruttan et Y. Hayami. Une bonne synthèse de leurs idées a été publiée en français : « Croissance démographique rapide et changement technique et institutionnel », in *Conséquences de la croissance démographique rapide dans les pays en développement*, Blanchet (D.) et Horlacher (D.E.), éd., INED, Paris, 1991.

14. Le Roy Ladurie (E.), *Histoire du climat depuis l'an mil*, Flammarion, Paris, 1967.

15. Petersen (W.), *Malthus*, Dunod, Paris, 1978.

16. Malthus (T.R.), *Essai sur le principe de population*, INED, Paris, 1980, p. 31 de cette traduction de la première édition de l'Essai.

Chapitre 12

1. Carr-Saunders (A.M.), *Population*, Oxford University Press, Londres, 1925.

2. « World population prospects », in *Population studies*, n° 106, Nations unies, New York, 1989.

3. Bourgeois-Pichat (J.), « Du XXe au XXIe siècle : l'Europe et sa population après l'an 2000 », in *Population*, pp. 9-44, 1988.

4. Sauvy (A.), « Perspectives statistiques sur la population, l'enseignement et le chômage », *J. de la Soc. Stat. de Paris*, pp. 227-248, 1937.

5. Henry (L.), Pressat (R.), « Évolution de la population de la France jusqu'en 1970 », in *Population*, pp. 9-56, 1955 et pp. 158-162, 1956.

6. Coornaert (E.), *Œuvres de Vauban*, F. Alcan, Paris, 1933.

7. Gaudin (T.), *2100 : l'odyssée de l'espèce*, Payot, Paris, 1991, et *2100 : récits du prochain siècle*, Payot, Paris, 1993.

8. Lutz (W.), « World population projections and possible ecological feedbacks », in *Popnet*, n° 23, 1993.

9. Le Bras (H.), « Nature et limites des prévisions de population », in *Les Projections démographiques*, PUF, Paris, 1987.

10. Pearl (R.), *The Biology of population growth*, A. Knopf, New York, 1925.

11. Le Bras (H.), « Histoire secrète de la fécondité », in *Le Débat*, 1981.

12. Carr-Saunders (A.M.), *op. cit.*
13. Glass (D.V.), *The Struggle for population*, Clarendon Press, Oxford, 1936.
14. Notestein (F.W.) et al., *The Future Population of Europe and the Soviet Union : population projection 1940-1970*, Société des nations, Genève, 1944.
15. Lutz (W.), *op. cit.*

Chapitre 13

1. Graunt (J.), *Natural and Political Observations, mentionned in a following index and made upon the bills of mortality*, Roycroft, Londres, 1662. La plus récente traduction française est utilisée pour les citations (INED, Paris, 1977).
2. Petty (W.), *Les Œuvres économiques*, traduction de la plupart de ses écrits en Économie, Finances et Politique, en 2 tomes, Giard et Brière, Paris, 1905. Les citations sont extraites de *Autre Essai en arithmétique politique* publié chez Pardoë en 1683. Marx a vu dans Petty un fondateur de l'économie politique, et l'écrit par exemple dans la *Critique de l'économie politique*, p. 46-48 de l'édition Schleicher, ou encore au chapitre 10 de l'*Anti-Dühring.*
3. Kosellek (R.), *Le Règne de la critique,* Éd. de Minuit, Paris, 1979 ; traduction de *Kritik und Krisis*, Karl Albert Verlag, Francfort, 1959.
4. On peut par exemple reprendre l'analyse que Hacking (I.) fait des relations entre astronomie, astrologie et religion à la Renaissance dans *The Emergence of probability*, Cambridge University Press, Londres, 1975.
5. Hobbes (T.), *Le Léviathan*, Sirey, Paris, 1971. La citation est tirée de cette traduction de référence par Tricaud (F.).
6. Malthus (T.R.), *Essai sur le principe de population*, INED, Paris, 1980, pp. 154-155.
7. Lévi-Strauss (C.), *Anthropologie structurale*, Plon, Paris, 1958.
8. Burgdörfer (F.), *Volk ohne Jugend*, Berlin, 1935 (3e édition).
9. Gini (C.), *Nascita, evoluzione e morte delle nazioni*, Instituto nazionale fascista di cultura, Libreria del littorio, Rome, 1930.

10. Le Bras (H.), « Mutations des équilibres démographiques », in *Prospectives et territoires*, La Documentation française, Paris, 1994.
11. *Population, resources and the environment : the critical challenge*, UNFPA, New York, 1991.
12. « World population prospects », in *Population studies*, nº 106, Nations unies, New York, 1989.
13. *World resources 1992-1993*, Oxford University Press, New York, 1993.
14. *Rapport mondial sur le développement humain 1991*, Programme des Nations unies pour le développement (PNUD), Economica, Paris, 1992.
15. *Ibid.*, p. 111.
16. « World population prospects », *op. cit.*

Chapitre 14

1. Otto (W.), *Les Dieux de la Grèce*, Payot, Paris, 1984 (paru en allemand en 1929).
2. Hornung (E.), *Les Dieux de l'Égypte : l'un et le multiple*, Flammarion, Paris, 1986 (paru en allemand en 1971).
3. Weber (M.), *Le Savant et le Politique*, Plon, Paris, 1959. Les citations sont tirées de la première partie parue en 1919 sous le titre *Wissenschaft als Beruf*.
4. *Ibid.*, p. 85.
5. Braudel (F.), *Civilisation matérielle, économie et capitalisme*, Armand Colin, Paris, 1979.
6. Brunet (S.), *Une tragédie banalisée : la faim dans le monde*, Hachette, Paris, 1991.
7. Dorst (J.), « La nature dé-naturée », extraits de *Avant que nature meure*, Delachaux et Niestlé, Neuchâtel, 1962.
8. Grousset (R.), *L'Empire des steppes : Attila, Gengis Khan, Tamerlan*, Payot, Paris, 1965.
9. Sujet particulièrement difficile et parsemé d'embûches : en 1950, le directeur de la FAO avait annoncé que les deux tiers de la population mondiale souffraient de la faim. Fallait-il en déduire que les deux tiers des décès sur terre étaient occasionnés par la faim ? Quelques années plus tard, Colin Clark montra que cette proportion des deux tiers n'avait aucun fondement. Elle avait été jetée en pâture au public au cours d'une lutte féroce pour le

pouvoir à la tête de la FAO. Clark tenta une évaluation des ravages commis par la faim, qui reste un modèle du genre. Il parvint à la conclusion que 10 à 20 % de la population mondiale souffrait de certains symptômes de la faim. Cette fourchette du simple au double donne à elle seule la mesure de l'imprécision de ce genre de considérations.

10. On a, par exemple, appris seulement récemment que le Grand Bond en avant s'était soldé par trente millions de décès supplémentaires tandis que la Révolution culturelle, quelques années plus tard, n'avait laissé aucune trace statistique sur la mortalité. Kane (P.), dans son excellent ouvrage sur la famine de 1959-1961, se plaint de « la pauvreté des données régionales, provinciales ou même cantonales sur la famine en dépit d'indices clairs de larges variations selon le milieu géographique et culturel » (p. 8).

11. Annuaire de la FAO, *Production,* 1991, vol. 45, FAO, Rome, 1992.

12. « Demain la terre », dossier n° 11 du *Nouvel Observateur*, Paris, 1992.

13. Fisher (R.), *The Genetical Theory of natural selection*, Clarendon Press, Oxford, 1930.

14. Carrel (A.), *L'Homme cet inconnu*, Plon, Paris, 1935.

15. Wilson (E.O.), *Sociobiology : the new synthesis*, Harvard University Press, Cambridge, Mass., 1975.

16. Lorenz (K.), *L'Agression*, Flammarion, Paris, 1978.

17. Darwin (C.), *The Descent of man and selection in relation to sex*, J. Murray, Londres, 1871.

18. Naccache (B.), *Marx, critique de Darwin*, Vrin, Paris, 1980.

19. Marx et Engels, *Lettres sur les sciences de la nature*, Éd. sociales, Paris, 1973 (extraits de la correspondance entre les deux auteurs, concernant les sciences de la nature, ou les mathématiques).

20. Meadows (D.H.), Meadows (D.L.), Randers (J.) et Behrens (W.W.), *Halte à la croissance*, Fayard, Paris, 1972. (La parabole figure dans la préface de R. Lattès. Elle peut être analysée de la même manière que celles qui ont été passées en revue au 1er chapitre.)

21. Goethe, *La Métamorphose des plantes*, Triades, Paris, 1975. Il s'agit de la traduction des opuscules rassemblés par R. Steiner et publiés avec une introduction en allemand en 1882.

Table des matières

Introduction 7

PREMIÈRE PARTIE : SURPOPULATION 11

Chapitre 1. – *Le monde peut-il supporter sa population ?* 13
Chapitre 2. – *Densité et progrès humain* 35

DEUXIÈME PARTIE : CHANGEMENT GLOBAL 57

Chapitre 3. – *Le piège de l'ozone* 59
Chapitre 4. – *Changement climatique et populations* 77
Chapitre 5. – *Énergie : ressources et gaspillage* 91

TROISIÈME PARTIE : SUBSISTANCES 115

Chapitre 6. – *Richesses et subsistances* 117
Chapitre 7. – *Ordre alimentaire mondial et désordres locaux* 145

QUATRIÈME PARTIE : POPULATIONS ANIMALES 173

Chapitre 8. – *Des mouches et des hommes* 175
Chapitre 9. – *La nature du bocal* 195
Chapitre 10. – *Le paradis social des animaux et la chute de l'homme civilisé* 219
Chapitre 11. – *Adaptation et flexibilité : les rats, les babouins et Gaïa* 239

CINQUIÈME PARTIE : FANTASMES DÉMOGRAPHIQUES 263

Chapitre 12. – *Miroirs de la prévision* 265
Chapitre 13. – *Le mythe des nombres* 287
Chapitre 14. – *Nature, société, population* 305

Notes 329

CET OUVRAGE
A ÉTÉ TRANSCODÉ
ET ACHEVÉ D'IMPRIMER
SUR ROTO-PAGE
PAR L'IMPRIMERIE FLOCH
À MAYENNE EN AVRIL 1994

N° d'éd. 15191. N° d'impr. 35726.
D.L. : mai 1994.
(Imprimé en France)